中国文学植物学

潘富俊 著

长江出版传媒 长江文艺出版社

图书在版编目（CIP）数据

著作权合同登记号：图字 17-2020-040

中国文学植物学 / 潘富俊著. -- 武汉 ：长江文艺
出版社，2022.10
ISBN 978-7-5702-1837-0

Ⅰ. ①中… Ⅱ. ①潘… Ⅲ. ①中国文学－古典文学研
究②植物学－研究 Ⅳ. ①I206.2②Q94

中国版本图书馆 CIP 数据核字(2020)第 197583 号

本著作中文简体字版经北京时代墨客文化传媒有限公司代理，由城邦文化
事业股份有限公司猫头鹰出版社授权长江文艺出版社有限公司在中国大陆
独家出版、发行。

中国文学植物学　潘富俊
ZHONGGUO WENXUE ZHIWUXUE　PANFUJUN

责任编辑：周　聪　　　　　　　　责任校对：毛季慧
封面设计：颜森设计　　　　　　　责任印制：邱　莉　王光兴

出版：长江出版传媒 长江文艺出版社
地址：武汉市雄楚大街 268 号　　　邮编：430070
发行：长江文艺出版社
http://www.cjlap.com
印刷：武汉中科兴业印务有限公司

开本：700 毫米×1000 毫米　　1/16　　　印张：21.375　插页：1 页
版次：2022 年 10 月第 1 版　　　　2022 年 10 月第 1 次印刷
字数：320 千字

定价：45.00 元

目　　录

第一章　绪论

第一节　中国古典文学的分期

远古时代的文学作品能留存的机会很小，能保存的作品都可视为稀世珍宝。中国古典文学作品最早可远溯到远古时代，目前出土或保存的最古老文学作品有葛天氏的《乐歌》、伊耆氏的《蜡辞》、黄帝的《断竹歌》等，都是唐虞以前的作品，而且都是断篇残句。另外，又有唐尧时代的《击壤歌》《康衢谣》，虞舜时代的《南风歌》《股肱歌》《元首歌》等，大概都是全世界最早的文学文献了。

春秋时代的代表著作为《诗经》。《诗经》共有305篇，内容主要是春秋时代15个国家民歌的总集，即"十五国风"，少部分是贵族的乐歌。《诗经》的诗歌内容大都发生在周代的黄河流域，小部分在长江流域的楚国。《楚辞》则是战国时代的代表作，和《诗经》一样，也是中国文学史上最经典的著作之一。《楚辞》主要是屈原所作的《离骚》，加上宋玉、东方朔、刘向、王逸等作家的作品，内容都发生在南方的长江流域。"诗"和"辞"都是可以歌唱的文体。

到了汉代，这段时间留存下来的文学作品也不多。在诗歌方面，有赋、乐府诗等，以《汉赋》《乐府诗集》为代表。"赋"是汉代文人所作的一种"不歌而诵"的文体，内容亦诗亦文，是一种半诗半文的混合体。"乐府诗"也是民间歌谣，《乐府诗集》搜罗五代以前，包括汉代的乐府歌辞，是一本较为完备的乐府总集，足以代表汉代的乐府诗。

魏晋南北朝最特殊的文体，是"骈体文"。骈体文又称骈俪文，简称骈文。骈文排比整齐，每两句必须对称，亦即要文法平行、词类相称、音韵协调。骈文起自东汉、魏晋，而盛行于南北朝，用词绮靡艳丽，音节铿锵，这是其长处；但病在作者常炫耀才学，过分使用艰深古僻的典故或词汇，文章内容非常难懂。因此，常失之造作。时至今日，骈文尚在某些场合使用，特别是"应酬文"，如现在仍在使用的祭文。另外，志怪小说也是这个时期的文学主流之一，晋代干宝所著的《搜神记》，是这类小说中价值最高的代表作，内容为鬼神灵异的各种传说故事，或古今神异人物的事迹。骈文中，最令人耳熟能详的是陶渊明的《桃花源记》。

汉代已有诗歌，但诗发展到唐代才被认为成熟，后世都说，唐朝是诗的极盛时代。律诗体的格式在唐代确立，有许多著名作家，如诗仙李白、诗圣杜甫，还有白居易、王维、孟浩然、岑参、韦应物、柳宗元等。诗文之外，传奇小说也在这一时期有所发展。传奇小说依内容可区分为神怪小说、恋爱小说、武侠传奇小说等，其中著名的神怪小说有王度的《古镜记》、李朝威的《柳毅传》、李公佐的《南柯太守传》；恋爱小说有蒋防的《霍小玉传》、白行简的《李娃传》、元稹的《莺莺传》（又名《会真记》）；武侠传奇小说则有裴铏的《昆仑奴传》、袁郊的《红线传》、杜光庭的《虬髯客传》等。

诗的发展到律诗已至顶点，继而成为词。其实，早在中唐时期即有诗人偶然写词，如张志和所作、国人多能朗朗上口的《渔歌子》："西塞山前白鹭飞，桃花流水鳜鱼肥。青箬笠，绿蓑衣，斜风细雨不须归。"就是其中的代表作。但直到宋代，词才发展成熟。因此，词的黄金时代在宋朝，词是宋代时期文学的代表。北宋著名的大词人有晏殊、晏几道、柳永、张先、秦观、苏东坡、周邦彦、李清照等，都是后世熟悉的作家；南宋则有辛弃疾、姜夔等。宋代虽然以词著称，但诗作的境界亦高，作品也很丰富，不逊于唐代。宋代流传下来的诗有20万首之多，著名诗人有梅尧臣、林逋、苏东坡、黄庭坚、陆游、杨万里、范成大等。宋代也有小说，但仅《京本通俗小说》《清平山堂话本》等传世。

元代历史仅短短的98年，却产生了中国文学史上"戏曲"的黄金时代。元代的杂剧是以北京为中心而发展的，所以被称为"北曲"。北曲格式比较严格，每一部戏（本），只能有四折（相当于现代所称的幕）。这时期的代表作品，有王实甫的《西厢记》、关汉卿的《蝴蝶梦》、马致远的《汉宫秋》等。元代的小说，最具代表性的是《水浒传》。由于戏剧流行，元人将南宋的平话《宣和遗事》中描写梁山泊英雄好汉的故事，一段段编成剧本，最后由罗贯中和施耐庵整理编写，成为今日流传的章回小说《水浒传》。

明代的文学作品以通俗小说、小品散文为主，散曲方面也有独特的发展。南宋时，南方已经有了戏曲，后来发展成南曲，明朝中叶时大盛，成了文学创作的主流。南曲的"折"叫作"出"，每部戏的出数不限，有时可多达五十多出。著名的南曲有高明的《琵琶记》、汤显祖的"玉茗堂四梦"（即《紫钗记》《牡丹亭》《南柯记》《邯郸记》四部作品）、徐仲由的《杀狗记》等。这时期的章回小说以吴承恩的《西游记》、罗贯中的《三国演义》、兰陵笑笑生的《金瓶梅》最为著名。另有短篇小说集，冯梦龙编选的"三言"：《喻世明言》《警世通言》《醒世恒言》；凌濛初编写的"二拍"：《初刻拍案惊奇》《二刻拍案惊奇》等，都是明代的代表作品。

到了清代，无论是诗、词或通俗小说都蓬勃发展。清代文人的诗、词集流传下来的很多，其中不乏脍炙人口的著作。戏曲方面，创作不少，如孔尚任的《桃花扇》、洪昇的《长生殿》等，都是传世之作。清代小说更是汗牛充栋，著名的有曹雪芹的《红楼梦》、蒲松龄的《聊斋志异》和西周生的《醒世姻缘传》、吴敬梓的《儒林外史》、李汝珍的《镜花缘》、刘鹗的《老残游记》、李伯元的《官场现形记》等。小说的内容和写作技巧都比前代有所改进，题材也比较丰富。

第二节　中国古典文学与植物

历代诗词歌赋、章回小说的内容，无论是神怪传说或吟咏感物的作品，大都有植物的描写。有些以植物启兴，有些则以植物取喻，更多是直接对植物的吟诵。换句话说，各类文学的内容总离不开植物。表1为汉唐以后较具代表性的诗词总集，内容跨越宋、元、明、清各代，由不同朝代学者选录的诗词集。以研究文学植物的观点而言，这些总集的编辑者虽基于主观的文学判断而选取作者，但编选时，都不是以诗中植物的有无或植物的种类为准据，合乎统计学上取样（sampling）的原则，出现的植物都极具代表性。各选集除了《唐诗三百首》和《玉台新咏》之外，含有植物种类词句的诗词，都占全书诗词首数的一半以上。换句话说，就是在每两首诗中，至少有一首诗提到确切的植物名称。表中所列的植物种类数均为可鉴定出名称的植物种类数，诗文中未指明种类的植物，如烟树、黄叶、花草等则不予计数。《唐诗三百首》样本数太少，仅有310首诗，但也有136首诗提到植物，占全书的43.9%，算是历代总集中诗文出现植物比率最少的了。

表1　中国历代诗词总集所含植物种类数量示例

书名	编纂者	诗词总首数	具有植物首数	占比	植物种类	备注
《玉台新咏》	南朝陈代徐陵	769	362	47.1%	113	含《续玉台新咏》
《唐诗三百首》	清代蘅塘退士	310	136	43.9%	81	
《花间集》	五代赵崇祚	500	327	65.4%	84	
《宋诗钞》	清代吴之振等	16,033	8,449	52.7%	260	
《元诗选》	清代顾嗣立	10,071	5,507	54.7%	301	
《明诗综》	清代朱彝尊	10,132	5,087	50.2%	334	
《清诗汇》	徐世昌	27,420	15,145	55.2%	427	

《玉台新咏》是古诗选本，由魏晋南北朝时期陈国的徐陵（孝穆）所编选，选录汉至梁时期各体诗769首，其中362首诗含植物名称，占比47.1%，和《唐诗三百首》一样，是总集中少数含植物诗篇数少于50%者。《玉台新咏》选录的诗均为描写闺情艳歌的名篇，凡不涉及女性者，一概不取，卷首即收录中国最知名的古诗之一《上山采蘼芜》："上山采蘼芜，下山逢故夫。长跪问故夫，新人复何如。"诗中的"蘼芜"毫无疑问是一种植物，但究竟为何，历代的注释者均以"香草"来概括之。其实，蘼芜又名江蓠，就是现今著名的中药材植物芎藭（图1）。

另外一首和植物内涵意象相关的诗句，为《孔雀东南飞》的

图1　古诗句"上山采蘼芜，下山逢故夫"，提到的蘼芜即今之芎藭。

图2　古诗文中提到的"蒲"，常指香蒲。

图3　芦苇茎叶强韧，用以借喻坚贞的爱情。

片段："君当作磐石，妾当作蒲苇。蒲苇纫如丝，磐石无转移。""蒲苇"是两种植物，蒲是香蒲（图2）或蒲草；苇即芦苇（图3），分布大江南北，是古今到处可见的草类，茎叶纤维强韧，用以借喻坚贞的爱情。

《唐诗三百首》是大家熟悉的一本诗选，由清代蘅塘退士（孙洙）选辑，入选的诗作只有310首，都是经过千年洗练淘汰、历代公认的好诗。

《花间集》为现存最早的词总集，五代后蜀赵崇祚所编。收录晚唐至五代的词作500首，多为艳情冶游、饮宴享乐之作；部分描写男女情爱及离情别愁。因此，词作多富丽轻巧、描写细腻，其中有引述到植物的词句共有327首，占全书65.4%。可见植物是诗人描述情感、表达情境不可或缺的内容，重要的如温庭筠的《菩萨蛮》：

满宫明月梨花白，故人万里关山隔。金雁一双飞，泪痕沾绣衣。
小园芳草绿，家住越溪曲。杨柳色依依，燕归君不归。

词中用梨花的白色（图4），形容月光的惨白和郁悒的心情；用杨柳表达胸中的离情，充分利用植物的形态和意涵抒情寄愁。

《宋诗钞》共选出宋诗16030首，其中8449首有植物名称，占52.7%，出现植物共260种。《元诗选》选诗10071首，5507首有植物，占54.7%，植物301种。《明诗综》诗10132首，5087首出现植物，占50.2%，植物334种。《清诗汇》有诗27420首，出现植物的诗篇有15145首，占

图 4　诗词中常以梨花的白色形容月光或雪景。

55.2%，植物种类 427 种。以上各选辑都是选录当代作品精华，选择标准虽不是以植物种类或数量为依据，而是以内容来衡量，但每本总集所显示含植物的篇数都在 50% 以上。《诗经》305 篇中，153 篇有植物名称，亦占50.2%。历代章回小说，每本几乎回回有植物。

十三经是中国先秦时代文化纪录的总汇，内容包括文字、史学、经学、艺术、礼俗制度等，是传统教育必读的大部头丛书，影响极为深远，古典文学作品处处可见到十三经的引述。把经典古书列为读书人必修课程之"经"始于汉代，当时只列五经，即诗（《诗经》）、书（《尚书》）、礼（《仪礼》）、易（《周易》）、春秋。唐代加入《周礼》《礼记》及解释春秋义例和史实的《春秋公羊传》《春秋谷梁传》和《左传》，成为九经。宋代又合《论语》《孟子》《孝经》《尔雅》，变成十三经。

十三经中，除了《孝经》之外，都有植物。《尔雅》是解经词典，内容本来就有《释草》《释木》专篇，解读古籍经典植物名称。目前确切能辨别植物种类的条目共有 254 种。其余各经所引述的植物种类，则从 11 种到88 种不等（表 2）。记述古代礼仪、祭典的《周礼》《仪礼》《礼记》所涉及的植物种类很多，固不待言；连记载孔孟言论的《论语》《孟子》亦有植物

图 5　梧桐是古典文学作品中常出现的植物。　图 6　酸枣古称棘或樲棘，属有刺灌木。

相关章句，其中最著名的有孔子所言之"岁寒，然后知松柏之后凋也"。《孟子·告子章》也有"舍其梧槚，养其樲棘"，梧、槚、樲棘都是植物，梧即梧桐（图 5），槚是楸树、樲棘是酸枣（图 6）。由此可知，植物在经文的表现上，同样占有极重要的地位。

表 2　十三经所述及的植物统计总表

书名	全书植物种类	植物种类举例	备注
《周易》	14	杨、竹、桑、棘、杞、蓍、蒺藜	
《尚书》	33	黍、粟、桐、梓、橘、柚	
《诗经》	137	荇菜等	
《周礼》	58	梅、桃、榛、菱、芡、萧、茅等	
《仪礼》	35	蒲、栗、葛、枣、茅、葵等	
《礼记》	88	桑、柘、蓍、竹、莞、麻、菅、蒯等	原经文 5 种
《春秋左氏传》	53	竹、桃、桑、棠棣、粟、黍、麦、稻等	
《春秋公羊传》	11	李、梅、菽、粟、黍、麦等	原经文 5 种，内文 8 种
《春秋谷梁传》	16	李、梅、菽、粟、黍、麦等	原经文 5 种，内文 12 种
《论语》	12	松、柏、竹、栗、麻、瓠、瓜、藻、稻、黍、粟、姜	
《孝经》	0		
《尔雅》	254	山韭等	《释草》188 种；《释木》66 种
《孟子》	23	杞柳、竹、菫、木秋、酸枣、枣、粟、黍、稻等	

第二章　历代诗词歌赋的植物概况

第一节　赋

辞赋出现的时间很早，大约在战国中期之后即已发轫，后来产生了《楚辞》。此期被称作是辞赋时代，又称为古赋时代。汉代，辞赋继承《楚辞》的传统风格，发展成两汉四百年间最流行的文体。大部分的汉赋，完成于西汉武帝至东汉中叶这一时期。值得注意的是，赋不止存在于两汉，汉代以后的南北朝、唐、宋、元、明、清均有辞赋名家。

汉赋作品原本分散于各书，在中国文学史研究中从未受到应有的重视。近年来，北京大学出版的《全汉赋》，成为研究汉赋最重要的总集。该书收录汉赋 293 篇，作者 83 位，其中仅存目者 24 篇，内容在 8 句以下的残篇有 43 篇，余 226 篇完整或属于稍具内容的残篇。其中 156 篇的内容提到一种以上的植物，占全部的 69%，可见植物在《全汉赋》中也扮演举足轻重的地位。《全汉赋》现存的篇章中，可确定的植物种类有 191 种，未知所指何物有 32 种，合计 223 种。其中出现次数最多的植物是竹，共 21 篇；其次是桑，共 19 篇；其他出现较多的植物，还有柳（14 篇）、松（12篇）、桂（14 篇）。全书出现 10 种植物以上的篇章有 16 篇，20 种植物以上的有 8 篇。例如，枚乘的《七发》篇中就有 25 种植物、司马相如的《子虚赋》及《上林赋》各有 48 种及 56 种植物、扬雄的《蜀都赋》有 78 种、刘歆的《甘泉宫赋》有 20 种、张衡的《两京赋》及《七辩》各有 43 种及 20 种。单篇中出现植物种类最多的是张衡的《南都赋》，至少有 81 种植物。

以下摘录《南都赋》部分内容，以显示植物名称如何影响汉赋的文体和内容。东汉时，河南的南阳称为南都，是汉光武帝祖陵所在地。张衡用此赋咏颂皇帝此一"龙飞之地"丰富多彩的植物相，粗体字都是植物名称：

……其木则**柽松楔樗，樠柏杻檀，枫柙栌枥**，**帝女之桑**，**楈柟苹栟**，**枏枳檍檀**；……其草则**蘋苧蘋莞，蒋蒲兼葭，藻茆菱芡**，**芙蓉**含华；……其原野则有**桑漆麻苧，菽麦稷黍**……。若其园圃，则有**蓼蕺蘘荷，薯蔗姜韭，菥蓂芋瓜**，乃有**樱梅山柿，侯桃梨栗，柰枣若留，穰橙邓橘**……

上述植物有野生者，也有栽培者。野生植物，如柽（柽柳，图1）、松、楔（野樱桃，图2）、枫、栌（黄栌）、枥（麻栎）等，目前均可在野地找到；栽培植物，如蓼（水蓼）、蘘荷（图3）、薯蔗（甘蔗）、芋、瓜、梨、栗等，大多数至今仍有栽培。古典辞赋中的记载，不但具有文学价值，也是很好的植物文献资料。

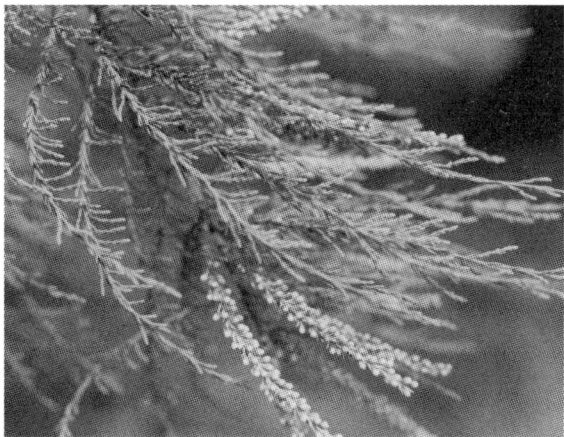

图1 《南都赋》提到的"柽松楔樗"，其中的柽就是柽柳。

图2 野樱桃。

图3 蘘荷是园圃中的栽培植物。

第二节　诗

图 4 《陇西行》："天上何所有，历历种白榆"的白榆。

从中国文学上最早的诗歌总集《诗经》，到两汉民谣和乐府民歌，均可看出植物如何影响诗歌内容，例如《古诗十九首》中的《青青河畔草》："青青河畔草，郁郁园中柳。盈盈楼上女，皎皎当户牖。"柳树是诗词吟诵最多的植物，早在汉代之前，就代表着悲怆和忧愁，这首诗中的柳就带着浓浓的离愁。另《古乐府诗》之《陇西行》："天上何所有，历历种白榆。桂树夹道生，青龙对道隅。"白榆是黄土高原少数生长的阔叶乔木（图 4），人们的用材多取之于此。

汉代以前的诗集，搜集最完备的是《先秦汉魏晋南北朝诗》，共收录 9747 首诗，由近人逯钦立纂辑。全书一共出现 256 种植物（表 1），这个时期出现的植物多属日常生活中的食用、药用植物，以植物启兴或暗喻的诗篇较少，大都为咏植物诗，如梁代简文帝的《咏蔷薇诗》："燕来枝益软，风飘花转光。氤氲不肯去，还来阶上香。"

表 1　现存历代诗总集或别集诗之数量及植物种数概况

总集名称	朝代	诗之首数	植物种类
《先秦汉魏晋南北朝诗》	汉代以前	9,747	256

总集名称	朝代	诗之首数	植物种类
《全唐诗》	唐、五代	53,000	379
《全宋诗》	宋代	240,000	632
《全辽金诗》	辽、金	11,662	298
《元诗别集》	元代	70,987	466
《明诗别集》	明代	177,118	507
《清诗别集》	清代	286,854	543

　　《先秦汉魏晋南北朝诗》中出现最多的植物，依次为兰、荷、柳、松、竹（表2）。兰是古代的香草，用以佩戴驱邪及沐浴，和古人生活息息相关。后代诗篇使用很多的梅树，全书只出现95首，在诗中首数尚非前10位，仅属第14位。当时栽植梅树当果树用，而非如宋代以后专以赏花为主，如鲍照的《代挽歌》"忆昔好饮酒，素盘进青梅"和《代东门行》"食梅常苦酸，衣葛常苦寒"所言之梅，均为梅实（图5）。梅实为当时极重要的食物调味品，功用有如今日之醋。

　　这期间有一则著名的故事，说晋时的大司马齐王聘请张翰到洛阳做东曹掾（官名）。后来张翰"见秋风起，思吴中菇菜、莼羹、鲈鱼鲙"，感叹说："人生贵得适意尔，何能羁官数千里以要名爵。"想念起莼菜（图6）等家乡味，因此作诗歌吟诵，立即辞官返乡。此歌即《思吴江歌》："秋风起兮木叶飞，吴江水兮鲈正肥。三千里兮家未归，恨难禁兮仰天悲。"

图5　唐代以前，诗文中所言之梅，大都指梅实而不是花。

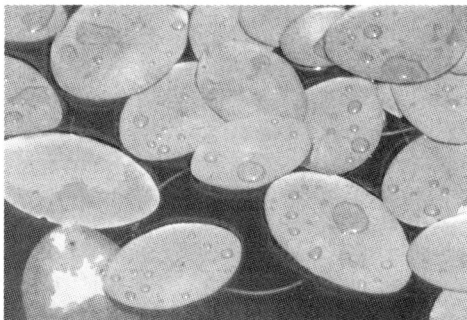

图6　晋代张翰"见秋风起，思吴中菇饭、莼羹、鲈鱼鲙"，遂而辞官返乡。这是莼羹的原料莼菜。

唐代是诗的极盛时代。《全唐诗》原收录 48900 多首诗，作者 2200 多人。后来根据《全唐诗逸》《补全唐诗》《敦煌唐人诗集残卷》《全唐诗补逸》等书，完成了目前 53000 首诗的《全唐诗》。比起《先秦汉魏晋南北朝诗》，《全唐诗》中的植物多了 142 种，共 379 种。柳树是《全唐诗》引述最多的植物，一共出现 3463 首（表 2）。王维的《渭城曲》："渭城朝雨浥轻尘，客舍青青柳色新。劝君更尽一杯酒，西出阳关无故人。"即其一例，渭城在今西安市西北。竹、松代表气节，在唐诗中也占重要地位，《全唐诗》中引竹和松的诗篇有 3000 余首，分居 2、3 位。菊和苔开始成为出现最多的前 10 种植物，梅的地位也开始攀升（表 2）。

表 2　中国历代诗总集出现植物之统计（括号内为植物出现首数）

		《先秦汉魏晋南北朝诗》	《全唐诗》	《宋诗钞》	《元诗选》	《明诗综》	《清诗汇》
诗总首数		9,147	49,036	11,289	10,071	10,132	27,420
植物种类		256	398	361	345	334	427
出现次数前10植物种类	1	兰（465）	柳（3463）	竹（1411）	柳（809）	柳（748）	松（2275）
	2	荷（353）	竹（3324）	柳（1042）	竹（772）	竹（607）	竹（2146）
	3	柳（313）	松（3018）	梅（888）	松（660）	松（504）	柳（2025）
	4	松（290）	荷（2071）	松（794）	荷（483）	荷（352）	荷（1097）
	5	竹（284）	桃（1324）	荷（504）	梅（402）	茅（273）	梅（936）
	6	桂（256）	苔（1348）	茅（470）	桃（345）	桃（270）	苔（859）
	7	桑（184）	桂（1224）	茶（444）	苔（252）	菊（189）	桃（757）
	8	桃（173）	兰（996）	菊（411）	茅（237）	梅（184）	桑（710）
	9	桐（114）	梅（877）	桃（389）	茶（192）	桑（179）	茅（658）
	10	藻（111）	菊（822）	桑（328）	菊（186）	苔（178）	茶（629）

唐代版图扩大，文化灿烂，中西文化交流密切，也反映在诗中所引的植物种类之中。例如，桄榔（图 7）、沉香、龙脑香、菠萝蜜，原产热带亚洲的印尼、马来半岛；而黄瓜、棉花、罂粟、胡麻、波斯枣等，则是产自印度、西亚或非洲的植物。中国的热带植物，如榕树（图 8）、橄榄、刺

桐（图9）等，也开始在诗句中涌现。

宋代以后，各朝代的诗均属于文学的主流地位，诗作很多。《全宋诗》收录有24万首诗，为《全唐诗》的四倍多。连北方的辽金等非汉人为主的地区和政权，也产生了不少诗篇，《全辽金诗》就收有11662首诗。唯北方的植物相较单纯，诗人所吟咏或引述的植物种类都较同期的宋诗、元诗为少。宋代，特别是南宋时代，政治、经济中心南移，文人的见识和引用的植物种类不但较前期北宋多，也比同期的北方文人多，共有632种。《宋诗钞》选录11289首诗，植物出现361种，以竹、柳最多，梅则跃升到第3位（表2）。

梅大量出现在宋诗中，与宋代莳花艺草的风气有关。茅（白茅）自宋代开始在诗文中就被大量引述，从此历久不衰，元、明、清诗都名列在出现最多植物的前10位。茶在《先秦汉魏南北朝诗》仅出现四首，尚未当成饮料，如晋代孙楚的《出歌》："姜桂茶荈出巴蜀，椒橘

图7　唐代诗文提到的桄榔，原产热带亚洲，随着中西文化的交流而引进中国。

图8　热带植物榕树已在唐代诗句中出现。

图9　刺桐是分布在华南的热带植物，唐诗中引述甚多。

木兰出高山。"《全唐诗》有茶诗556首，虽然未在前10之内，但已相差不远。由于《茶经》作者陆羽为唐时人，足见茶作为中国人的饮料在唐代已逐渐普及。茶在宋诗已进入植物总出现数的第7位（表2）。

元诗据估计有130000余首，以目前搜罗到的元时诗人别集，合计诗作70987首中，引用植物种类466种，较《宋诗钞》有所增加（表2）。《元诗选》收录元诗10071首，亦以柳、竹、松出现最多，荷、梅、桃次之，苔、茅、茶、菊又次之，但仍居前10名（表2）。

全明诗估计也有200000余首。依明代诗人出生年，从公元1400年起每隔50年选取代表诗人别集，统计诗句内容引述的植物种数。1400年以前，选取王恭、杨士奇、薛瑄等30人；1401年~1450年，有沈周、陈宪章、程敏政、李东阳等39人；1451年~1500年，有杨一清、李梦阳、王廷相、何景明等55人；1501年~1550年，有李开先、茅坤、李攀龙、于慎行等32人；1551年~1600年，有胡应麟、徐𤊹、谢肇淛、袁宏道等35人；1601年以后，为陈子龙、余怀等13人，合计177118首诗，共引用507种植物（表1）。《明诗综》选录明诗10132首，全书植物334种，仍以柳、竹、松出现最多，荷、茅、桃次之，菊、梅、桑、苔又次之，仅顺序和《元诗选》稍有不同（表2）。

全清诗数量很多，有学者估计清代流传下来的诗作有100万~400万首之多。经审慎挑选清代各时期的代表作别集，和明代一样，也依清代诗人出生年，从公元1600

图10 历代诗总集的植物中，竹是出现首数最多的植物之一。

年每隔50年选取代表诗人别集，统计诗句内容引述的植物种数。1600年以前，选取钱谦益、陈洪绶、丁耀亢等6人；1601年~1650年，有傅山、吴伟业、施闰章、王士祯等72人；1651年~1700年，有纳兰性德、汤右曾、厉鹗、汪由敦等30人；1701年~1750年，有全祖望、袁枚、蒋士铨、洪亮吉等25人；1751年~1800年，有张问陶、舒位、邓湘皋、何绍基等25人；1801年~1850年，有李慈铭、王闿运、樊增祥、黄遵宪等31人；1851年~1900年，有陈三立、范当世、易顺鼎、赵熙等52人，合计得275368首诗作，统计植物543种。《清诗汇》选诗27420首，共有植物427种，松、竹、柳出现首数占前3名，分别为2275首、2146首、2025首，差异不大。荷、梅、苔、桃、桑、茅、茶分居前4名至前10名（表2）。

由表1及上述资料得知，自先秦至清代，历代诗作所出现的植物种类，每个朝代大都较前朝为多，说明了各代利用及引用植物的种类均有逐年增加之势。历代诗总集的植物统计，以竹（图10）、松（图11）、柳（图12）出现诗首数最多。自《全唐诗》以来，宋、元、明、清各代的诗总集莫不如此，而《先秦汉魏晋南北朝诗》则以兰、荷出现最多。历代诗出现较多的植物为荷、梅、桃，自唐代进入前10名植物以来，梅在诗中的地位从来没有消退过，《宋诗钞》更达到前3名。

图11 诗文多以松树喻德明智，是历代诗文中引述最频繁的植物之一。

图12 柳树是历代诗词出现频率最高的植物。

苔自从在唐诗被大量引述后，也一直出现在诗篇中，仅在《宋诗钞》居第11，其余各代总集均在前10之列。兰（泽兰）在《先秦汉魏南北朝诗》位居首位，《全唐诗》退至第8，宋诗以后则光景不在，排名在11-17之间。茅自《宋诗钞》以来，历代均出现在前10。菊和桑也是历代诗总集、全集最常引述的植物，大部分文献中都在前10之内。另外，茶在诗中出现的频率虽不如上述其他植物，但稳定成长，各诗集均在前20之内，《宋诗钞》《清诗汇》甚至进入前10。

第三节　词

词起源于唐代，盛于宋代。唐代写词的文人都是诗人，作词大都只是茶余饭后偶一为之，如张志和、韦应物、王建、戴叔伦、刘禹锡、白居易等有名诗人均有好词传世。宋太祖赵匡胤以"杯酒释兵权"的方式削弱武将权力，鼓励官员"广治庄园、田产、舞榭歌台，蓄歌伎、养乐工，纵情声色"。城市呈现莺歌燕舞的繁荣景象，与宴饮歌舞相关的词曲艺术得到长足发展。其后的元、明、清各代，词的成就虽有高低，但每个朝代均出现不少词作。清代以前的词总集有《全唐五代词》《全宋词》《全金元词》《全明词》，但是论创作成就，宋代被公认最高。

《全唐五代词》收录词作共2637首，植物130种。柳树独领风骚，出现341首。其余各植物均出现在百首以下，荷有98首，居第2位；桃、竹、梅、杏分居第3至第6，唯篇首数相差不大。此外，兰（泽兰）、梧桐、木兰、松等植物，都是本期词篇常出现的植物（表3）。

《全宋词》共收录20330首词，有植物321种。其中亦以柳树引述最多，出现3760首词；梅次之，2883首词中有提到；荷、竹、桃、菊又次之，出现的词的篇数1530~1024；其他出现百首以下的植物，则有桂、兰（泽兰）、松、杏（表3）。柳树用来叙说离情别绪，自来词章用得极多，如周邦彦的《兰陵王·柳》："柳阴直，烟里丝丝弄碧。隋堤上、曾见几番，拂水飘绵送行色。登临望故国，谁识京华倦客？长亭路，年去岁来，应折柔条过千尺。"使用荷、松的名句、名词也不乏其数，如柳永描写杭州句："重湖叠巘清嘉。

图 13 "碧云天，黄叶地，秋色连波"，叶色金黄的银杏是秋季黄叶的代表植物。

有三秋桂子，十里荷花。"辛弃疾的《西江月·遣兴》："昨夜松边醉倒，问松我醉何如？只疑松动要来扶，以手推松曰去！"范仲淹过的是军旅生涯，所展现的词作内容，具有沉郁苍凉的风格，如《苏幕遮》："碧云天，黄叶地，秋色连波，波上寒烟翠。山映斜阳天接水，芳草无情，更在斜阳外。黯乡魂，追旅思，夜夜除非，好梦留人睡。明月高楼休独倚，酒入愁肠，化作相思泪。"秋季满山遍野的黄叶，说的是梧桐、银杏（图 13）等植物。

《全金元词》收词 7293 首，其中金词的创作者大都是滞留北方的宋人，有大量的优秀作品，如宇文虚中、蔡松年、元好问等人；又以王恽、刘敏中、许有任、张翥等人的著作较丰。本期的词中植物总数 253 种，亦以柳出现最多，竹、松、梅、桃、荷次之，也多菊、桂、茅、灵芝等（表 3）。

明代的词量传世亦多，《全明词》共收词 22412 首，引述植物的种类数较宋、元时期大增，共有植物 451 种（表 3）。出现次数柳树一枝独秀，共有 4105 首；竹、梅、荷、桃、松次之，出现 1884 至 1208 首；菊、茶、桂、梧桐更次之，有 873 至 683 首（表 3）。

表 3　历代词总集出现频率最高的前 10 种植物

		《全唐五代词》	《全宋词》	《全金元词》	《全明词》
全书首数		2,637	20,330	7,293	22,412
植物种数		130	321	253	451
出现次数前10植物种类	1	柳 (341)	柳 (3760)	柳 (586)	柳 (4105)
	2	荷 (98)	梅 (2883)	竹 (400)	竹 (1884)
	3	桃 (58)	荷 (1539)	松 (369)	梅 (1796)
	4	竹 (49)	竹 (1520)	梅 (363)	荷 (1686)
	5	梅 (42)	桃 (1482)	桃 (343)	桃 (1240)
	6	杏 (40)	菊 (1024)	荷 (315)	松 (1208)
	7	兰 (35)	桂 (728)	菊 (263)	菊 (873)
	8	梧桐 (27)	兰 (723)	桂 (164)	茶 (706)
	9	木兰 (23)	松 (625)	茅 (145)	桂 (704)
	10	松 (22)	杏 (544)	灵芝 (133)	梧桐 (683)

　　清代词创作数量庞大，流派众多，名家辈出。据估计清词总量多于20万首，可能10倍于宋词。词在全清一朝，又以顺治、康熙两朝最为鼎盛，重要作者有吴伟业、朱彝尊、纳兰性德等。清代中期词人的代表有厉鹗、蒋士铨、黄景仁等；后期亦人才辈出，邓廷桢、龚自珍、朱孝臧等都是佼佼者。

　　历代词总集中，柳树是出现最多的植物，而且出现频率远高于其他植物。梅、竹、荷、桃次之。松在历代诗中是出现前3的植物之一，在词中则多退居第6到第10位。其余历代词总集中出现较多的植物，还有菊、桂、兰（泽兰）、梧桐、杏、茶等，其中杏在词中使用的频率远高于诗。

第四节　曲

　　散曲源于词，所以散曲又称"词余"，元曲有许多曲牌出自唐宋词牌，可以为证。散曲包括小令和散套：小令是独立的曲，原是流行于民间的词调和小曲，有时被称为"街市小令"，其句调长短不齐，而且几乎每句都要押韵。散套又称"套数"，起源于宫调，是由两首以上同一宫调的曲子（小令）联成的组曲，要一韵到底。

　　元代是中国戏曲史上的黄金时代，由于取消科举，使得众多文人参与散曲创作，散曲得以蓬勃发展。众多才华横溢的剧作家，写出许多回肠荡气的不朽篇章，奠定了戏曲在中国文学史上的至尊地位。元曲和唐诗、宋词、汉赋，并称为中国文学上最绚丽的四大文体。

　　植物常在曲中起兴、隐喻、暗示情节，历代曲作内容引述植物的情形甚多。《全元散曲》总曲数4464，引述268种植物，柳树仍是元曲中出现最多的植物（表4）。元代散曲的著名作家，有关汉卿、白朴、马致远、张可久等人，作品豪放清丽，音律优美，意境高超，并充分利用植物写实或抒情。例如，马致远的《越调·天净沙》："枯藤老树昏鸦，小桥流水人家，古道西风瘦马。夕阳西下，断肠人在天涯。"枯藤和老树构成一幅萧瑟的画面，也是作者凄凉心境的写照。白朴的《双调·沉醉东风》："黄芦岸白蘋渡口，绿柳堤红蓼滩头，虽无刎颈交，却有忘机友。点秋江白鹭沙鸥，傲杀人间万户侯，不识字烟波钓叟。"黄芦即芦苇，白蘋是南国田字草（图14），绿柳为垂柳，和红蓼（图15）都是水边湖岸的植物。关汉卿的《双调·碧玉箫》则写红叶、黄菊的秋景：

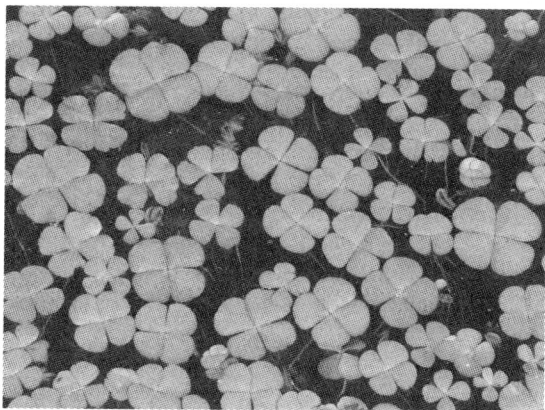

图14　南国田字草就是古诗文中经常提到的蘋或白蘋。

图15　红蓼常生长在湖岸、渡口等水域，秋季开红花。

图16 鸡舌丁香是古代常用的香料植物。

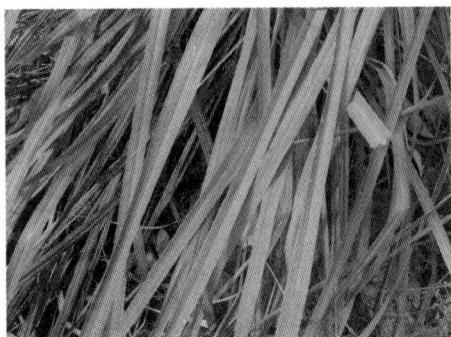

图17 芸香草是古代用来驱虫的香草。

"秋景堪题,红叶满山溪,松径偏宜,黄菊绕东篱。"

明代散曲作家大都兼擅诗文,诗人几乎都写曲。《全明散曲》共收录曲12670首,植物种数321种(表4)。传世的散曲作家,有李东阳、祝允明、文徵明、王世贞、汤显祖、冯惟敏、梁辰鱼等,都是著名的诗人或画家,全都擅长在曲文中引述植物。例如,冯惟敏的《北双调折桂令·焚柏子》写"焚香":"翠巍巍柏子浮烟,清似鸡舌,润比龙涎。芸草窗中,芝兰砌畔,椿桂堂前。"句中提到的柏子、鸡舌(鸡舌丁香,图16)、芸草(芸香草,图17)、芝(灵芝)、兰(泽兰)、桂均为香木香草,或古时常用的薰香材料,单看文字叙述就能感受到满室馨香。梁辰鱼的《南双调孝南歌·庚午初秋悼亡改定旧曲》,用植物写秋、写凄凉心境:"梧桐清影凉,人孤夜长。鞋拆金莲,镜破菱花样。香冷萸囊,被卷芙蓉帐。掩绮窗,倚绣床,思忆雪衣娘、在何方。"有象征秋天的梧桐、萸(食茱萸),也有闺房内代表悲愁的植物名称器物菱花镜、芙蓉帐等。

清代曲作多模仿元、明作家作品,《全清散曲》收有4380清曲,内中植物种数253种(表4)。著名的曲作家有沈自晋、朱彝尊、沈谦、徐旭旦、厉鹗等人,都精于以植物写景、借喻,实例有朱彝尊的《北双调·沉醉东风》:"香茅屋青枫树底,小蓬门红板桥西。虽无蔗芋田,也有桑麻地,野蔷薇结个笆篱。更添种山茶绿萼梅,这便是先生锦里。"厉鹗的《北双调清江引·曲院风荷》,写西湖景:"风漪四围深院宇,荷气销炎处。斜明柳外虹,乱点萍间鹭,来看翠盘高下舞。"

表4 历代散曲总集出现频率最高的前10种植物

		《全元散曲》	《全明散曲》	《全清散曲》
总曲数		4464	12,670	4380
植物种数		268	321	253
出现次数前10植物种类	1	柳 (819)	柳 (2,128)	柳 (897)
	2	荷 (362)	荷 (1,024)	荷 (472)
	3	梅 (354)	桃 (950)	桃 (399)
	4	桃 (253)	梅 (779)	梅 (395)
	5	竹 (230)	竹 (762)	竹 (373)
	6	茶 (205)	松 (539)	茶 (246)
	7	松 (198)	茶 (525)	松 (241)
	8	菊 (186)	菊 (486)	兰 (209)
	9	梨 (140)	梧桐 (383)	菊 (174)
	10	茅 (127)	兰 (374)	梧桐 (135)

表4历代散曲总集的植物种数统计，显示历代散曲中的植物仍以柳树出现频率最高，且总出现曲数远多于其他植物。荷、桃、梅、竹次之，茶、松、菊又次之。比较历代诗、词、曲的植物引用，种类大同小异，但出现的频率不同。历代诗中常引述的苔和茅，在曲中出现次数明显减少；竹和松是诗出现前3名的植物，在曲中则退居第5之后。历代词常见的杏，曲中也出现较少。

第五节 历代诗人对植物的认识

从前面所列举历代诗词的内容可知，植物的名称内涵与寓意组成中国文学不可或缺的重要部分。可以说，没有植物就没有诗词。历代诗人大都对处于周遭的植物具有感情，常常形之于诗、咏之以情。著名诗人对植物的认识，常较同时代的其他文人深入，对植物隐喻的掌握度较成熟，所引述的植物种类也比较多。

表5为唐代诗人传世的别集中，所引述植物种类与数量的简单统计。

根据这个统计，可以发现似乎有传世诗首数越多，所提到的植物种类也较多的趋势。例如白居易的《白氏长庆集》共收录诗2873首，为唐人中数目最多者，共引述植物208种，植物的种数也居冠。杜甫则在两方面都次之，其总集《杜少陵集》有诗1448首，植物有166种，都仅次于白居易。除上述的白居易与杜甫外，全诗引述植物百种以上者，均为唐代诗文成就很高的名家，如王维、李白、柳宗元、韩愈、元稹、李贺、温庭筠、李商隐、刘禹锡、贯休、陆龟蒙等。值得注意的是，韩愈传诗不到500首（为415首），引用的植物种类却有129种，为唐人中第4高者；柳宗元的《柳河东全集》诗仅有158首，出现植物却也有105种，是唐诗中引述植物频率最高者。

表5 唐代诗人传世别集所引植物种数举例

作者	生卒年	别集名称	诗篇总数（首）	植物种类
王维	692～761	《王摩诘全集》	479	102
李白	701～762	《李太白全集》	1,052	127
杜甫	712～770	《杜少陵集》	1,448	166
韩愈	768～824	《韩昌黎诗集》	415	129
白居易	772～846	《白氏长庆集》	2,873	208
柳宗元	773～819	《柳河东全集》	158	105
钱起	约720～约783	《钱起诗集》	502	96
孟郊	751～814	《孟东野诗集》	507	87
元稹	779～831	《元氏长庆集》	824	143
李贺	790～816	《昌谷集》	229	107
杜牧	803～852	《樊川文集》	519	92
刘长卿	726～790	《刘随州诗集》	509	91
温庭筠	约801～866	《温飞卿诗集》	348	113
李商隐	813～858	《李义山诗集》	609	119
韦应物	739～792	《韦苏州诗集》	569	67
刘禹锡	772～842	《刘宾客文集》	819	128
贯休	832～912	《禅月集》	731	124
许浑	约800～858	《丁卯诗集》	535	96
陆龟蒙	约835～881	《甫里集》	601	123

许多诗人对植物的生态、生理性状了解深刻，适切地引述植物于诗句中，如岑参的《白雪歌送武判官归京》："北风卷地白草折，胡天八月即飞雪。忽如一夜春风来，千树万树梨花开。"大部分的草类凋枯时成黄褐色，称为"枯黄"，只有白草枯萎时全株白色，所以名为白草（图18）。本诗用秋枯的白草和春天成片果园的梨花形容飞雪的颜色和情境，也只有熟悉这两种植物形态特征的诗人，才能写出这样的诗句。另外也有对植物所代表的意涵、典故知之甚深，应用于诗句中，如杜甫的《蜀相》："丞相祠堂何处寻，锦官城外柏森森。映阶碧草皆春色，隔叶黄鹂空好音。"柏"后凋于岁寒"，是《楚辞》中重要的香木，自古即代表坚贞。刘备坟前由诸葛亮手植的柏木林，正足以象征诸葛亮的忠心。有些诗中叙述的植物象征意义，一直对后世产生巨大的影响力，譬如王维的《相思》："红豆生南国，春来发几枝。愿君多采撷，此物最相思。""红豆"（图19）象征离别及相思自王维此诗

图18　枯萎时全株呈白色的白草，花序亦呈雪白色。

图19　"红豆生南国"所指的是这种红豆。

图20　诗人杜牧用豆蔻花形容美人。

始，是诗人的创意；此后《红楼梦》曹雪芹的《红豆词》"滴不尽相思血泪抛红豆"，更以红豆刻画深沉的思念之情。又如杜牧的《赠别》诗："娉娉袅袅十三余，豆蔻梢头二月初。春风十里扬州路，卷上珠帘总不如。"杜牧在云南结交红粉知己，以当地盛产的豆蔻花（图20）形容心目中的"天人"，临别的植物句意成为后世"豆蔻年华"成语的典故。

宋代文风更盛，诗人更多，诗人认识的植物种类也比唐代多（表6）。陆游的《剑南诗稿》收录诗9213首，引述的植物种类有281种之多，不但传下来的诗最多，植物种类也是宋代诗人中最多者。苏轼流传下来的诗有2823首，次于杨万里及赵蕃（表6），但植物种类却仅次于陆游，有256种，这与其仕途坎坷、足迹遍及大江南北有关。杨万里诗4258首，引述植物亦多达253种，仅次于陆游和苏轼。宋代其他著名诗人，如梅尧臣、黄庭坚、王十朋、范成大等，诗作中描述植物的种类均超过200种。比较之下，唐代仅白居易的诗中超过200种植物，显示宋代诗人所知道的植物种类普遍比唐代诗人多。其余著名的宋代文人，如司马光、王安石、苏辙、张耒、刘克庄等，别集中的诗作中出现的植物都超过150种（表6）。

表6 宋代诗人传世别集所引植物种数举例

作者	生卒年	别集名称	诗篇总数（首）	植物种类
林逋	957～1028	《林和靖集》	305	65
宋庠	996～1066	《元宪集》	828	118
宋祁	998～1061	《景文集》	1,625	178
梅尧臣	1002～1060	《宛陵集》	2,722	222
欧阳修	1007～1072	《欧阳文忠公集》	1,033	143
韩琦	1008～1075	《安阳集》	693	108
刘敞	1019～1068	《公是集》	1,631	148
曾巩	1019～1083	《元丰类稿》	406	99
司马光	1019～1086	《传家集》	1,225	150
王安石	1021～1086	《临川文集》	1,615	171
苏轼	1036～1101	《东坡全集》	2,823	256
苏辙	1039～1112	《栾城集》	1,277	172

作者	生卒年	别集名称	诗篇总数（首）	植物种类
黄庭坚	1045～1105	《山谷集》	1,837	228
秦观	1049～1100	《淮海集》	518	120
张耒	1054～1114	《柯山集》	2,242	174
李纲	1083～1140	《梁谿集》	1,589	183
陈与义	1090～1138	《简斋集》	642	110
王十朋	1112～1171	《梅溪集》	2,146	201
陆游	1125～1210	《剑南诗稿》	9,213	281
范成大	1126～1193	《石湖诗集》	1,918	221
杨万里	1127～1206	《诚斋集》	4,258	253
楼钥	1137～1213	《攻媿集》	1,165	142
赵蕃	1143～1229	《淳熙稿》	2,908	163
韩淲	1159～1224	《涧泉集》	2,606	156
刘克庄	1187～1269	《后村集》	1,569	152

植物的描述词句影响后代很深的作品，首先是北宋林逋的《山园小梅》："众芳摇落独暗妍，占尽风情向小园。疏影横斜水清浅，暗香浮动月黄昏。"林逋终生未娶，执著于"梅妻鹤子"的生活，他留下的诗作不多，但都清新隽永，如本首诗用疏影横斜、暗香浮动形容梅的姿态，成为梅的代名词，广为后世诗文及画作所引用。其他用植物写景、写意的著名诗篇，还有陆游的《春残》："苜蓿苗侵官道合，芜菁花入麦畦稀。倦游自笑摧颓甚，谁记飞鹰醉打围？"范成大的《夏日田园杂兴》："昼出耘田夜绩麻，村庄儿女各当家。童孙未解供耕织，也傍桑阴学种瓜。"杨万里的《晓出净慈寺送林子方》："接天莲叶无穷碧，映日荷花别样红。"《闲居初夏午睡起》："日长睡起无情思，闲看儿童捉柳花。"

元代出色的诗人也不少，方回和王恽传世的诗分别有3799首和3369首，是元代最多产的诗人。方回的《桐江续集》引述的植物种类有231种；其他引述植物在200种以上的诗人，尚有谢应芳、王逢等（表7）。元代文人多寄情于山水，写景的诗很多，如杨维桢的《漫兴》："杨花白白绵初迸，梅子青青核未生。大妇当垆冠似瓠，小姑吃酒口如樱。"一首七言绝句，却引述了四种植物，每句一种，分别为杨花（柳）、梅、瓠、樱（樱桃），都是古人生活周遭常见的植物。另一首方回的《秀亭秋怀》："老怀幸无事，何用知秋风。团团乌桕树，一叶垂殷红。"一般诗人描写的秋叶都是枫红，乌桕是少数热带低海拔地区可见的秋红植物之一。倪瓒的《田舍二首》："映水五株杨柳，当窗一树樱桃。洒埽石间萝月，吟哦琴里松涛。"每句也都包含植物一种，其中五株杨柳是采用陶渊明"不为五斗米折腰"、门前栽五柳以明志的典故；听松涛为隐逸者的象征。全诗表面看起来是写景，字里行间却充满着有志难伸的无奈。

表7 元代诗人传世别集所引植物种数举例

作者	生卒年	别集名称	诗篇总数（首）	植物种类
耶律楚材	1190 ~ 1244	《湛然居士集》	803	132
方回	1227 ~ 1307	《桐江续集》	3,799	231
胡只遹	1227 ~ 1295	《紫山大全集》	1,040	104
王恽	1227 ~ 1304	《秋涧集》	3,369	192
刘因	1249 ~ 1293	《静修先生文集》	844	108
赵孟頫	1254 ~ 1322	《松雪斋集》	507	111
柳贯	1270 ~ 1342	《待制集》	517	144
虞集	1272 ~ 1348	《道园学古录》《道园遗稿》	1,597	171
萨都剌	1272 ~ 1343	《雁门集》	1,323	127
李孝光	1285 ~ 1350	《五峰集》	702	116
许有壬	1287 ~ 1364	《至正集》	1,830	170
谢应芳	1296 ~ 1392	《龟巢稿》	1,320	202
袁桷	1266 ~ 1327	《清容居士集》	1,492	174
杨维桢	1296 ~ 1370	《东维子集》《复古诗集》	669	83
吴莱	1297 ~ 1340	《渊颖集》	267	135
倪瓒	1301 ~ 1374	《清閟阁全集》	1,105	139
傅若金	1303 ~ 1342	《傅与砺诗集》	888	104
王逢	1319 ~ 1388	《梧溪集》	1,277	217
吴师道	1283 ~ 1344	《礼部集》	610	105

表8 明代诗人传世别集所引植物种数举例

作者	生卒年	别集名称	诗篇总数（首）	植物种类
刘基	1311～1375	《诚意伯文集》	1,371	203
贝琼	约1316～1378	《清江诗集》	618	125
刘崧	1321～1381	《槎翁诗集》	2,513	227
胡奎	1335～1409	《斗南老人集》	1,971	174
高启	1336～1374	《大全集》《凫藻集》	1,833	164
杨士奇	1365～1444	《东里诗集》	1,451	121
薛瑄	约1392～1464	《敬轩集》	1,405	129
沈周	1427～1509	《石田诗集》	1,018	141
陈献章	1428～1500	《陈白沙集》	2,014	120
程敏政	1445～1500	《篁墩文集》	2,578	189
李东阳	1447～1516	《怀麓堂集》	1,456	160
唐寅	1470～1524	《唐伯虎全集》	1,085	164
文徵明	1470～1559	《甫田集》	741	113
李梦阳	1473～1530	《空同集》	2,228	173
边贡	1476～1532	《边华泉集》	1,577	130
谢榛	1495～1575	《谢榛全集》	2,428	157
李开先	1502～1568	《李中麓闲居集》	1,230	125
李攀龙	1514～1570	《沧溟集》	1,438	112
梁辰鱼	1519～1591	《鹿城诗集》	1,090	142
徐渭	1521～1593	《徐渭集》	1,447	216
汪道昆	1525～1593	《太涵集》	1,591	131
王世贞	1526～1590	《弇州四部稿》	7,062	286
焦竑	1540～1619	《澹园集》	635	122
汤显祖	1550～1616	《汤显祖全集》	2,290	207
胡应麟	1551～1602	《少室山房集》	4,054	192
何白	1562～1642	《何白集》	1,999	222
袁宏道	1568～1610	《袁中郎全集》	1,675	204
袁中道	1570～1627	《珂雪斋集》	1,397	154
谭元春	1586～1637	《谭元春集》	1,460	125

图21 枳壳全株具刺，古人归类为恶木。

明代诗作最多的是晚明文学家、史学家王世贞，别集共录诗7062首，所引述的植物种类也是元、明两代诗人中最多者，总计有286种（表8）。其他在诗作别集中提到植物种类超过200种的诗人，还有刘嵩、何白、徐渭、汤显祖、袁宏道、刘基等；著名的明代诗人高启、李东阳、李梦阳、唐寅、谢榛等，诗中提到的植物种类都超过150种（表8）。明人受到前期古人的影响甚深，也多能充分掌握植物的特性以入诗，如汪道昆的《冬日杂诗为仲氏作》："宁为兰与芷，溢死有余芳。毋为桃李华，灼灼徒春阳。"兰和芷都是《楚辞》中的香草，夭桃秾李是《诗经》中显示华贵艳丽的花木，但开花后花瓣迅速凋落，因此本诗可视为警世诗。刘基的《旅兴》："凤凰翔不下，梧桐化为枳。伤怀不可道，忧念何时已。"前两句说的是《庄子》"凤凰非梧桐不栖"的传说，梧桐变成长满棘刺的恶木枳壳（图21），凤凰自然不会有栖息意愿。大诗人王世贞不但懂植物，也爱植物，他在《弇州四部稿》43卷中有专诗吟诵梅花、桃花、玉兰、海棠等40种花木，44卷咏佛手柑等7种植物，49卷题咏凌霄花等6种花草。

清代因为印刷技术及书籍保存方法比起前代更精进，诗文佚失较少，诗人及诗作都远比前数代多。加上世界贸易逐渐发达，中国和外界接触机会增多，引进的植物种类也比前朝更庞杂，诗人所认识的植物也多有增加。樊增祥的《樊樊山诗集》共有5496首诗，植物种类共有351种，大概是历代诗文中引述植物种类最多者（表9）。另外诗集出现300种植物以上者为查慎行，250种以上者有王士禛、蒋士铨、赵翼、洪亮吉。引述植物种类超过200种者，都是清代大文豪或以诗文著称于世者，除上述作者外，还有钱谦益、施闰章、袁枚、李调元、王文治等（表9）。其中蒋士铨的《忠

雅堂集》有诗 4869 首，植物种类有 271 种；赵翼的《瓯北集》有诗 4831
首，引述的植物种类有 285 种，均仅次于樊增祥、查慎行。诗人的作品成
就，几乎与引述植物种类多寡有极大的相关性，再次印证了上文"没有植
物则无以成诗"的论述。植物在历代诗词的创作和诗意的铺陈上，是无可
取代的元素，试举以下诸例：王士祯的《广州竹枝》："梅花已近小春开，
朱槿红桃次第催。杏李枇杷都上市，玉盘三月有杨梅。"《戏示老圃》："语
君种梧桐，君嫌少颜色。莫种蔷薇花，岁寒足荆棘。"前诗以植物写景，每
句至少有植物一种，有些诗句有植物 3 种，共引述植物 7 种；后者是善于
用植物典故入诗的诗例。查慎行对植物有特殊感情，其《留别润木即次弟
送行原韵》诗句："桐为先世成阴树，桂是吾家及第花。"怀念先君子手植
梧桐及钟爱科举及第之兆的桂溢于字句之中。赵翼是"有乞诗文者不许通报，
惟酒食相招则赴之"的诗人，可见其不拘小节的一面，其《纪梦一笑》诗句："卅
年屏迹隐蒿莱，夜梦无端见斗台。"叙述其志趣。句中的蒿莱代表野草，指
偏远无人迹处。樊增祥不但植物种类引述最多，也是当代最熟悉植物的诗人，
从《题陈曼生画册十二首》诗描述红梅、绣球、紫藤等 12 种花木的内容可
看出他丰富的植物知识。他的《寄调爽翁》诗："玉腕新承栉，黄绸夙放衙。
窗临交让树，屏画合欢花。"是适切运用植物名称双关语的作品。

表 9　清代诗人传世别集所引植物种数举例

作者	生卒年	别集名称	诗篇（总数首）	植物种类
钱谦益	1582 ~ 1664	《钱牧斋全集》	2,483	213
吴伟业	1609 ~ 1671	《吴梅村诗集》	980	174
钱澄之	1612 ~ 1693	《田间诗集》《藏山阁集》	3,207	187
施闰章	1618 ~ 1683	《施闰章诗》	3,282	215
王士祯	1634 ~ 1711	《王士祯全集》	4,722	284
查慎行	1650 ~ 1727	《敬业堂诗集》	4,515	301
郑燮	1693 ~ 1765	《郑板桥集》	608	118
刘大櫆	1698 ~ 1780	《海峰诗集》	913	130
袁枚	1716 ~ 1798	《小仓山房诗集》	4,105	229

作者	生卒年	别集名称	诗篇（总数首）	植物种类
蒋士铨	1725 ~ 1785	《忠雅堂集》	4,869	271
赵翼	1727 ~ 1814	《瓯北集》	4,831	285
王文治	1730 ~ 1802	《梦楼诗集》	1,884	202
李调元	1734 ~ 1802	《李调元诗》	1,353	241
洪亮吉	1745 ~ 1809	《洪亮吉诗》	4,477	273
黄景仁	1749 ~ 1783	《两当轩集》	1,180	165
张问陶	1764 ~ 1814	《船山诗草》	2,928	181
阮元	1764 ~ 1849	《揅经室集》	1,045	197
邓湘皋	1778 ~ 1851	《南村草堂诗钞》	1,559	171
龚自珍	1792 ~ 1841	《龚自珍全集》	754	119
魏源	1794 ~ 1857	《魏源集》	900	128
郑珍	1806 ~ 1864	《巢经巢诗钞》	860	205
樊增祥	1846 ~ 1931	《樊樊山诗集》	5,496	351
黄遵宪	1848 ~ 1905	《人境庐诗草》	1,156	161
陈三立	1853 ~ 1937	《散原精舍诗文集》	2,315	199
梁鼎芬	1859 ~ 1920	《节庵先生遗诗》	1,159	140
连横	1878 ~ 1936	《剑花室诗集》	915	109

第三章 《诗经》中的植物

第一节 前言

　　《诗经》是中国最古老的诗歌集,也是世界上硕果仅存的古老诗集之一。战国以前,称"诗"或"诗三百",实际有诗 305 首,汉朝时开始被尊为经。《诗经》传播很广,对后世的影响很大。自古以来,上自宫廷官邸之宴会、典礼,下至百姓的日常生活,以及国与国之间的外交往来,都需要"赋诗言志",连孔子都说:"不学诗,无以言。"从春秋时代开始,经《左传》《国语》以至汉代之后所有的文学和历史作品无不引用《诗经》,也无不受到《诗经》的巨大影响。不读《诗经》,很难真正了解古代诗词和其他古典文学作品。时至今日,《诗经》的影响还是无所不在,从以下直接引用《诗经》的词句而成为今日常用语,就可见一斑:

- 桃之夭夭《周南·桃夭》
- 不忮不求《邶风·雄雉》
- 不敢暴虎,不敢冯河《小雅·小旻》
- 如临深渊,如履薄冰《小雅·小旻》
- 小心翼翼《大雅·大明》《大雅·烝民》
- 自求多福《大雅·文王》
- 不可救药《大雅·板》
- 殷鉴不远《大雅·荡》
- 听我藐藐《大雅·抑》
- 夙兴夜寐《大雅·抑》
- 投我以桃,报之以李《大雅·抑》

· 进退维谷《大雅·桑柔》

· 兢兢业业《大雅·云汉》

· 既明且哲，以保其身《大雅·烝民》

· 不稂不莠《小雅·大田》

　　《诗经》记述动植物种类繁多，因此古人说读《诗经》可以"多识草木虫鱼之名"。以植物而言，《诗经》中记载了许多与古人生活相关的作物，也描绘不少当时分布在华北地区的天然植被。因此除了上述的成语和常用词汇，由《诗经》内容，特别是由《诗经》中的植物所衍生出来的成语也有很多，可印证《诗经》对中国文学和民众生活的影响力，试引以下数端：

· 敬恭桑梓，语出《小雅·小弁》："维桑与梓，必恭敬止。"

· 葑菲之采，语出《邶风·谷风》："采葑采菲，无以下体。"

· 甘棠遗爱，典出《召南·甘棠》："蔽芾甘棠，勿翦勿拜，召伯所说。"

· 甘心如荠，典出《邶风·谷风》："谁谓荼苦？其甘如荠。"

· 夭桃秾李，出自《周南·桃夭》："桃之夭夭，灼灼其华。"《召南·何彼襛矣》："何彼襛矣，华如桃李。"

· 麦秀黍离，语出《王风·黍离》："彼黍离离，彼稷之苗。"

· 绵绵瓜瓞，语出《大雅·绵》："绵绵瓜瓞，民之初生，自土沮漆。"

· 摽梅之候，典出《召南·摽有梅》："摽有梅，其实七兮。"

· 采兰赠芍，语出《郑风·溱洧》："士与女，方秉蕑兮……维士与女，伊其相谑，赠之以芍药。"

· 萱草忘忧，典出《卫风·伯兮》："焉得谖草，言树之背？"

　　由于《诗经》内容复杂，且写作年代久远，有许多词意深奥难懂的章节、不易了解的词句背景典故，还有大量的动植物及其他"名物"词汇。这些动植物名汇所指的种类，其形态、生活习性，以及代表的含意为何，均非一般辞书所能检索得知，对研读、理解《诗经》形成一定程度的障碍。认识《诗经》中的植物，辨别植物名称、形态性状、生态特性等，有助于体验当时民众生活周遭的环境和文化背景，能帮读者正确理解《诗经》诗文的意涵。

第二节 《诗经》的内容和《诗经》植物

周朝各诸侯分封的地区称作"国"，"风"指民俗歌谣的诗。诸侯在各领地内采集民俗之诗歌献给天子，天子将这些诗歌列于乐官，用以考察各地民俗风尚的好恶，而得知施政得失。因此，国风所呈现的题材、情绪、景物等富有多样性，且地域性非常强。《诗经》有"十五国风"，共160篇，包括周南11篇、召南14篇、邶风19篇、鄘风10篇、卫风10篇、王风10篇、郑风21篇、齐风11篇、魏风7篇、唐风12篇、秦风10篇、陈风10篇、桧风4篇、曹风4篇、豳风7篇。"十五国风"中，出现植物的篇章共86篇，约占53.8%，表示一半以上的国风诗篇中都有植物。

雅的篇章都是所谓的"正乐之歌"，包括大雅及小雅。小雅是宫廷乐歌，主要是在宴会时演唱，属燕飨之乐，共74篇，有44篇出现植物，比率高达59.4%。大雅同样是宫廷乐歌，用于较隆重的宴会和典礼，属会朝之乐，共31篇，其中14篇有植物，占45.2%。

"颂者，宗庙之乐歌。"说明"颂"是赞美诗，用于宗庙祭祀，有些还兼作舞曲，包括周颂、鲁颂和商颂。《颂》出现植物篇章的比率最少，在全部40首诗中，植物仅出现9首，占比为22%。周颂共31篇，有植物者6篇；鲁颂有4篇，有植物者4篇；商颂共5篇，仅1篇出现植物。

在《诗经》的305首诗中，总计有135篇出现植物，占50.2%，即一半的《诗经》篇章内容提到或描述植物，其中多数篇章以植物来"赋、比、兴"。

《诗经》各篇章中出现植物种类最多的为《豳风·七月》，1首诗就有20种植物；其次为《小雅·南山有台》和《大雅·生民》，各出现10种植物；《大雅·皇矣》有9种植物，排名第3；出现6种植物的有6篇，分别是《鄘风·定之方中》《唐风·山有枢》《唐风·鸨羽》《小雅·黄鸟》《小雅·四月》《鲁颂·閟宫》；出现5种植物的有3篇：《陈风·东门之枌》《大雅·绵》《大雅·旱麓》。以上均为研究《诗经》植物非常重要的篇章。其余1首诗

图1 桑是《诗经》中出现篇章最多的植物。

图2 黍是古代主要的谷类之一,《诗经》有17篇提到。

图3 "萧"即白蒿,是《诗经》中出现最多的蒿类植物。

中出现4种植物的有15篇,出现3种植物的有22篇,出现2种植物的有40篇,而大部分诗篇(共63篇)只出现1种植物。

在所有的《诗经》植物中,出现篇章数最多的为桑(图1),共有20篇;黍类(图2)次之,共出现17篇;枣又次之,出现12篇。其他出现篇次在5篇以上者,有小麦9篇;葛藤、芦苇、柏类、葫芦瓜、松、大豆及柞木等各7篇;黄荆、棠梨、大麻、稻、粟、枸杞各6篇。这些出现篇数较多的植物,都是诗经时代和人类关系较深的植物,其中黍、麦、稻、粟、大豆、葫芦瓜均为当时主要的粮食作物及蔬菜;桑、大麻、葛藤等则与衣着有关;松、柏、柞木是分布普遍的用材树种;枣(棘)、芦苇则属分布范围广泛,为当时最常见的植物之一。"萧"(图3)是菊科蒿类中被提到最多的植物,共有 5 首诗篇中出现此植物。"萧"除供为野菜及牲畜饲料外，也是古代祭祀时常用的植物，较之其他蒿类更受到古人的歌颂和敬畏。其他出现次数较少的植物，有些属于地域性分布，有些则属于特殊用途，或用途较少。

第三节 《诗经》植物的用途类别

一、食用植物

《诗经》中出现的植物，应该都是当时一般人所熟悉的，其中种类最多的是食用植物，包括野菜类、栽培蔬菜类、栽培谷类及水果类等。

（一）野菜类

《周南·关雎》："参差荇菜，左右流之。窈窕淑女，寤寐求之。"句中的"荇菜"，即现今的荇菜（图 4），是生长在水塘中的浮水植物，先民采集供为蔬菜。《诗经》植物中，野菜种类至少有 30 种，包括苍耳（卷耳）、车前草（芣苢）、蒿类（蒌、蘩、艾、蒿、蔚）、蕨、野豌豆（薇）、田字草（蘋）、蕰藻（藻）、苦菜（荼）、荠菜（荠）、萹蓄（竹）、荻（葭）、萝摩（芄兰，图 5）、甘草（苓）、锦葵（菽）、冬葵（葵）、紫云英（苕，图 6）、香蒲（蒲）、栝楼（果）、藜（莱）、播娘蒿（葂）、苦荬菜（苣）、羊蹄（蓫）、旋花（葍，图 7）、水芹（芹）、石龙芮（堇）、水蓼（蓼）、莼菜（茆）等。其中有些野菜比较可口，至今民间仍采集或栽培食用的有苦菜、冬葵、荠菜、水芹、蕨、莼菜等。

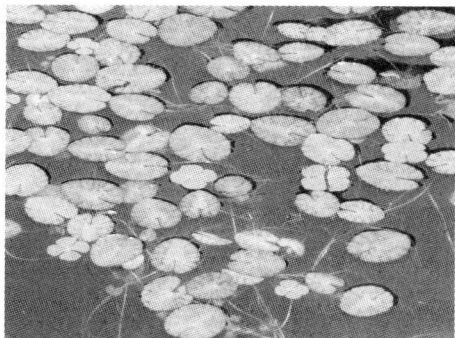

图 4 《周南·关雎》："参差荇菜，左右流之"提到的荇菜。

图 5 萝摩即诗文中常引述的"芄兰"。

图6 《诗经》提到的"苕"，今名紫云英，是野蔬也是绿肥植物。

图7 旋花普遍分布于华北地区，和甘薯同科，膨大的贮藏根可食。

其余野菜味道大都不美或气味特殊，必须经过处理才可进食，只有粮食歉收的荒年或特别地区才会采食。

（二）栽培蔬菜

古代的食用蔬菜，大都以采撷野生植物为主，栽培蔬菜极少。《诗经》偶有篇章载录栽培蔬菜，如《邶风·谷风》："采葑采菲，无以下体。德音莫违，及尔同死。"葑与菲都是栽培的蔬菜，葑即芜菁，菲即萝卜，后者是目前全世界都在食用的菜蔬，前者在华中、华北仍为重要根菜。其他只有少数植物，如匏瓜（匏）、荷花（荷）、大豆（菽）、韭菜（韭），出现在《诗经》的诗篇中。这些植物目前都是重要蔬菜，推测诗经时代已广为栽培。

（三）栽培谷类

《诗经》时代栽培较广的粮食作物有6种，即小麦（麦）、大麦（牟）、黍（稷）、稻、小米（粟）和大豆（菽）。其中出现篇章最多的粮食作物是黍（稷），共17篇，如《王风·黍离》："彼黍离离，彼稷之苗。行迈靡靡，中心摇摇。"说明黍类为当时北方最普遍的谷类作物。小麦虽非原产，但应早在周朝以前就引入中土。稻出现在《诗经》中，表示稻米在周代已从长江流域成功引种到黄河流域了。各种谷类经过长期栽培，均培育出不同的变种或栽培种，如黍在当时已有稷、秬、秠等品种；粟（小米）有粱、糜、芑等不同品种。大豆在古代，归类在谷类。

（四）水果类

《郑风·东门之墠》："东门之栗，有践家室。岂不尔思，子不我即。"栗即板栗，为当时常见的树种，其坚果称为栗子，是历代主要的干果类，也是诗经时代重要的淀粉来源。《鄘风·定之方中》篇"树之榛栗"的"榛"为榛子、"栗"是板栗，都是当时广为栽培的果树类植物。其他出现在《诗经》中的重要果树或生产水果的栽培植物，还有桃、豆梨、棠梨、梅、李、枣（棘）、木瓜、木李、猕猴桃（苌楚）、野葡萄（蔹，图8）、甜瓜（瓜）、枳椇（枳）等。《小雅·信南山》的"中田有庐，疆场有瓜"句，瓜指甜瓜，说明甜瓜在诗经时代也是栽培作物。上述桃、棠、梨、梅、李等果树，有时栽培供观赏用。

图8 《诗经》称野葡萄为"蔹"，是古人常采食的野果。

二、衣用植物

（一）纤维植物

棉花在隋唐以后才传入中国，在古代只有贵族及五十岁以上的老人才可以穿丝织品。一般民众的衣物，主要来自3种植物纤维，《诗经》亦仅提到这三种，即葛藤（葛）、苎麻（纻）、大麻（麻）。如《周南·葛覃》所言："葛之覃兮，施于中谷，维叶莫莫。是刈是濩，为絺为绤，服之无斁。"絺为细葛布，绤为粗葛布，说明葛皮纤维是当时主要的织布原料。葛皮也用以制鞋，如《魏风·葛屦》"纠纠葛屦，可以履霜"句中，葛屦即当时的葛鞋。

苎麻则出现在《陈风·东门之池》篇："东门之池，可以沤纻。彼美淑姬，可与晤语。"其中的纻即苎麻。同篇的"东门之池，可以沤麻"句中，沤（长时间浸泡）的则是大麻，描述的是织布前的处理过程。其中苎麻和大麻纤维，近代亦有人使用，织成布帛或供为绳索。

（二）染料植物

为了美观或显示地位，衣着有染色需求，染料也成为《诗经》时期的时尚。《小雅·采绿》："终朝采绿，不盈一匊……终朝采蓝，不盈一襜。"绿为荩草（图9），蓝即蓼蓝（图10），都是采来染制衣服的草本植物。荩草染黄、染绿，而蓼蓝染靛、染蓝。草本植物中还有一种红色染料，专供染御服之用，即《郑风·出其东门》所言："缟衣茹藘，聊可与娱。"茹藘即现在所称的茜草（图11），以其根部萃取红色色素用以"染绛"。

其他作为染色的木本植物，还有《小雅·南山有台》篇中"南山有枸，北山有楰"的"楰"，今名鼠李（图12），取其未成熟的核果及树皮制作黄色及绿色染料。另外《大雅·皇矣》篇"攘之剔之，其檿其柘"之"柘"，为今之枳树，树干心材黄色，可提制染料，专用在染制黄色衣物。

图9 古代用来染制帝王衣物的荩草，可染黄、染绿。

图10 蓼蓝是古代衣物染蓝、染靛的原料。

图11 茜草。

图12 《小雅·南山有台》："南山有枸，北山有楰"的"楰"，即今之鼠李。

三、器用植物

（一）建筑、舟车器具用材

自古以来，中国的房舍建筑多使用木料。《诗经》中所出现的乔木，很多是当时住宅旁最普遍栽植的树木，有些则是天然生长、分布广泛的树种。《小雅·小弁》"维桑与梓，必恭敬止"句中，"梓"即梓树，其木质轻且加工容易，自古就是主要的造林树种，木材供建材、家具之用，也用来制造乐器。其他如侧柏（柏）、楸（椅）、泡桐（桐）、梓树（梓）、圆柏（桧）、松、青檀（檀，图13）、刺榆（枢，图14）、榆杨、梧桐等，都是古代的建筑材料。除了房屋建筑，家具、舟车、棺木等也多使用上述植物，如《邶风·柏舟》之"汎

图13　青檀是《诗经》时代重要的建筑材料。

图14　《诗经》所言的"枢"即刺榆。

彼柏舟，亦汎其流"及《鄘风·柏舟》"汎彼柏舟，在彼中河"，说明柏木（或侧柏）是诗经时代用来造船的材料。另外《卫风·竹竿》："淇水悠悠，桧楫松舟。"提到松树也用来造船，桧（圆柏）则制作船桨。

（二）木材以外的用具

白茅（茅）、芦苇（芦）是盖房子及编织围篱或屋墙的材料。《豳风·七月》："昼尔于茅，宵尔索绹。"意为白天上山割茅草，晚上搓绳索，白茅主要用来搭盖屋顶。黄荆（楚）用来制作刑具及女人的发钗，漆（图15）是重要的木竹器涂料。制作草席、垫子或编织篮筐等民生常用器物，则用蒲草（蒲）、苔草（台）、莞、柳等植物。

图 15 漆树汁液取用作木竹器的涂料。

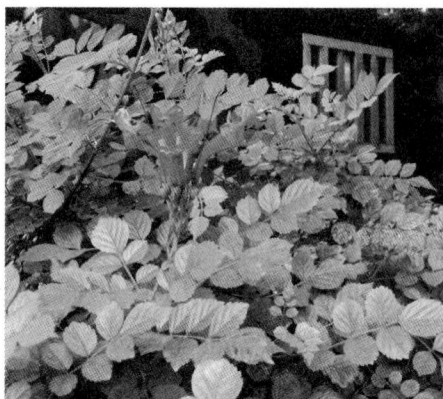

图 16 花色艳丽的凌霄花自古即栽培为观赏植物。

四、观赏植物

《诗经》各篇章中提到的，还有花色艳丽的灌木花卉唐棣、木桃、木瓜、木槿（舜）、郁李（郁）；攀缘藤本植物的凌霄花（苕，图16）；草本花卉如荷、芍药等，这些植物自古即栽植在庭院中观赏，主要是观花，有些则栽植为庭园树，应该也是诗经时代贵族、官宦之家广为栽种的庭园观赏植物。值得注意的是，《诗经》和《楚辞》中尚未出现牡丹。

《诗经》中的植物，大部分种类的用途不止一项，多数植物都具有多种用途，譬如枸杞自古即作为菜蔬，又是有名的药用植物；桃是果树，可收成果实，也是观赏植物，又为辟邪象征。即使是日常食用的五谷类作物，如大麦，一方面是粮食，一方面也利用为养生药材。表现出古人对植物的利用情形，也反映出诗经时代各地的民情风俗。

第四节 《诗经》的象征性植物

一、辟邪用的植物

《召南·采蘋》篇中"于以采藻？于彼行潦"之"藻"，主要是指蕴藻、马藻等常聚生在水边及湖中的水藻。藻为水草，具有压辟火灾的象征意义，数千年来，上自皇宫、庙殿，下至民宅，都会在屋梁上雕绘藻纹用以压制火灾。

《诗经·召南》及《小雅》《鲁颂》各篇所提到的藻，都与防辟火灾的象征意义有关。

《郑风·溱洧》篇中"溱与洧，方涣涣兮。士与女，方秉蕑兮"之"蕑"，为今之泽兰。"兰"香在茎叶，佩在身上可辟邪气，即《楚辞·离骚》所谓的"纫秋兰以为佩"。植株煮汤沐浴，即"兰阳沐浴"。妇人以泽兰和油泽头，称"兰泽"，有净身和祛除不正之气的效果。

二、比喻依附的植物

着生或附生在其他树木的寄生植物，在《诗经》的诗句中被用来比喻依附，此类植物有松萝（女萝）、桑寄生（茑）、菟丝子（唐）等。

《小雅·頍弁》："岂伊异人？兄弟匪他。茑与女萝，施于松柏。"所言女萝即松萝。松萝"色青而细长，无杂蔓"，植物体基部固着在树木枝干上，其他部分亦仅附着其上，并未吸取树木养分，属于着生植物（植物体自行光合作用，和所着生的树木并未发生营养关系）。《楚辞·九歌·山鬼》的"被薜荔兮带女萝"、杜甫《佳人》的"牵萝补茅屋"句中，女萝和萝均指松萝（图17）。

《诗经》提到的"茑"则为桑寄生类植物（图18），以吸收根伸入寄主维管束内吸取养分与水分，常见寄生在寄主的树干、树枝或枝梢

图17 《诗经》提到的"女萝"即松萝。

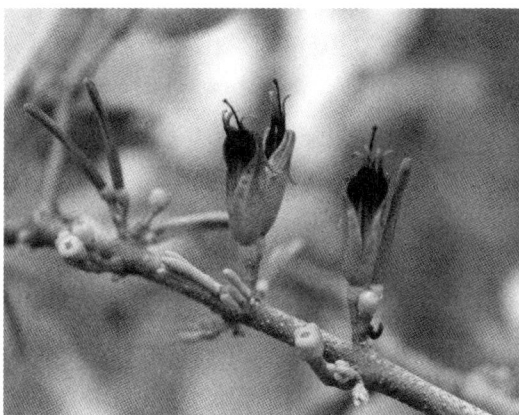

图18 桑寄生。

上，远望有如鸟巢或草丛。常见被寄生的寄主有枫、桑、柿、壳斗科等植物，有枫寄生、桑寄生、柿寄生、槲寄生等名称，松类也常可见到桑寄生植物，称为松寄生。

蔡元度《名物解》说明《小雅·頍弁》："茑与女萝，施于松上"，"茑"之施于松柏，是比喻异姓亲戚必须依赖周天子的俸禄之意，如同"茑"之寄生；而"女萝之施于松柏"，则比喻同姓亲戚只需依附周王，因女萝是附生植物，自营生活，不像茑必须靠吸取寄主养分而存活。

《鄘风·桑中》："爰采唐矣？沬之乡矣。"据《尔雅》说法："唐，唐蒙也。""唐"一名"菟芦"，即现在所称的菟丝子，为常用中药材，"汁去面黵"，菟丝汁液可用来去除脸上的黑色素，为古代的"美白"材料，也是滋养性强壮药，所谓"久服明目，轻身延年"。菟丝为藤蔓状的寄生植物，攀附在其他植物体上，本身无叶绿素，必须以吸收根伸入其他植物的维管束中吸收水分及养分，无法脱离寄主自立。《诗经》有许多篇章以采集植物来起兴，而所采植物均应与当时生活有关，或是菜蔬，或是药材。而中国古诗词中更常用植物来比喻、影射事物或心情，如《古诗十九首·冉冉孤生竹》："与君为新婚，菟丝附女萝。"菟丝和女萝都必须依附在其他植物体上生长，诗中用以比喻新婚夫妇相互依附。

三、象征善恶的植物

《诗经》也利用有刺或到处蔓生的植物来象征不好的事物，例如《齐风·甫田》"无田甫田，维莠骄骄"和《小雅·大田》"既方既皂，既坚既好，不稂不莠"，所言"莠"与"稂"均象征恶事。《尔雅翼》云："莠者，害稼之草。"莠即今之狗尾草（图 19），幼苗期形似禾稼，苗叶及成熟花穗都类似小米。孔子说："恶莠，恐其乱苗也。"狗尾草根系深入土中，不易防除，属于恶草，不但农民痛恨，连诗人也憎恶之。所以《齐风·甫田》才会有"维莠骄骄""维莠桀桀"之语，表示田地太广，除草不及，使杂草遍地丛生。《小雅·大田》之"不稂不莠"，原指田中已无稂（今之狼尾草，图 20）与狗尾草，后人引喻为人不成材，没有出息。

《鄘风·墙有茨》"墙有茨，不可埽也""墙有茨，不可襄也""墙有茨，

图 19 "莠者，害稼之草"，指明莠是田中杂草，莠今名狗尾草。

图 20 狼尾草古称"稂"，和狗尾草都是田中杂草。

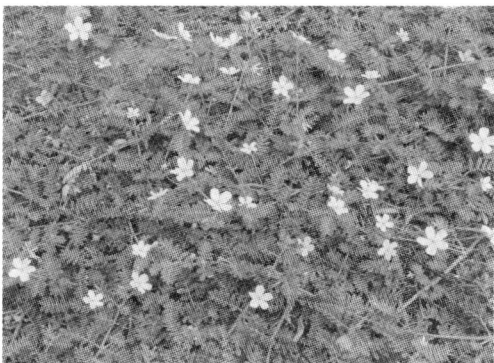

图 21 到处蔓生的蒺藜，果实布满锐刺，古人视为不祥或不佳之物。

不可束也"提到的"茨"，即今之蒺藜。在干燥的荒废地，常见蒺藜蔓生，繁生的果实布满锐刺，常刺伤人足。《鄘风·墙有茨》篇，言蒺藜（图21）是不祥或不佳之物，人皆欲除之而后快。《楚辞·七谏》曰："江离弃于穷巷兮，蒺藜蔓乎东厢。"东厢是宫室最严的地方，也是礼乐根本所在，却为蔓延的蒺藜所占，而香草江离却被弃于穷巷，以喻小人当政。后人因此用蒺藜以嘲讽时事，如《瑞应图》云："王者任用贤良，则梧桐生于东厢。今蒺藜生之，以见所任之非人。"蒺藜所代表的也是负面意涵。

棘是酸枣或长满棘刺的灌木，常伤人手足，象征恶兆或不正当事物，《诗经》引述"棘"的诗篇大都具讽刺内涵。例如，《唐风·鸨羽》篇"肃肃鸨翼，集于苞棘"，讥讽当政者失职，导致人民流离失所；《陈风·墓门》篇"墓门有棘，斧以斯之"，暗喻心怀不轨的野心家；《曹风·鸤鸠》篇"鸤鸠在桑，其子在棘"，讽刺在其位不谋其政的当权者。

图22 《小雅·蓼莪》提到的"莪"，今名播娘蒿，嫩茎叶可食。

四、思亲

《小雅·蓼莪》："蓼蓼者莪，匪莪伊蒿。哀哀父母，生我劬劳。蓼蓼者莪，匪莪伊蔚。哀哀父母，生我劳瘁。""莪"今名播娘蒿（图22），嫩茎叶可食，引申为有用的人才；"蒿"和"蔚"都是野生杂草，引申为不堪造就的庸才。全句意为父母希望我能成才，我却不能成器，太辜负父母的期望，强烈表现出对父母的悲悼与怀思。《晋书》记载王裒博学多才，悲痛父亲死于非命，避官隐居，开班授徒，每讲到《诗经》《蓼莪》篇中"哀哀父母，生我劬劳"，无不痛哭流涕。后来门人授业者决定略去《蓼莪》之篇，称"蓼莪废讲"。

第五节 《诗经》植物的特色

一、以中国北方的植物区系为主

《诗经》是中国北方的文学作品，描述的地域以黄河流域为主，植物多以华北地区为分布中心。草本植物如蘩（白蒿）、牛尾蒿（萧）、飞蓬、甘草、贝母、荻、萝藦（芄兰）、茜草、芍药、粟、菁草、远志、籁萧（蓍）、蔓菁（芩）、莪等；灌木如唐棣、酸枣（棘）、榛、木瓜、木桃、木李、枸杞、枳椇、鼠李、山桑等；乔木如柏木、楸树、梓、漆、圆柏（桧）、青檀、刺榆、白榆、椴树、青杨、桦木等，都主要分布于北方。

二、广泛分布型植物

《诗经》各篇章中出现的植物属世界性的广布种，分布涵盖欧亚大陆的有芦苇、蕨、羊蹄、苦菜、狗尾草、车前、苍耳等；分布华北、华中、华南至台湾者，有田字草、白茅、藜、水芹、荸、益母草、艾、黄荆、柞木、臭椿、构树、梧桐等；而能同时野生于华北、华中者，则有荇菜、葛藤、葛藟、蒌蒿、荷、乌敛莓、梅、松、麻栎等。

三、采集野生植物的章句很多

《诗经》中有许多必须弯腰采集的小型植物，常伴随"采"字，前后一共十九篇。采集的植物大部分是食用植物，以及极少数的染料植物。如《周南·芣苢》"采采芣苢，薄言采之"、《召南·采蘩》"于以采蘩，于沼于沚"和《召南·草虫》"陟彼南山，言采其蕨"，采的是野菜车前草（芣苢）、白蒿（蘩）和蕨。《邶风·谷风》："采葑采菲，无以下体。"采的是蔬菜蔓菁（葑菖）和萝卜（菲）。《鄘风·载驰》："陟彼阿丘，言采其蝱。"采集的是药草贝母（蝱）。《小雅·采菽》："采菽采菽，筐之筥之。"采收栽培的农作物是大豆（菽）。也有如《小雅·采绿》篇"终朝采绿，不盈一匊"一样，采摘染料植物如荩草（绿）者。

四、多数为经济植物

黄河流域气候干燥，植物生长期短，粮食生产不易。《诗经》咏颂食用植物的篇章特别多，如《鄘风·载驰》篇"我行其野，芃芃其麦"，描述生长茂盛的麦田；《小雅·甫田》篇"黍稷稻粱，农夫之庆"，显现预期丰收的欢欣情境；《大雅·生民》篇"荏菽旆旆，禾役穟穟"，歌颂农作丰产等。其他各篇章所记载描述的植物，大都与生活相关。在135种（类）植物之中，几乎全部都有经济用途。

五、植物生育环境的描述

山坡地和山谷低湿地生态环境不同、土壤的生育条件有异，自然会生长不同的植物。山脊、山坡的植物耐旱耐瘠，而山谷低地的植物需水量大。《诗经》记载了当时中国北方植物的生态分布，如《邶风·简兮》篇"山有榛，隰有苓"、《郑风·山有扶苏》篇"山有扶苏，隰有荷华"及"山有乔松，隰有游龙"等，可归纳出山坡地耐旱的植物有榛、唐棣（扶苏）、松、刺榆（枢）、毛臭椿（栲）、漆、栎、桑；山谷或平原地区需水量较大的植物，则有榆、栗、木姜子（驳）、豆梨（檖）、杞柳（杞）、苦楮（横）、杨等。山脉的南、北向坡受光量不同，所分布的植物种类也会有差异，《小雅·南山有台》也有记录"南山有台，北山有莱""南山有桑，北山有杨""南山有杞，北山有李""南山有栲，北山有杻""南山有枸，北山有楰"，由以上可知南向坡（南山）的植物：苔（台）、桑、枸杞（杞）、毛臭椿（栲）、枳椇（枸）；北向坡（北山）的植物：藜（莱）、杨、李、椴树（杻）、鼠李（楰）等。

六、诗经时代的造林

古代人口不多，生活用材多直接取自居家附近的天然森林，原无造林必要。其后生齿日繁，用量浩大，而林木本非取之不尽的资源，特别是中原地区的黄河流域，干燥和寒冷的气候原本就不利于林木的天然更新。森林伐采之后，恢复极为缓慢，树木生长的速度远不及人口增加速度。加上战争频繁，耕地需求代代增长，人类又有放火烧山的习惯，森林逐渐在黄河流域消失。此后对木材的需求，只能依赖人工造林供应，中国早期的造林并无可靠的文献记录，但《诗经》的记载，却能提供早期人工造林梗概。例如，由《郑风·将仲子》篇"将仲子兮，无逾我里，无折我树杞""将仲子兮，无逾我墙，无折我树桑""将仲子兮，无逾我园，无折我树檀"句，和《小雅·鹤鸣》之"乐彼之园，爰有树檀，其下维萚"句，可知春秋时代中国北方曾像栽种桑树般地大量种植杞柳（杞）、青檀（檀）。其他比较重要的经济造林树种，还有《鄘风·定之方中》："树之榛栗，椅桐梓漆，爰伐琴瑟。"提到楸树（椅）、泡桐（桐）、梓树和漆树，前三种均为优良的建筑及家具用材，且能长成大乔木；漆树则提供保护家用器物、延长使用年限的漆液。《小雅·鹤鸣》："乐彼之园，爰有树檀，其下维谷"句，和《小雅·巷伯》之"杨园之道，猗于亩丘"句，则说明除青檀和上述树种外，构树（榖）和多种杨树也是当时重要的造林木。

第四章 《楚辞》中的植物

第一节 前言

战国时代楚国的范围，从现在的湖北省到达长江、淮河流域一带。这意味着楚人的活动区域和《楚辞》产生的背景地区，有别于《诗经》的黄河流域。

《楚辞》首先由西汉中叶的大学者刘向校订皇宫的藏书，编辑屈原等人的作品成为专书,内容包含《离骚》《九歌》《天问》《九章》《远游》《卜居》《渔父》《九辩》《招魂》《大招》《惜誓》《吊屈原》《鹏鸟》《招隐士》《七谏》《哀时命》《九怀》《九叹》《九思》等篇章。其中为屈原所作的篇章有《离骚》《九歌》《天问》《九章》《远游》《招魂》等篇,其余作者包括宋玉、淮南王、贾谊、东方朔、庄忌、王褒、刘向、王逸等。另外，有些作品是西汉时期模仿楚人之作。各篇章写成年代距今大都超过两千年,《楚辞》是《诗经》以外，最古老的中国文学总集。

如《隋书·经籍志》序云："楚辞者,屈原之所作也……盖以原楚人也,谓之楚辞。"但《楚辞》并非一人的作品。在《楚辞》各篇章的作者中,只有屈原、宋玉是楚人,其他作者均非楚人,如东方朔是山东（平原）人、王褒是四川人、贾谊是洛阳人、庄忌为浙江（会稽）人,可知《楚辞》并非指"楚人的作品"。综合各家意见,《楚辞》应该是诗人以楚国地区特有的音律、动植物、词汇（即宋代黄伯思所言之"书楚语、作楚声、纪楚地、名楚物"）,用以发抒文人情感、寄寓心情的诗歌。因此,《楚辞》是从楚国发展出来的一种特殊的文学体裁,而贾谊、东方朔等人的作品都是模仿屈赋,故名为《楚辞》。

《楚辞》对后世文学的影响和《诗经》相同。从汉代以降，至于魏晋南北朝、隋、唐、宋、元、明、清以迄今，历代文人皆从《楚辞》中撷取精华。汉赋、骈文、七言诗，宋、元、明、清的词、曲、歌，形式和内涵无不受到《诗经》和《楚辞》的影响。如同《诗经》，《楚辞》所述及的古代"名物"也很多，特别是植物名称和近代名称常不相类似，常造成研读古典文学的困扰。《楚辞》中的植物种类近百种，了解各种植物的形态和特殊意涵，对研读《楚辞》和后世文学作品绝对有其必要性。

第二节 《楚辞》的内容与植物

历代研究《楚辞》植物的著作，有宋代吴仁杰的《离骚草木疏》、宋代谢翱的《楚辞芳草谱》、明代屠本畯的《离骚草木疏补》、清代祝德麟的《离骚草木疏辨证》及周拱辰的《离骚草木史》等。吴仁杰的《离骚草木疏》，虽名为"离骚"，但是实际考证的植物并不限于《离骚》篇，而是包含《九歌》《九章》《招魂》《大招》等屈原所著的各篇章，但未包括贾谊、东方朔、宋玉、庄忌、王褒等人所续的《楚辞》各篇诗文。

《离骚草木疏》一共有四卷，考释五十九种植物名称，对解读《楚辞》植物贡献很大，后来的文献大都根据本书解读《楚辞》植物。明代屠本畯的《离骚草木疏补》和清代祝德麟的《离骚草本疏辨证》，都在补充前书之不足。以现代研究"文学植物"的观点而言，《离骚草木疏》对《楚辞》多数植物的考证都是正确的。其中，芷、芳、茝、药这四种名称指的其实都

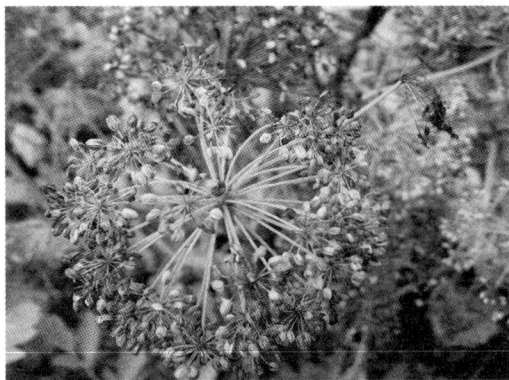

图 1 《楚辞》中提到的芷、芳、茝、药这四种名称，指的其实都是白芷。

是同一种植物，即白芷（图1）；荪、荃指的都是菖蒲；蘼芜、江离指的都是芎䓖。因此，本书一共叙述五十四种植物。但本书对揭草、留夷解为何种植物，语焉未详。另外，《远游》篇的"微霜降而下沦兮，悼芳草之先薎"句中，作者将"薎"解为甘草，但按诗文此字宜解成"凋零"，上下句才成对仗，"薎"并非植物。

表1 《楚辞》各篇章出现植物种数统计表

篇名	章名	植物种数	篇名	章名	植物种数
《离骚》		28		《怨世》	10
《九歌》		28		《怨思》	4
	《东皇太一》	5		《自悲》	9
	《云中君》	2		《哀命》	2
	《湘君》	8		《谬谏》	3
	《湘夫人》	16	《哀时命》		7
	《大司命》	2	《九怀》		15
	《少司命》	6		《匡机》	6
	《东君》	2		《通路》	3
	《河伯》	1		《危俊》	1
	《山鬼》	12		《昭世》	0
	《国殇》	0		《尊嘉》	6
	《礼魂》	3		《蓄英》	1
《天问》		10		《思忠》	2
《九章》		21		《陶壅》	0
	《惜诵》	5		《株昭》	2
	《涉江》	1		《乱曰》	2
	《哀郢》	1	《九叹》		32
	《抽思》	1		《逢纷》	9
	《怀沙》	0		《离世》	0
	《思美人》	5		《怨思》	10
	《惜往日》	2		《远逝》	1
	《橘颂》	2		《惜贤》	11

篇名	章名	植物种数	篇名	章名	植物种数
	《悲回风》	10		《忧苦》	3
《远游》		3		《愍命》	12
《卜居》		1		《思古》	3
《渔父》		0		《远游》	3
《九辩》		6	《九思》		23
《招魂》		14		《逢尤》	0
《大招》		7		《怨上》	3
《惜誓》		1		《疾世》	1
《吊屈原》		0		《悯上》	7
《鹏鸟》		0		《遭厄》	0
《招隐士》		4		《悼乱》	5
《七谏》		29		《伤时》	4
	《初放》	5		《哀岁》	2
	《沉江》	4		《守志》	2

《楚辞》各篇章中,出现植物种类较多的有《离骚》《九歌》《九章》《七谏》《九叹》《九思》等,各篇出现21至32种植物(表1)。其中《九歌》的11章之中,又以《湘夫人》出现16种、《山鬼篇》出现12种最多;《九章》共9章,出现植物最多的是《悲回风》,有10种;《九叹》共9章,植物种类超过10种的篇章有《怨思》《惜贤》《愍命》等章。各篇章之中,仅《渔父》《吊屈原》《鹏鸟》3篇,以及《九歌》中的《国殇》、《九章》中的《怀沙》、《九怀》中的《昭世》《陶壅》,《九叹》中的《离世》、《九思》中的《逢尤》《遭厄》等8篇7章未出现植物之外,其余16篇40章均出现为数不等的植物。无论从统计数字或植物本身所具有的内涵来说,《楚辞》植物在各篇章之中都具有重要地位。

在所有的植物之中,《楚辞》诗文中出现次数最多的是"白芷"和"泽兰"。白芷自古即为重要药材,全株具香味,是《楚辞》各篇章作者最喜欢引用的植物之一,在19篇中,有9篇15章26句提到白芷。泽兰(图2)为有名的香草,可做香料,并用来驱邪,《楚辞》中有9篇15章30句引述泽兰，也是各代诗词歌赋吟咏最多的植物之一。另一种出现次数很多的植物是薰草（蕙），共有8篇15章26句。其他出现次数较多的植物有：芎藭，共出现9句；花椒共出现14句；肉桂出现9句；荷花出现7篇7章11句；菖蒲出现10句。这些在《楚辞》出现次数较多的植物，大部分为香草或香木，可以看出《楚辞》中最常以香草、香木作为隐喻对象。研究《楚辞》植物、了解《楚辞》所提到各植物的形态、生态特性，所引喻的事物才能得到明确领悟。所以，认识《楚辞》植物，在"览其昌辞"之外，正可领会古人"竭忠尽节"之意。

图2　泽兰是《楚辞》中引述最多的香草植物。

第三节　《楚辞》的香草、香木植物

《楚辞》各篇章出现的植物共九十九种（类），王逸《楚辞章句·离骚序》有言："离骚之文，依诗取兴，引类譬喻，故善鸟香草，以配忠贞；恶禽臭物，以比谗佞……"《楚辞》之中，寄寓言志的植物特别多，以"香木、香草"比喻忠贞、贤良，而以"恶木、恶草"数落奸佞小人，是《楚辞》植物最大的特色。植物的"香""恶"与植物的特性有关，一般说来，植物体全部或某些器官（如花、叶、果）有香气的植物，都是《楚辞》引喻的"香草"。伞形花科的植物大都具有特殊香味，例如常见的蔬菜类芹菜、香菜、当归等，《楚辞》中许多香草都是本科植物，如芎藭、白芷、柴胡、蛇床等。《七谏·怨思》"江离弃于穷巷兮，蒺藜蔓乎东厢"句，"江离"是香草，对应恶草"蒺藜"。《离骚》"扈江离与辟芷兮，纫秋兰以为佩"中，江离、芷、兰都是香草，象征君子。江离今名芎藭，植物体含芬香的挥发油、生物碱和多种酚类，自古即为重要的香科植物，"其叶香，或莳于园庭，则芬馨满径"。芎䓖的植株含有香味，古人在农历四、五月间发苗时会采叶做羹或饮料，即宋代宋祈《川芎赞》所云："柔叶美根冬不殒零，采而掇之，可糁于羹。"古称更多，除江离外，还有蘼芜、芎䓖等，古诗"上山采蘼芜，下山逢故夫"句中的"蘼芜"即芎䓖。除了食用，古人也常随身佩戴芎䓖，"蘼芜香草，可藏衣中"，曹操（魏武帝）就常将芎䓖（蘼芜）藏在衣袖中，浸染香草的芬芳。芎䓖也是重要药材，在《神农本草经》中列为上品，用九月、十月采的根治疗妇人不孕，又可用于治疗中风、头痛寒痹。《本草纲目》说："人头穹窿高，天之象也，此药上行专治头脑诸疾，故名芎䓖。"凡治疗半身不遂、脑中风的中药中，大都含有芎䓖成分。根研磨成粉末，可"煎汤沐浴"。

图3 白芷具有特殊香味，是《楚辞》提到的代表香草之一。

白芷（图3）在《楚辞》各篇章中共使用六种不同名称：芷、茝（音彩）、药、蓠（音消）、白芷和莞，是《楚辞》中出现次数最多的香草之一，《九章》共有26句提到这种植物。《尔雅翼》说："《楚辞》以芳草比君子，而言茝者最多。"以《离骚》而言，提到的辟芷、芳芷、白芷、芳香、芳，指的都是"芳香的白芷"。白芷"根长尺余，白色"，故称为"白芷"，植物体含挥发油及多种香豆精衍生物。叶名"蒿麻"，古代用来沐浴，因此说"兰汤兮沐芳"，其中"兰"指泽兰、"芳"指白芷。王逸说："行清洁者佩芳，德仁明者佩玉，能解结者佩觿，能决疑者佩玦，故孔子无所不佩。"其中"芳"指白芷，可以想见孔子身上也常佩戴白芷。《礼记·内则》记载：古代妇女经常接受父母长辈赏赐的饮食、衣服布帛及"茝兰"，说明白芷是主要的香草之一，是日常生活中不可缺少的植物种类。

泽兰类植物的叶子有香味，可煎油做香料。古人用于杀虫及祛除不祥之物，又用泽兰植株烧水沐浴，或佩戴在衣服中除臭味，为著名的古代香草。

《楚辞》中一共有18章30句提到"兰",单是《离骚》一章就有7句以"兰"为香草。在屈原的作品中，常以香草喻君子，而香草中又以"兰"出现频率最高。在古代，只有道德高尚的君子，才有资格佩兰。

《楚辞》全书提到的香草有23种，除上述3种之外，还包括葱、芍药、珍珠菜（揭车）、杜蘅、菊、大蒜、柴胡、蛇床、菖蒲、杜若、蘋、石斛、大麻、灵芝、芭蕉、荷、藁本、红花（焉支）、射干等，均为一年生至多年生草本，大部分种类植物体全部或花、果等部分具特殊香气。

木兰科植物大都具有颜色鲜艳或香气浓郁的花，特别是木兰属（Magnolia）、木莲属（Manglietia）、含笑花属（Mechelia）等植物，均开芳香艳丽的花朵，都可称为"香木"。如《离骚》"朝搴阰之木兰兮，夕揽洲之宿莽"和"朝饮木兰之坠露兮，夕餐秋菊之落英"，《九叹·忧苦》："葛藟藟于桂树兮，鸱鸮集于木兰。"在古代文学作品中，木兰（图4）最常与桂（肉桂，图5）配对，如《楚辞·九歌》以"兰枻楫"配"桂櫂（棹）"及"兰橑（橼）"配"桂栋"；上述的《九叹》也是以木兰配肉桂。肉桂、木兰及《九章》中的花椒（椒，图6）均为香木，象征君子和忠臣。

有些植物，如甘棠、女贞、薜

图4　木兰花大而艳，又有香气，是《楚辞》植物中最典型的香木。

图5　肉桂的枝叶、树皮均有香味，常出现在诗文中。

图6　花椒全株有香气，果自古即为香辛食品。

荔等，植株并无特殊香气，但仍被援引成香木，有些是具有忠贞、廉洁的意涵（如女贞），有些则是有特殊典故、传说，如《诗经·召南·甘棠》。古人常咏物寄志，屈原以《橘颂》中橘"受命不迁""根固难徙"的特性，来表达自己虽遭谗谤却仍守志不移的情操。东方朔的《七谏·初放》也是借屈原之口，以"斩伐橘柚，列树苦桃"（意为砍伐可口的橘柚去栽植苦桃）这种比喻，来阐述对时政不满的心态。《七谏·自悲》："杂橘柚以为囿兮，列新夷与椒桢。"以种植柚橘和辛夷、花椒等佳木或香木，写出自己坚定执着的心志。因此，在《楚辞》各篇章中，橘和柚都被视为忠贞的象征。

香木另有花椒、薜荔、柚、桂花、竹、柏等12种。有些为木质藤本，有些为灌木及乔木，植物体至少某些部位有香气。《楚辞》的香草、香木合计35种。

第四节 《楚辞》的恶草、恶木

恶草、恶木有令古人觉得不快、憎恶的特性，被《楚辞》用以比喻谗佞小人。蒺藜（图7）是特性最显著、文学上引述最多的恶草，由于果实具刺，会刺人，古人多引喻为不祥的事物。《易经》里有"据于蒺藜"句，说"蒺藜之草，有刺而不可也，有凶伤之兆"。《离骚》"薋菉葹以盈室兮"，薋即蒺藜，和其他两种植物茛草（菉）、苍耳（葹）一同被屈原视为恶草，用以比喻小人。《七谏》篇"蒺藜蔓乎东厢"的"东厢"，原是"宫室所言，礼乐所在"，但却长满了蒺藜这种恶草，表示礼乐已失，且所用的人均为小人。蒺藜也用以指示旱年的凶兆，如《博物志》所言："岁欲旱，旱草先生，旱草谓蒺藜也。"蒺藜一般生长在开辟的生育地，在土地荒废处也常见其蔓生，古人用以比喻荒年干旱之兆，如唐代姚合的《庄居野行》："我仓常空虚，我田生蒺藜。"

图7 蒺藜因果实布满锐刺常刺伤人，是诗文中最常引述的恶草。

苍耳（图8）每年春季结实，夏秋成熟，果实外被倒钩刺，形如妇人装饰用的"耳当"，又称为"耳当草"。植株常结实无数，成熟子实数量繁多，经常黏附牲畜皮毛，随着动物移动、迁移而借以传播。苍耳生育不择土性，干燥潮湿地区均可随处生长，传入中土后，即大量在中国各地繁衍，成为难以防治的杂草，因此《离骚》《九思》用以喻小人。

《楚辞》的恶草部分尚有窃衣、茛草、野艾、萧、马兰、葛、蓬、泽泻、野豆（菽）等共11种，其中的蒺藜、苍耳、窃衣（图9）都是果实具刺的种类；茛草、野艾、萧、马兰、蓬则属于到处蔓生、妨碍作物生长的常见杂草；葛和野豆为蔓藤类。

恶木是指枝干或植物体某部分具棘刺的木本植物，如酸枣（棘，图10）。古文或诗词之中，"棘"常和其他植物一起出现，如荆棘、枳棘、藜棘等。"荆棘"指黄荆和酸枣；"枳"是有刺灌木，枳棘的"棘"则是泛指包括酸枣在内的有刺灌木。因"棘"多刺，《楚辞》多用以形容奸佞丑妇，如《九叹·思古》之"甘棠枯于丰草兮，藜棘树于中庭。西施斥北宫兮，仳倛倚于弥楹"，用甘棠喻美女西施，以藜棘喻丑女仳倛。其中"北宫"指冷宫，"弥楹"意为充满庭柱。《九思·悯上》："鹄窜兮枳棘，鹈集兮帷幄。"其中鹄（天鹅）喻君子，鹈（水鸟）喻

图8　苍耳果实形如妇人装饰用的耳当，故又名"耳当草"。

图9　窃衣的果实具刺，常黏附在动物毛皮上。

图10　枝干具刺的酸枣，古人视为恶木。

小人，意思是君子被赶进棘丛刺林之中，小人却在帷帐中安身享乐，用"枳棘"喻险恶环境，此"棘"指一般的有刺灌木。

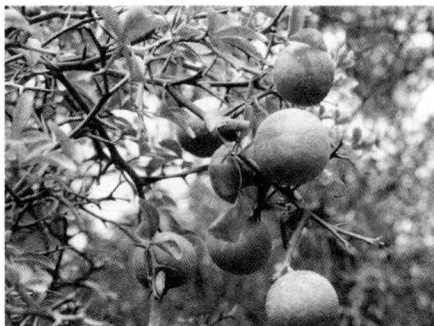

图 11 诗文中提到的"枳"常指枳壳，全株具棘刺。

恶木另有枣、苦桃、黄荆、葛藟、枳壳 5 种，其中枣和枳壳全株具刺（图 11）；苦桃果实苦涩；黄荆到处可见；葛藟则为木质藤本。另外，也有数种植物非恶草恶木，但诗人用来反衬，隐喻负面意义，如箭竹、款冬、藜、藿 4 种。

第五节 《楚辞》的写景、写物植物

除了香草香木、恶草恶木，《楚辞》也不乏写景寄寓心情的植物。有水毛花（藭草）、芦苇（葭）、芒、青莎等。前二者为水生植物，在华中、华南的水泽地常呈大面积生长；后二者为旱生植物，经常在平野及山坡地生长。《楚辞》以此类植物写景，如《招隐士》："青莎杂树兮，藭草靡靡。"用青莎和杂树描写陆地上的景色，以水毛花（藭草）形容沼泽、描写水景。

古人歌颂竹类坚强不屈的特性，如清代郑燮《竹石》："咬定青山不放松，立根原在破岩中。千磨万击还坚劲，任尔东西南北风。"竹类枝干挺拔，宁折不屈，文人常以竹之虚心有节，喻人虚心自持的美德，或比喻自己刚直不阿、气节高尚的品格。所谓"玉可碎而不可改其白，竹可焚而不可毁其节"。《七谏·初放》："便娟之修竹兮，寄生乎江潭……孰知其不合兮，若竹柏之异心。"关于竹的引述，有气节自持的含意。其他以物喻情的植物，还有松萝、水藻、荷等。自《诗经》以下，诗词歌赋常以松萝起兴或比拟，如《九歌》"被薜荔兮带女萝"句，所言女萝即松萝，楚人用披着松萝的山神（山鬼）来表示心中山神的形象。另外《离骚》"制芰荷以为衣兮"句，用出淤泥而不染的荷花形容自身洁白无瑕，也是以物喻情的实例。

见景思情的植物，如《九章·哀郢》："望长楸而太息兮，涕淫淫其若霰。"楸树的叶片形大，秋季时变黄脱落，故谓之楸。自古以来，楸树就是著名的观赏树木，古代常有栽植，到处可见。屈原在被流放之后，伫立在船上远眺郢都，想起自己目前的遭遇，不禁"望长楸而太息"。

第六节 《楚辞》的经济植物

《楚辞》植物中，有许多春秋战国时代先民日常使用的经济植物，包括用材树木类、果树、粮食（谷类）作物、特用植物等。唯《楚辞》的经济植物，大都在祭祀的内容中出现，因此集中分布在《天问》《招魂》《七谏》等少数篇章中。有时写景、有时寄寓，但绝少歌颂其经济价值，即使是咏物的《橘颂》篇，颂扬的也是橘"坚贞不移"的特性，而非其经济效益。屈原的《离骚》中植物种类甚多，但经济植物却少。

用材树木类，以榆树为例。榆树木材纹理笔直、结构稍粗，自古即用来制作农具、车辆、家具，视为贵重木材之一。由于榆树适应力良好，容易栽植，性耐寒、耐旱，住家附近多喜栽种，因此也像桑树、梓树一样，都是住房附近常见的树种，所以《九叹·怨思》才有"鸣鸠栖于桑榆"之句。梓树（图12）是另一种诗文常出现的经济树种，如《招魂》："铿锺摇簴，

图 12　梓树是诗文中经常出现的经济树种，木材用于雕刻、建筑。

楩梓瑟些。"自古以来，梓树就是重要的用材树种，木材性质优良、纹理美观且不易翘裂，雕刻、建筑均适宜，为古代栽植最普遍的树木之一。宋代大儒朱熹的《诗集传》说道："桑、梓二木，古者五亩之宅，树之墙下，以遗子孙，给蚕食、器具用者也。"《楚辞》出现的经济树种，还有楸、柏、梧桐、杨树等。

果树方面，有柚、橘、板栗、榛、菱、甘蔗等。其中最值得一提的是甘蔗（图13），出现在《招魂》篇："胹鳖炮羔，有柘浆些。"所言柘浆就是甘蔗汁。两汉之前，"柘"指的是甘蔗。除《楚辞》外，汉代《郊祀歌》中"泰尊柘浆"的"柘"也是甘蔗。《招魂》篇中有鳖、羊（羔）等奉食，又有甘蔗汁，是非常丰富的祭礼。《诗经》及其他最古老的书籍均未提过甘蔗，因此中国最早记载甘蔗的文献应为本篇。本篇也说明，战国末期，楚国已经将甘蔗汁当饮料了。

另外《七谏·自悲》："杂橘柚以为囿兮，列新夷与椒桢。"说明战国时代，柚和橘、桃等，同为华中地区的时令水果，且橘、柚已大面积栽植，栽种在有围篱的果园（囿）中。《招隐士》"虎豹穴，丛薄深林兮人上栗"和《九思·悯上》"丛林兮崟崟，株榛兮岳岳"等，则显示板栗（图14）和榛（图15）已普遍栽种。

《楚辞》中主要的粮食（谷类）

图13 《楚辞》是最早记载甘蔗的文献，当时称"柘"。

图14 板栗。

图15 榛树在战国时代已普遍栽种，图为雄花序。

作物有黍、粟、稻、麦、菇。《招魂》"稻粢穱麦，挐黄粱些"句中，有稻、粢、穱、麦、粱五种作物，其中的粢和穱是黍的不同品种，而麦是小麦、粱是小米。在古代的各种祭祀典礼中，稻是最重要的祭品之一，《礼记》的祭祀宗庙之礼，祭品就选用稻米，且称稻为"嘉蔬"。《礼记·月令》也提到"季秋之月，天子乃以犬尝稻，先荐寝庙"，不但在贵族的祭礼，连平民祭祖敬神等各种祭仪中，稻也是主要祭品，如《礼记·王制》所言："庶人春荐韭，夏荐麦，秋荐黍，冬荐稻。"《招魂》的祭礼之中，用稻、麦、粟（黄粱）当祭品，而又以稻为先。

图16 菇是茭白的古称，古代主要是吃"菇米"。

"菇"是茭白（图16）的古称，会开花结实，古时采收其种子，称"菇米"，又称"雕胡米"，是重要的谷类植物。《周礼》中将菇米和稻、麦、黍、粟并列，可见古时将菇米当成主食。杜甫诗有"波漂菇米沉云黑"和"滑忆雕胡饭，香闻锦带羹"句，可见唐人也喜欢吃菇米煮的饭。菇米饭香脆可口，是当时王公贵族食用的珍品。《楚辞·大招》："五谷六仞，设菇粱只。"显示祭坛上的祭品有菇米等物，均是当时的主食。

图17 马兰是古代华中地区的野蔬之一。

野菜类和蔬菜类有马兰（图17）、萹蓄、野豌豆（薇）、苦菜、荠菜、蒌蒿、水蓼、冬葵、藜、旋花（葍茅）、石龙芮（堇）、匏等。《七谏·怨世》："桂蠹不知所淹留兮，蓼虫不知徙乎

图18 水蓼味辣，古时用于食品去腥。

葵菜。"蓼即水蓼（图18），水蓼味辣，葵菜味甘，生长在水蓼叶上的虫不会迁移至葵菜叶上，此为生物生存的自然法则。在葱、姜尚未在中原地区使用之前，有强烈辛辣味的水蓼叶片是烹煮肉类的主要去腥调料，此即"鹑羹、鸡羹、鸳酿之蓼"的意思。《礼记》也说："烹鸡、豚、鱼、鳖，皆实蓼于其腹中，而和羹脍亦须切蓼也。"煮食鸡、猪、鱼、鳖时，必须以水蓼掺和（塞入腹中）；喝羹汤料理时，亦要放入切碎的水蓼叶。主要目的是减少或除去腥膻味，和现代的香菜、葱、姜等功用相同。

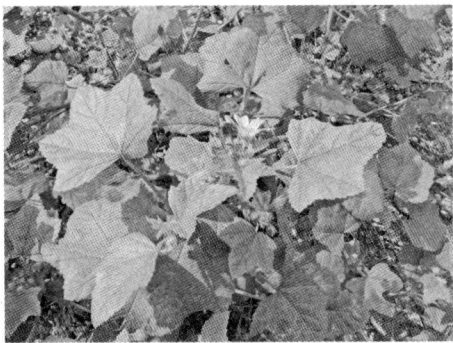

图19　冬葵是《诗经》《楚辞》时代的重要菜蔬。

《七谏·怨世》中的葵菜，指的是冬葵（图19），《诗经·豳风·七月》中："却烹煮葵及菽"的"葵"同样是冬葵，是当时重要的菜蔬，即《尔雅翼》所说："葵为百菜之主，味尤甘滑。"古代蔬菜种类少，相较于其他各种野菜，冬葵诚然是蔬茹之上品。

另外，《大招》："醢豚苦狗，脍苴莼只。"所言"苴莼"是《楚辞》植物中较特殊的一种，即现今所称的蘘荷。《楚辞》以蘘荷为香料，用来烹煮猪肉、狗肉（醢豚苦狗），也当成香草。《荆楚岁时记》记载：华中、华南地区，古人常在仲冬时储藏蘘荷，作为"防蛊"之用。南方多瘴气蛊毒，常用蘘荷根攻蛊。

第七节　《楚辞》植物的特色

一、中国南方的植物区系

《楚辞》中的植物以华中长江中游地区的植物为主，全书共出现99种。《诗经》中的植物则以华北地区之黄河流域为主，全书共有135种（类）植物。《楚辞》写作的背景在华中及华东，除经济植物外，其他大部分是当地常见或具特殊用途的植物。

《楚辞》和《诗经》一样，所提及的植物有全中国广泛分布的种类，如白茅、泽兰、荷、麻、松、荠菜等。但《楚辞》产生的背景在华中，有许多植物仅产于华中，有些则分布延伸到华南，这类华中、华南特有的植物共有26种，占《楚辞》植物的四分之一强。这类植物，包括芎䓖（江离、蘼芜）、木兰、肉桂（箘桂）、莽草（宿莽）、杜蘅（蘅、衡）、薜荔、扶桑、食茱萸（楱）、高良姜（杜若）、辛夷、石斛（石兰）、灵芝（芝）、芭蕉（芭）、橘、桂花、甘蔗（柘）、枫、茭白（菇）、蘘荷（苴莼）、柚、女贞（桢）、箭竹（菎蕗）、刺叶桂樱（樿）、莼（屏风）、射干、华榛（榛）26种。在以上特产于华中、华南的植物中，《诗经》中只有提及一种，即《鲁颂·泮水》篇"思乐泮水，薄采其茆"中的"茆"，今名莼菜。本植物原产华中、华南，自古即为著名的菜蔬，和水稻一样，大概在周代以前即传布到华北。

二、《楚辞》和《诗经》有许多相同的经济植物种类

《楚辞》中的经济植物共34种，大部分种类曾在《诗经》中出现过，特别是分布全中国的特用树种及用材树种，如桑、板栗、柏、梧桐、杨、榆、梓等；还有黍、粟、稻、麦等春秋战国时代长江流域及黄河流域经常栽植的谷类。

在野菜类方面，两书均有出现的种类也不少，包括野豌豆（薇）、苦菜、荠菜、蒌蒿、水蓼等12种。我们可以这样说，《楚辞》和《诗经》雷同的植物种类，大都为经济植物。在经济植物中，《诗经》未曾提及的仅有6种，即树木类的枫及刺叶桂樱（樿），而谷类中的茭白（菇）仅产于华中、华南。值得注意的是，《楚辞》时代茭白栽种的目的是采收种子（颖果）作饭食用。菱是水生植物，虽然《周礼》中已当成祭品，但《诗经》未记载。甘蔗、紫草也未在《诗经》中出现。

三、以香木、香草比喻忠贞，对后世文学作品的影响极大

《楚辞》的香木、香草类共有35种，占全数植物的三分之一强；恶草、恶木共20种。《楚辞》中用以寄情寓意的草木合计55种，已占全书总植物数的一半以上。这些用以比喻忠贞、廉洁的植物，后来在历代文词中也纷纷被引用，显见《楚辞》中以植物拟喻心情的写作手法，影响后世极大。

例如，宋代辛弃疾的《沁园春》"秋菊堪餐，春兰可佩"，即典出《离骚》"夕餐秋菊之落英"；范成大《南柯子》"怅望梅花驿，凝情杜若洲"，以及张孝祥《水调歌头》"回首叫虞舜，杜若满芳洲"等句，应出自《九歌·湘君》的"采芳洲兮杜若"和《九歌·湘夫人》的"搴汀洲兮杜若"。

四、歌颂粮食及收获的篇章极少

受到地理环境的影响，楚国所处的南方主要是长江流域，土壤肥沃、物产丰饶，食物不虞匮乏，因此咏颂经济植物、崇拜粮食植物的篇章极少。各篇章中出现次数最多的大都为香草、香木这类隐喻性的植物，经济植物反而零星散布在多数篇章的文句中。

《诗经》不同于《楚辞》，所处的背景是中原地区的黄河流域和黄土高原。中原地区"土厚水深"，粮食生产不易，民性多尚实际，对生活所依赖的经济植物及收获季节，多颂扬。所以《诗经》多咏颂粮食的篇章，在诗文中出现次数最多的均为黍、麦、粟、稻等粮食作物，以及桑、枣、葛藤、瓜、大豆、大麻等经济植物。

五、出现甘蔗的最早文献

甘蔗原产热带地区，包含华南地区。《诗经》并未提及甘蔗，中国最早记载甘蔗的文献为《楚辞》的《招魂》："胹鳖炮羔，有柘浆些。"其中的"柘"即今之甘蔗，这表示春秋战国时代，楚地已出现甘蔗。甘蔗原是热带植物，亚热带至温带的华中地区原不是天然分布区域，可能先民早已尝试从天然甘蔗族群中选拔耐寒的单株加以培育，将甘蔗的生育环境成功地推延到华中地区。至少在春秋战国的楚地，已有局部地区栽培甘蔗。到了汉代，司马相如的《子虚赋》已记载云梦大泽（位于现今湖北省）生产"诸柘巴苴"，诸柘即甘蔗。

六、受到《诗经》影响的《楚辞》植物

《楚辞》中引用的许多譬喻，都是依《诗经》中的诗来起兴的，有时也依托《诗经》来建立内容上的义旨。《楚辞》产生的背景和内容形式、文字风格，虽然和《诗经》有许多不同之处，但文史学家都承认《楚辞》确实

受到《诗经》的影响。这个事实，可从历史背景和文字形式看到一脉相承的痕迹，也可以从所使用植物欲表达的意念或特殊含意得到验证。例如，《九叹·思古》篇中"甘棠枯于丰草兮，藜棘树于中庭"的甘棠代表香木，此含意无疑来自《诗经·召南·甘棠》篇："蔽芾甘棠，勿翦勿伐，召伯所芨……"周人怀念召伯治绩所延伸出来的"甘棠遗爱"。《诗经·周颂·载芟》："有椒其馨，胡考之宁。"意思是"花椒的香馨之味，使老人享受安宁的生活"，花椒在此被视为香木。《楚辞》许多篇章，如《离骚》《九章》《九谏》《九叹》《九思》等，共10章14句提到花椒，也均以花椒为香木。

蒺藜在《诗经》中称为"茨"，如《鄘风·墙有茨》："墙有茨，不可埽也……"蒺藜果实具刺，在荒地到处蔓生，常刺痛行人脚踝，惹人憎恨，周人用来讽刺宫闱乱伦丑闻。《楚辞·离骚》之"赍绿葹以盈室"、《七谏·怨思》之"江离弃于穷巷兮，蒺藜蔓乎东厢"、《九叹·思古》之"藜棘树于中庭"，亦视蒺藜为恶草，比喻小人或恶人。

第五章　章回小说中的植物

第一节　章回小说概论

章回小说是中国古代长篇小说的重要表现方式，以分章标回方式铺陈小说内容。每一回或每一章都有一个中心内容，并以标题勾勒主题内容。但早期章回小说的回目标题都比较简单，每一回都只有单题目；后来发展到双句，从每回目字数不等到字数统一、对仗工整、平仄协调的偶句。回目之间，有些小说故事虽看似独立，但情节结构却保持连续性，如《三国演义》；有些则回回之间故事紧密相接，读之欲罢不能，如《红楼梦》。另外，也有回回独立成篇，自成一个个故事的小说，如《今古奇观》《聊斋志异》等。

中国的章回小说，都是从宋元说书者讲故事的"话本"发展而来，明清两代的长篇小说均以此种形式呈现。第一批的章回小说，可推至元末明初的《水浒传》《三国志通俗演义》等，到了明代嘉靖、万历时期，章回小说的格式开始定型，且发展到繁荣昌盛时期。因此，这时期产生的著名章回小说很多，如《西游记》《金瓶梅》《封神演义》等。到了清代，小说的题材和内容更为丰富，撰写小说的技巧也更趋成熟，有些小说则发展至最高的艺术成就，如清乾隆时期的《红楼梦》。清代的章回小说内容庞杂，呈现各种题材，除《红楼梦》外，较著名的小说尚有《儒林外史》《镜花缘》《醒世姻缘传》《儿女英雄传》等，清末则有《官场现形记》《孽海花》《老残游记》等（表1）。

表 1　中国历代章回小说示例

小说名称	作者	朝代
《水浒传》	施耐庵	元末明初
《三国演义》	罗贯中	明
《西游记》	吴承恩	明
《封神演义》	不详	明
《金瓶梅》	兰陵笑笑生	明
《醒世姻缘传》	西周生	清顺治年间
《聊斋志异》	蒲松龄	清康熙年间
《儒林外史》	吴敬梓	清
《红楼梦》	曹雪芹	清嘉庆年间
《镜花缘》	李汝珍	清道光年间
《儿女英雄传》	文康	清光绪年间
《官场现形记》	李伯元	清光绪年间
《老残游记》	刘鹗	清光绪年间
《孽海花》	曾朴	清光绪年间

第二节　重要章回小说中的植物统计

以 5 种最脍炙人口的章回小说为例，统计各小说通行本的出现植物种类及回数，如表 2。《儒林外史》和《水浒传》全书内容，前者有 99 种植物，后者有 102 种植物。《金瓶梅》《红楼梦》及《西游记》植物更多，均为前两本章回小说的两倍以上，《金瓶梅》有 210 种植物、《红楼梦》242 种植物、《西游记》253 种植物。从表 2 可知，出现在章回小说的植物，以茶（图 1）最多。《儒林外史》55 回中，茶一共出现 50 回；《红楼梦》也是茶出现频率最高，全书 120 回中就有 97 回有茶；《金瓶梅》更是回回皆有茶，100 回中全都出现。就连以西天取经为故事主轴的《西游记》，在西域那种风尘仆仆的沙漠干旱地区，茶也是所有出现植物中占最多回数者，在 100 回中占了 60 回，居然高于松、柳、竹（表 2）。5 种小说中唯

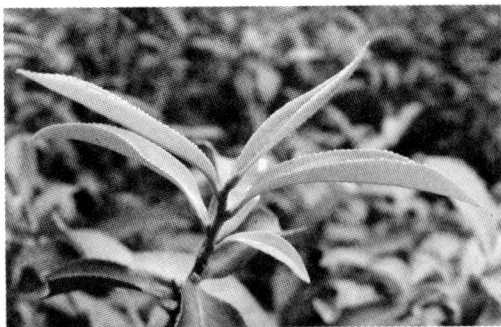

图1 在五本最出名的章回小说中出现的植物以茶最多。图为茶的新叶。

一的例外是《水浒传》，茶仅在100回中出现43回，次于柳和芦苇，居第3位。大部分小说出现的植物频率，除了茶之外，仍以柳最多。其他经常在章回小说中出现的植物，还有松、竹、梅、荷、桃、杏等（表2），和诗词歌赋常出现的植物种类多有雷同。

表2 重要章回小说出现前10种植物统计

小说名称（总回数）	《儒林外史》（55）	《金瓶梅》（100）	《水浒传》（100）	《西游记》（100）	《红楼梦》（120）
植物种数	99	210	102	253	242
植物出现回数前10名 *（ ）内为总回数	茶 (50)	茶 (100)	柳 (58)	茶 (60)	茶 (100)
	柳 (15)	柳 (65)	芦苇 (45)	松 (59)	竹 (38)
	竹 (15)	桃 (44)	茶 (43)	柳 (56)	荷 (38)
	荷 (10)	瓜 (40)	麻 (40)	竹 (52)	柳 (37)
	人参 (9)	梅 (33)	松 (34)	桃 (48)	桃 (26)
	桃 (7)	竹 (32)	荷 (31)	荷 (37)	梅 (24)
	桑 (6)	荷 (31)	竹 (27)	梅 (28)	桂 (22)
	芦苇 (6)	兰 (25)	梅 (18)	藤 (27)	稻 (18)
	稻 (6)	杏 (25)	枣 (17)	柏 (25)	杏 (17)
	茅 (5)	桂 (18)	桃 (15)	匏 (16)	松 (15)

5种章回小说之中，大部分章节均有植物出现，《儒林外史》仅1回（第32回）、《红楼梦》仅3回（第100、106、107回）全然没有任何植物，各本小说各回出现的植物种数以少于10种的情况为最多。《儒林外史》的

植物种类较单纯，出现植物种类最多的是第35回，但也仅有15种；《水浒传》亦然，植物种类最多的是第6回，也仅17种。《西游记》有15回出现20种以上的植物，《金瓶梅》有13回，而《红楼梦》则有10回。《西游记》第82回植物有62种，《金瓶梅》第19回有41种，《红楼梦》第17回有62种植物，均为描述特定植物的章节，例如《红楼梦》该回是记述大观园内出现的所有植物。

表3　重要章回小说植物种数在各回的分布

出现植物种数	《儒林外史》	《水浒传》	《金瓶梅》	《红楼梦》	《西游记》
0	1	0	0	0	3
1 ~ 5	28	13	38	23	52
6 ~ 10	21	40	42	37	36
11 ~ 15	5	24	18	22	15
16 ~ 20	0	8	2	5	4
21 ~ 25	0	6	0	4	6
26 ~ 30	0	6	0	1	2
31 以上	0	3	0	8	2
平均	5.7	12	7	12.4	8.4

　　各本章回小说出现植物的庞杂度不同，除了上述植物在各回出现的频率差异外，每回平均植物种数也有差别。5种章回小说中，《儒林外史》和《水浒传》，不但全书植物总种数较少，平均每回植物数亦少，两者分别为5.7种及7种。而《金瓶梅》和《西游记》总种数较多，平均每回植物种类分别为12种和12.4种；《红楼梦》平均每回植物种类为8.4种，介于中间。

第三节　章回小说中的植物特点

一、善用成语典故

　　章回小说多能娴熟地使用植物成语典故，并适切融合在故事情节的发展中。例如，《儒林外史》第20回仁厚爱才的李本瑛，关切孝子匡超所

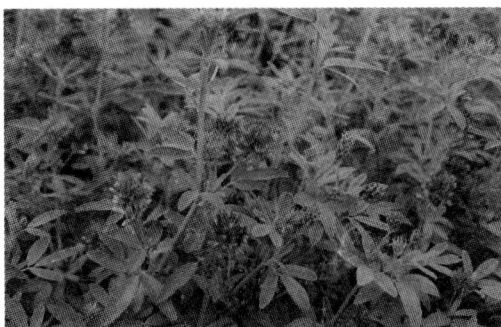
图2 苜蓿原是牛马饲料，贫苦人家亦采嫩芽或幼苗佐食。

说的一段话："恁大年纪，尚不曾娶，也是男子汉摽梅之候了。""摽梅"典出《诗经·召南》之"摽有梅，其实七兮"句，原意描述少女见日益成熟稀少的梅子，感伤年长未嫁的焦急心情。小说中的谈话意为对方老大不小，应该早点结婚。

苜蓿（图2）原是牛马饲料，小官生活清苦，只能以苜蓿嫩芽或幼苗佐餐。典出唐代薛令的自伤诗："朝日上团团，照见先生盘。盘中何所有？苜蓿长阑干。"引申为"苜蓿生涯""苜蓿盘空""苜蓿堆盘"的成语，意思是官小家贫。《儒林外史》第48回，余大先生说道："我们老弟兄要时常屈你来谈谈，料不嫌我苜蓿风味怠慢你。"也是自谦之词。

二、详实记载古代的庭园植物

章回小说中有关明清各代的庭园植物种类非常丰富，是研究中国传统庭园景观植物及庭园设计的最佳材料。以成书于明末的《金瓶梅》而言，描述的是宋代的庭园植物，以西门庆住宅庭院的植物为例，至少有40种（表4）。同时，也能由出现植物的种类，了解作者描绘小说内容原型所处的地区，也间接反映作者的生活体验或籍贯所在，提供研究章回小说作者的背景资料。依表4所列植物种类，此庭园所处位置应在华中地区。

表4 《金瓶梅》的庭园植物

乔木类	合欢、银杏、竹、柳、梅、梧桐、榆、槐、松、海棠
灌木类	辛夷、木槿、木芙蓉、石榴、牡丹、瑞香、夹竹桃、丁香、紫荆、紫薇、棣棠、桂花、状元红、腊梅、满天星
蔓藤类	木香、荼蘼、蔷薇、玫瑰、黄刺薇、茉莉、凌霄花、金银花
草花类	蜀葵、金斛花、金盏花、鸡冠花、芍药、凤仙花、玉簪、金灯花、百合

图3　花有黄白两色,故名金银花。

图4　章回小说常出现的观赏花卉凤仙花。

《红楼梦》全书叙述大观园中栽种或自生的植物共78种,其中松、枫等庭园树共25种,梨、枇杷等果树类6种,蔷薇、金银花(图3)等藤蔓类观赏植物共15种,草本植物包括凤仙花(图4)等花卉及黄连、白芷等药用植物共23种,水生植物6种,自生(非栽培)的苔藓类植物3种。其中第17回大观园所出现的植物种类最多,共有41种植物,其余36种庭园植物散见在各回。大观园内的植物充分反映出中国庭园的特色及中国文化传统,大部分植物都出现在历代名园之中。许多植物的配置,仍为近代中国庭园建筑所采用,例如代表文人坚毅不屈的"岁寒三友"配置在宝玉居住的怡红院之中;文学象征的芭蕉、梧桐也在适当的院落、园景中出现。其他如枫香、桃、杏等亦然。

三、丰富的药用植物种类

古代文人大都精通医药医理,自然会在作品中反映其医学知识。出色的章回小说均不乏药用植物种类(表5),如《红楼梦》不但药用植物种类繁多,全书还使用"人参养荣丸"等30种中药方剂于不同的病症上。有时也作为小说情节的诊病医疗,如第51回晴雯伤风感冒,咳嗽、头疼脑热,大夫胡君荣诊断是外感内滞,算是个小伤风,开了两

图5　"枳实"是枳壳的果实,芳香而苦,是常用的中药材。

069

图6 麻黄是中药材中的峻猛药。

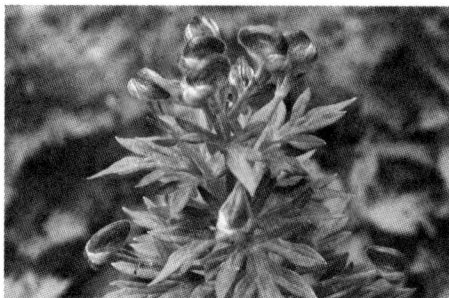

图7 乌头。

服药方。宝玉看时，药方开的有紫苏、桔梗、防风、荆芥等，还开了枳实（图5）、麻黄（图6）这两种专来破气的峻猛药，吃下会有副作用。这药方让宝玉吓了一跳，认为这位大夫开错药了。另外找人去请常来贾府看病的王大夫，看诊后，所说的病症和前面的庸医不同，新开的药方上果然没有枳实、麻黄，另外还有当归、陈皮、白芍等。

有些则利用药材特色来安排故事情节，如《三国演义》第75回描述关公刮骨疗伤的过程：（关）公祖下衣袍，伸臂令佗看视。佗曰："此乃弩箭所伤，其中有乌头之药，直透入骨。若不早治，此臂无用矣。"说明关公是中了沾有剧毒植物乌头（图7）的箭。

表5　章回小说中的药用植物

小说名称	药用植物种类
《儒林外史》	人参、附子、黄连、半夏、贝母、细辛、茯苓、阿魏8种
《金瓶梅》	红花、薄荷、地黄、甘草、甘遂、芫花、乌头、三七、当归、牛膝、大戟、半夏、天麻、巴豆14种
《红楼梦》	人参、附子、地黄、甘草、川芎、砂仁、紫胡、茯苓、当归、荆芥、防风、黄连、知母、白芷14种

四、应用植物的特殊意涵安排小说情节

入秋以后，多数植物的花均已凋落，只有菊花（图8）盛开独秀。由于菊花开于深秋霜冻之时，不畏霜寒的特性象征晚节清高，因此自古文人爱菊，除了晋代陶渊明种菊东篱外，唐宋诗人亦不乏爱菊者。《红楼梦》中

提到宁府和荣府都种有菊花，大观园内栽种菊花的确实地点，书中没有交代，但是菊花却是书中情节发展的"枢纽植物"。仲秋时节，众姊妹作了海棠诗，接着作菊花诗以应秋天景色。菊花诗一共12题，由众人各自选题创作，作出《忆菊》《访菊》《种菊》《对菊》《供菊》《咏菊》《画菊》《问菊》《簪菊》《菊影》《菊梦》《残菊》，每篇都是应时佳作。

作者安排第38回和第39回赏菊咏菊，成为全书故事的分水岭。这两回之前，宝玉和众姊妹大致都生活在温馨和乐的氛围中，特别是宝玉，自进入大观园后，每天享受着众金钗的笑闹欢娱，充实而满足。接着是寒冬雪景的芦雪庵联句大会，到第53回贾府除夕、过年极其奢侈的拜年仪式，到元宵夜宴等，达到高潮。在此用菊花的盛开和凋零，暗示贾府家运由盛而衰的发展脉络，从第55回起，贾府总管凤姐病倒，贾府病象已开始显现。后来虽然有探春的兴利除弊措施，却也无法挽救贾府外强中干的败象。接着宁府的大家长贾敬去世，大观园内部大抄检，贾府的气象和故事

图8　入秋以后，菊花盛开独秀，诗文用以象征晚节清高。

图9　分布中国大江南北的马尾松。

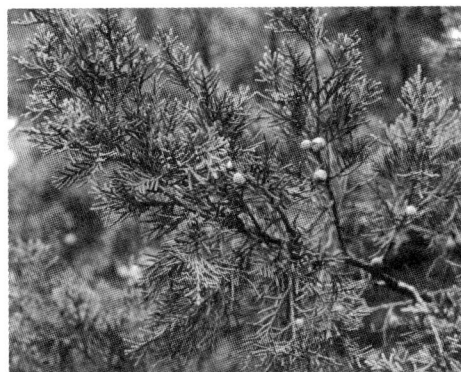

图10　柏木代表贞节、永恒，是古时王公贵族选用的墓地封树种类。

的发展急转直下。

中国人的墓地一向有种植封树的传统习俗，王公贵族大都选用松（图9）、柏类（图10）植物栽种；而平民百姓则多种植易于扦插繁殖的白杨木，乡间坟场多散布白杨，因此白杨代表死亡或坟墓。诗文中出现白杨的章句，都代表悲怆、死亡，章回小说亦不例外，如《水浒传》第46回：杨雄早来到那翠屏山上，但见："漫漫青草，满目尽是荒坟；袅袅白杨，回首多应乱冢。"暗示该回潘巧云的惨死。

五、植物特性与小说人物个性

《红楼梦》主角宝玉所居住的怡红院，种有"岁寒三友"松、竹、梅。松、竹经冬不凋，而梅则寒冬开花，均不畏霜雪，故称"岁寒三友"，用以表示坚贞不屈的气节，向来为文人所重。其中松树树姿苍郁，古人视为君子的象征，所谓："岁不寒无以知松柏，事不难无以知君子。"书香宅第中绝对少不了松树，大观园自然不可能有例外。宝玉身上的玉不见了，妙玉请来拐仙，示语中出现"青埂峰下倚古松"（图11）句，隐指宝玉未来的命运就像深山幽谷中的松树一般。

图11 "青埂峰下倚古松"暗示宝玉出家的命运。

《红楼梦》的作者，擅长利用植物的特性衬托不同人物的个性特质，暗喻小说人物的结局，例如以潇湘竹（图12）代表林黛玉，表现黛玉爱掉泪的个性，最终也和传说中的潇妃、湘妃一样，含恨流泪而死。

图12 传说舜帝之潇湘二妃泪血溅成的潇湘竹，今名斑竹。

图13 芍药。

图14 苔藓类常生长在潮湿的生育地。

湘云的个性开朗如盛开的芍药（图13），作者安排醉卧芍药花下的情节，也在暗示湘云会离宝玉远去，因为芍药又名"将离"，是古代临别相赠之物，但离开后仍会返回的象征性植物。另外，作者也善用植物四季枯荣变化的性质以对应故事情节的发展，最显著的例子就是以上所言之菊。如此善用植物特性融合故事情节的作品，在中国历代文学中可说是无出其右者。

六、以植物的生态习性描述小说情境

植物各有其不同的生境，有些植物适合生长在水塘或沼泽；有些植物则属于生态上的先驱植物，在荒废土地上生长茂盛。这些植物特性，都是文学作品中用以衬托或描述故事情节发生地点的特殊环境。如《水浒传》描写破落的古寺："钟楼倒塌，殿宇崩摧。山门尽长苍苔，经阁都生碧藓。释迦佛芦芽穿膝，观世音荆棘缠身。"（第6回）其中的苔、藓显示当地环境潮湿（图14），而"荆"为黄荆，"棘"指酸枣或其他有刺灌木，两者均在荒废土地生长，并成为该地的优势物种。形容破败的寺庙，用这两种植物恰如其分。

七、记录已消失的古老习俗

许多古老植物的利用方式，目前已经罕见甚至消失了，但仍可在各代小说中再现，提供中国民俗研究的基本资料。以通草（图15）为例，原是中国使用历史悠久的花饰材料，用以制造少女发饰及室内饰品，《尔雅》称之为"活脱"，其他古籍称为"寇脱"或"通脱木"。

图15 通草的髓心是古代普遍使用的发饰及室内饰品材料。

自唐晋以来，民众常取通草髓心，用以制造各种饰物。唐代成书的《酉阳杂俎》就记载通脱木"心中，中有瓤，轻白可变，女子取以饰物"，后世已少有使用此物了。但《儒林外史》第21回叙述结婚典礼："到晚上，店里拿了一对长枝的红蜡烛点在房里。每枝上插了一朵通草花，央请了邻居家两位奶奶把新娘子挽了过来，在房里拜了花烛。"说明在明代通草仍是民间重要的饰物材料。

第四节　植物与章回小说研究

《西游记》第1回对花果山的植物描述如下："摆开石凳石桌，排列仙酒仙肴。但见那：鲜龙眼，肉甜皮薄；火荔枝，核小囊红……红囊黑子熟西瓜……椰子、葡萄能做酒，榛松榧柰满盘盛，桔蔗柑橙盈案摆。"龙眼（图16）、荔枝、椰子（图17）、甘蔗等均产于热带或亚热带。表示熟悉这类植物的作者，应有在长江流域或流域以南生活的背景。《西游记》曾被认定为元代丘处机所著，但丘处机原为栖霞人（今山东），大半辈子在西域工作，

图16 龙眼是原产于华南热带地区的果树。

图17 椰子。

按理来说，不太可能有上述的植物体验。而另一个被提及的《西游记》可能作者吴承恩是山阳人（今江苏淮安），40岁考得岁贡生之后，曾在南京谋事，又任浙江省长与县丞。这个背景使得吴承恩有接触到上述热带、亚热带植物的可能性，进而可推测吴承恩比较可能是《西游记》的作者。

今日通行的120回本《红楼梦》的作者身份也曾经有过长达两百年左右的争论，主要有三种说法：其一，全部120回均为曹雪芹所撰；其二，前80回为曹雪芹所写，后40回系曹雪芹残稿，后人补写完成；其三，前80回为曹雪芹所写，后40回为他人所续。《红楼梦》120回刚好可区分成三部分：第1回到40回为第1个40回，第41回到80回为第2个40回，第81回到120回为第3个40回。第1及第2个40回即前80回，第3个40回即后40回。比较3个40回每回出现的植物种数，会发现一个有趣的现象：前80回每回出现的平均植物种数多于后40回。第1个40回每回出现的植物种类平均为11.2种，第2个40回平均每回出现10.7种，仅相差0.5种。到了第3个40回，平均每回的植物种数只有3.8种，与前二者分别相差7.4种及6.9种，差异不可谓不大。

表6 《红楼梦》前80回与后40回的植物种数比较

	第一个40回	第二个40回	第三个40回
出现的植物总数	165种	161种	61种
每回出现的平均植物总数	11.2种	10.7种	3.8种

植物出现在各回的种数，以10种为间距，《红楼梦》全书3部分，每40回植物种树分布频率：前80回，回回有植物，后40回中有3回未出现任何植物（第100回、第106回、第108回）。出现1至10种、11至20种及20种植物以上的回数，前两个40回分布图形相似，两者出现11至20种的回数均为9回；仅在1至10种的分布中，第2个40回比第1个40回多了1回；20种以上的回数，第1个40回反而比第2个40回多了1回。相反的，第3个40回中有36回植物在10种以下，占绝大多数；出现10至20种的亦仅有1回（第78回，有10种植物）；而且全部40回中并无出现20种以上植物的回数。可见，前80回和后40回植物种树的分

布大不相同。

以 40 回为单元，计算每部分出现的植物总种数，也出现相似的结果。第 1 个 40 回共出现 165 种植物，第 2 个 40 回有 161 种，两者植物数仅差 4 种。第 3 个 40 回仅出现 61 种植物，和第 1、第 2 个 40 回相差 100 种以上。而后 40 回的植物，不是常见的蔬菜、药材，就是引自历代诗词典故的植物，不像前 80 回文章作者植物知识的广博，以及对植物在小说情节应用之独到。

根据以上分析，无论是每回植物的种类，植物种数分布的频率，或是植物在单元内出现的总数，第 1 个 40 回和第 2 个 40 回非常类似。以统计观点来说，两者并无差异。然而，后 40 回不但每回平均植物种数和单元内植物总种数远少于前两个 40 回，植物种类分布频率也完全不同。以作者对植物熟悉的程度，和植物意涵在文章内容的运用上，前 80 回亦远胜于后 40 回。本项研究结果，可以推论第 1 个和第 2 个 40 回应为同一作者所撰，而后 40 回则显然出自他人之手。本结论支持前 80 回的作者为曹雪芹，后 40 回为他人所续之观点。

第六章　中国成语典故与植物

第一节　前言

　　成语经历代文人和一般百姓的试炼，已成为中华文化和受到汉文化影响的国家语言逻辑中重要的组织成分。在语言或文字的表达过程中，适当地引用成语，可使文词形象生动、收言简意赅之效。高明的作家都会在行文之际，恰当地使用成语。成语在今人的语汇之中，仍扮演着画龙点睛的效果。

　　中文成语数量庞大，根据已出版的成语词典、辞海，成语总数约有37000条。其中大都为四字成语，少数为多至十字的谚语，如"哑子吃黄连，有苦说不出"等，包括含义相近或相同，字序或同义不同字的同义成语。前者如春风桃李和桃李春风；后者如攀葛附藤、攀藤附葛、攀藤揽葛等，可知历代中文成语数之多，可谓"汗牛充栋"。

　　在30000多条成语之中，有八百多条以特定的植物为组成内容，共使用120种植物名称，这些成语可谓之"植物成语"。统计常用的植物成语中，出现最多的植物为桃（图1），共组成桃李门墙、门墙桃李、桃李成荫、桃李满门、投桃报李、夭桃秾李、桃源避寿、人面桃花、桃之夭夭等20条成语。其次为柳，组成18条成语。柳是栽植于水岸的观赏植物，栽种历史悠久，且各地都有分布，是历代中

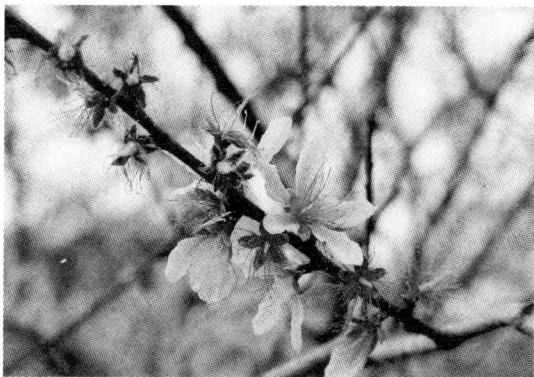

图1　常用的植物成语中，出现最多的植物是桃。

国人都很熟悉的植物，因而形成不同性质的成语，有颂人成语，如陶潜五柳、人柳三眠、柳如张绪；有颂景的成语，如傍花随柳、花光柳影、花红柳绿、柳暗花明；有伤别的成语，如灞桥折柳；也有讥讽的成语，如残花败柳、寻花问柳等。

其余出现较多成语的植物，依次为李 15 条、兰（泽兰）15 条、竹 13 条、桑 12 条、蓬（飞蓬）11 条、粟（小米）10 条，以及茅（白茅）、棘（酸枣）、荆（黄荆）豆、匏、瓜等均出现 9 条。这些多次出现在成语中的植物均为历代普遍栽植者，如桃、李为果树，桑、竹为农村住宅必种的经济植物。比较常见的成语植物，尚有荷，组成出水芙蓉、步步莲花、并蒂芙蓉、藕断丝连、轻薄莲花等成语；豆，组成不辨菽麦、煮豆燃萁、目光如豆、种豆南山等成语。可见植物在中国成语中，占有相当重要的地位。

第二节　植物成语的来源

和其他多数成语一样，"成语植物"的来源出处，可归纳成以下数类：

一、诗、词、歌、赋

包括《诗经》《楚辞》《汉赋》《古乐府》及历代诗、词、曲等，占所有植物成语的 33%，其中又以源自《诗经》的成语最多。例如，华菅茅束源自《诗经·小雅·白华》之"白华菅兮，白茅束兮。之子之远，俾我独兮"。翻译成白话是：菅草开的是白花，用白茅来缠缚。你已离弃了我，使我一人孤独啊！后来，用"华菅茅束"表示夫妻离异。手如柔荑语出《诗经·卫风·硕人》之"手如柔荑，肤如凝脂"句。初生之茅称作"荑"，色白而柔软，因此形容美人纤纤白手谓"手如柔荑"，后用以称赞女子貌美。投桃报李是近代常用的成语，意思是人家"送我桃子，我以李子回报"，比喻礼尚往来，互相赠答，同样出自《诗经·大雅·抑》："投我以桃，报之以李。"

植物成语中与《楚辞》相关的有沅芷澧兰或澧兰沅芷，用以比喻高洁的人品或高尚的事物。出自《九歌·湘夫人》："沅有芷兮澧有兰，思公子兮未敢言。”王逸注：“言沅水之中有盛茂之芷，澧水之内有芬芳之兰，异于众草，以兴湘夫人美好亦异于众人。”春兰秋菊也是常用成语，意为春天的兰花、秋天的菊花虽然开放季节不同，却都很美丽，用以比喻在不同的时期或领域中各有出色的人物，语出《楚辞·九歌·礼魂》：“春兰兮秋菊，长无绝兮终古。”

成语源自历代诗、词、曲的例子也不少，如柳亸莺娇形容春天的景色，语出唐代岑参《暮春虢州东亭送李司马归扶风别庐》：“柳亸莺娇花复殷，红亭绿酒送君还。”柳暗花明形容绿柳成荫、繁花似锦的景象，也比喻在错综复杂的状况中忽然出现解决问题的方法，出自宋代陆游《游山西村》：“山重水复疑无路，柳暗花明又一村。”比喻妇女不守妇道的成语红杏出墙，则源自宋代叶绍翁《游园不值》诗句：“满园春色关不住，一枝红杏出墙来。”《乐府诗集》卷二十八古辞《鸡鸣》：“桃生露井上，李树生桃旁。虫来啮桃根，李树代桃僵。树木身相待，兄弟还相忘。”古时在露天的水井边种桃树和李树，发生虫害时，旁边的李树往往先遭啃食，替代桃树受灾僵枯而死，称之为李代桃僵，比喻兄弟相爱相助，后引申为互相顶替或代人受过。

二、史书

含植物名称的成语出自正史的历史故事者，占 31%，包括《史记》《汉书》《宋史》《晋史》《三国志》等。例如夷齐采薇或不食周粟，原用以颂扬忠贞不渝的节操，现多指思想固执，行为保守。“夷齐”指节操高尚的隐士。或以“采薇”“食薇”指隐士的生活，也指人恪守清高节操。汉代司马迁《史记·伯夷列传》记载：周武王灭商后，伯夷、叔齐逃到首阳山上，不领周朝俸禄（意不食周粟），采集野豌豆而食，以表示对周朝的忠贞。拔葵去织，意指官吏不与百姓争利，出自《汉书·董仲舒传》：鲁国宰相公仪子勤政爱民，休了在家织布的妻子，拔去庭院里种的冬葵，因为当时人民以织布、种葵为生，他不愿与民争利。屑榆为粥语出宋代欧阳修等人的《新唐书·阳城传》：“岁饥，屏迹不过邻里，屑榆为粥，讲论不辍。”意即饥荒的岁月，阳城藏迹在家不出门，以榆皮屑煮粥，仍旧讲学不倦，现用以指荒年或穷厄时的困苦生活。另外，比喻孝心的陆绩怀橘则根据晋代陈寿《三国志·吴书·陆绩传》的记载：陆绩有孝名，六岁时在九江谒见袁术，袁术以橘招待，陆绩在怀中偷藏了三颗要带回去给母亲吃，离去时向袁术拜别，橘子掉了出来而说出上情。

三、诸子百家

出自历代知名学者的专著，包括《孟子》《论语》《庄子》《荀子》《韩非子》《淮南子》等，共占17％。松科、柏科植物大都分布在高海拔及纬度较高的地区，较其他植物耐寒，严冬亦不落叶，《论语·子罕》有"岁寒，然后知松柏之后凋也"句，遂有岁寒知松柏或岁寒松柏的成语，比喻在艰难困苦的逆境里，才能看出一个人坚持节操的品格。人性善恶由后天的教养和习染所致，就如同杞柳可弯曲成各种形状一样，因此用性犹杞柳喻人性本无善恶之分，语出《孟子·告子》："性，犹杞柳也；义，犹桮棬也。以人性为仁义，犹以杞柳为桮棬。"桑枢瓮牖指用桑木做门轴、破瓮做窗子，比喻贫寒人家，典出《庄子·让王》："蓬户不完，桑以为枢而瓮牖，二室，褐以为塞。"桑榆暮景描写落日余晖照在桑榆树梢上，比喻人已到了垂暮之年，语出汉代刘安《淮南子》："日西垂景在树端，谓之桑榆。"

四、历代小说

包括《金瓶梅》《红楼梦》《儒林外史》《儿女英雄传》《三国演义》《水浒传》等章回小说及其他志怪小说、笔记小说等，共占6％。例如指桑骂槐，意为指着桑树骂槐树，比喻表面上骂甲，实际却在骂乙。语出清代曹雪芹《红楼梦》第16回："咱们家所有的这些管家奶奶，哪一个是好缠的？错一点儿他们就笑话打趣，偏一点儿，他们就指桑骂槐的抱怨。"第59回："那是我们编的，你别指桑骂槐。"第69回："除了平儿，众丫头媳妇无不言三与四，指桑骂槐，暗相讥刺。"青梅煮酒本为古代一种煮酒方法，引申为集会共论天下事，罗贯中《三国演义》第21回：汉末，曹操邀约刘备至相府外的小亭边赏梅饮酒，曹操谈到"望梅止渴"的故事，又值煮酒正热，曹、刘二人在此共论天下英雄，故谓"青梅煮酒论英雄"。竹篮打水，用竹篮打水比喻劳而无功，结果落得一场空，出自明代兰陵笑笑生《金瓶梅》第91回："闪得我树倒无荫，竹篮打水。"

五、其他

《周易》《礼记》《孝经》等经书，《世说新语》《清异录》《太平御览》《太平广记》《酉阳杂俎》《昭明文选》等著作，共占23%。例如黄杨厄闰，语出宋代陆佃的《埤雅·释木》："黄杨性木坚致难长，岁长一寸，闰年倒长一寸。"形容人遭遇困厄，受到挫折；或指诗文没有长进。桃弧棘矢意思是用桃木为弓、棘为箭，辟邪之意，语出《左传》："桃弧棘矢，以除其灾。"古人以为桃木有辟邪功能，用桃木制弓当成辟邪驱鬼之物。南朝宋刘义庆的《世说新语·俭啬》："王戎有好李，卖之，恐人得其种，恒钻其核。"此即成语卖李钻核出处，说有人卖李之前先钻破李子的硬核，使别人无法得其良种繁殖，形容极端自私的行为。

第三节　植物的生态特性与成语

黄荆古称"荆"（图2），酸枣古称"棘"，均属于干燥气候的树种，常生长在土壤不肥沃的石砾地和废弃地。因此，荆棘丛生就是道路上困难很多，阻碍很大之意；荆天棘地意为到处是艰险处境，令人行动不得；披荆

图2　黄荆常生长在干燥环境的石砾地或废弃地。

图3　芒草结实量大，适应性强，能到处蔓生，是农民嫌恶的杂草，欲除之而后快。

斩棘比喻在创业过程或前进的道路上清除障碍、艰苦奋斗的情形。其他类似的成语还有被苦蒙荆、荆棘载途等，都是用来比喻创业艰难或处境艰险。

南橘北枳或淮橘为枳，比喻环境的变化使事物性质也跟着改变，古人认为橘树生长在淮河以南成为橘，移植到淮河以北就变成了枳树。橘和枳的叶子形态类似，但果实味道不同，因为生长地方不同之故，即《周礼·考工记》所说："橘逾淮而为枳……此地气然也。"草菅人命源自《汉书·贾谊传》："故胡亥今日即位而明日射人，忠谏者谓之诽谤，深计者谓之妖言，其视杀人若艾草菅然。"芒草（图3）花序呈圆锥状，小花极多，结实后呈黄褐色，果极小，能随风飘散。由于其适应环境范围大，生长不择土性，在开阔地、石缝及耕地到处繁生，成为农民嫌恶的杂草，时时欲除之而后快，因此用"草菅人命"形容把人命看得像野草一样，任意杀害。

生态环境或特殊习性的植物还有许多，如冬葵的叶会随着太阳移动，古人用葵藿倾叶来表达臣子对国君的忠心；蒲柳（图4）是秋冬最早落叶的树种之一，以蒲柳之姿喻人体早衰；浮萍（图5）形体极小，无固着根，植物体漂浮在水面上随波逐流，因而有萍水相逢、萍踪浪迹等成语。铁树（苏铁，图6）在北方不易开花或完全不开花，因此难以做到或不可能实现的事物，就称铁树开花。

图4　蒲柳是入秋最早落叶的树种之一。

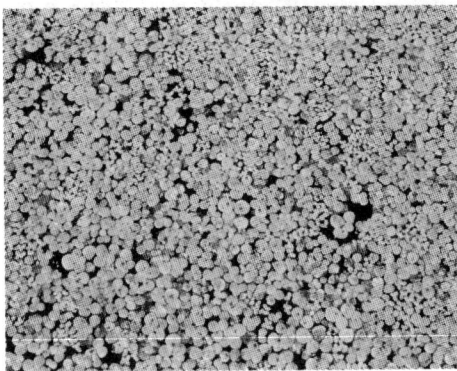

图5　浮萍形体极小，漂浮在水面上随波逐流。

图 6　铁树是热带或亚热
带植物，在北方不易开花。

图 7　葛藤。

第四节　植物的形态特征与成语

　　古人观察到植物的特殊形态，应用到语汇中表达特别意涵，常有画龙点睛之妙，以下举葛藤、飞蓬及白茅为例。葛藤是中国最早利用的纤维植物（图 7），每年夏天采其蔓茎，用热水煮烂，在流水中捶洗风干后供纺织葛布之用。古代上至天子下至庶人，都是穿葛衣，只不过贵族及有钱人穿细葛衣（谓之绤），而贫贱者穿粗葛衣（谓之绤）。《越绝书》记载："句践罢吴，种葛，使越女织治葛布，献于吴王夫差。"《书经·禹贡》中的岛夷卉服，"卉"指的也是葛类植物。葛亦曾列入贡赋，有些地方以葛布代替赋税纳贡，可见古代葛藤的经济价值之高及葛布使用之广。葛藤是藤本植物，长可达十几米，缠结地面或攀缠在树上，因此常用"葛藤"比喻事情纠缠不清，攀葛附藤则是形容拉拢关系、趋炎附势的常用成语。

　　飞蓬（图 8）植株矮小，枝叶胡乱着生，因此形容一个人不修边幅，就称之为

图 8　飞蓬枝叶胡乱着生，遇强风
则连根拔起。

083

图 9　白茅开白色花，根状茎甚长，强韧有节，谓之茹。

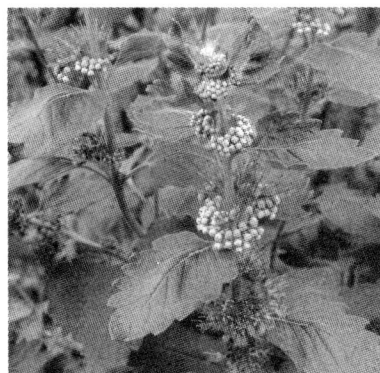
图 10　莸植株味臭，用来反衬香草。

蓬头垢面。秋冬之际，飞蓬遇强风则连根拔起、随风滚动，故用飘蓬断梗、飞蓬随风、秋蓬离根等成语来形容漂泊无常、身世飘零的经历，或人无处安居、行踪不定。白茅又名茅草或茅，根状茎甚长、强韧有节，常在地表的土壤中横互交错，谓之"茹"，俗称"丝茅"（图 9）。各节处会萌生新笋茎秆，因此在拔除茅草时，根会随着茎叶一同被拔起，所以有拔茅连茹的成语，用以比喻气味相投的一群人，若有一人被提拔时，会相互引荐出仕。

有些植物的枝干、花、叶、果实、种子等具有特殊香气或恶臭，此一特征也常为古人所引用。自春秋战国时代的《楚辞》以下，历代诗词不乏咏颂香草香木、贬抑恶草恶木的篇章，由是产生与气味相关的成语。桂花香气浓郁，常在中秋节前后盛开，有桂子飘香以喻佳景怡人；兰桂腾芳的"兰"指泽兰，也是香草，用兰桂之芬芳，比喻子孙昌盛。常和兰并提的"蕙""芷"（白芷）等也是古代著名的香草，相关的成语有兰心蕙性、沅芷澧兰等，用香草的香气表示善良高洁的心性或事物。肉桂和姜全株有香辣味，古今都视为调味料，而且越老的植株香味越浓，所以用姜桂之性以喻人越老越坚强耿直。

香木香草外的其他的植物气味，比如植株恶臭的莸（图 10），则被用来反衬香草，薰莸放置一处时，莸的臭味会掩盖香草薰的香味，即所谓"一薰一莸，十年尚犹有臭"，比喻善易消失而恶难灭除。水蓼全株具辣味，是古代的香辛调味料，含蓼问疾意思是口含辣味的蓼叶来驱除疲劳，又不辞劳苦地去慰问伤病的人民，形容体恤民间疾苦。黄檗树皮极苦，古人用饮冰茹蘖（喝冷水、吃苦物）表达境遇困苦的心情,后多用以称妇女耐苦守节。

第五节　植物的用途与成语

重要的民生经济作物或林木,也常应用到语汇之中。例如枝条细长坚韧的杞柳,可弯曲成各种形状编制篓筐等器物（图11）,古人用性犹杞柳来比喻本无善恶的人性,可用教育方法改良。常见的经济林木桑、樟、槐、榆等也经常出现在成语中,如指桑骂槐、敬恭桑梓、桑榆暮景等,这些植物极为普遍,所形成的语汇也相对繁多。相同的情况,还有桃、李、梅等果树,豆、麦、粟等粮食作物。与前者有关的成语很多,如桃李门墙、夭桃秾李、投桃报李、摽梅之候、青梅煮酒等三十余条;后者有不辨菽麦、布帛菽粟等二十余条。

在古人眼中毫无用途的植物也有成语,如樗树,又称"臭椿"（图12）,与香椿（图13）外形相似,但樗木皮粗、木材肌理稀松色白,叶有恶臭;香椿皮细、木材肌理坚实而稍有赤色,叶甘香,为重要的香料植物。樗树木材无用,如《庄子·逍遥游》所说:"其本臃肿而不中绳墨,其小枝卷曲而不中规

图11　柳条编制的篓筐。

图12　樗树又名臭椿,叶恶臭,古人视为无用之物。

图13　香椿为落叶桥木,叶甘甜,是少数树叶可以食用的香料植物。

矩。"干不通直、小枝弯曲，木材又容易腐朽，长在路边，木匠也不屑一顾，用途只能如《诗经》所云：采荼薪樗，拿来当柴烧。

　　壳斗科植物"栎"同样也被视为无用之木，在中国的麻栎属（Quercus）植物共有 50 种，古籍提到的"栎"当不止一种，不乏树干粗大通直的树种，也有分枝多、树干弯曲、树姿扁扇形的树种，其中以麻栎（图 14）分布最广、最常见。长久以来，"栎"被认为不合世俗所用，因此古人常用樗栎自谦，谓之樗栎之才或樗栎之身。例如，唐代才子欧阳詹的《寓兴》诗："桃李有奇质，樗栎无妙姿。"苏东坡的《和穆父新凉》："常恐樗栎身，坐缠冠盖蔓。"都以无用"樗栎"自谦。事实上，栎（麻栎）的用途极广，木材坚硬，耐磨、耐擦，是制作车毂、各种家具及器具的良材，欧美酒桶也多以栎类（橡树）植物木材为之，而唐至清代的木梳也多以栎木制作，树皮和壳斗还可制染料。此外，栎实味苦，但"换水浸煮十五次，淘去涩味"后仍可食之。所以，栎木类并非全为无用之材。

图 14　麻栎是中国分布最广的壳斗科植物（俗称橡树）之一，右上图为橡实（麻栎的果实）。

图15 "七年之病求三年之艾"的艾草。

艾草（图15）有许多用途，自有《神农本草经》以来，每个朝代的医生都视艾草为良药，"艾叶味苦……主灸百病……生肌肉，辟风寒，使人有子"，是针灸必备药材。为了治病，古人很讲究采收艾草的季节和时间，而有"三月三日、五月五日采叶或连茎割取，曝干"，且"经陈久方可用"，所以会有三年畜艾或三年之艾的成语，意为事先储备；语出《孟子·离娄上》："今之欲王者，犹七年之病求三年之艾也。苟为不蓄，终身不得。"艾草越干越好，三年之艾（即久干之艾）非一时可求，而七年之痼疾必须用久干之艾针灸，方可见效。

榆树自古以来就是重要的用材树种，用于建筑和制作农具、车辆、家具等，主要分布在北部地方，如《尔雅翼》所云："秦汉故塞，其地皆榆。榆，北方之木也。"两汉时曾是汉天子的"社木"，《汉书·郊祀志》云："高祖祷丰枌榆社。"文中提到的枌、榆均为白榆，此句意思是汉高祖以白榆为社神，祈祷物产丰收。榆树的嫩叶、果实、树皮是荒年的救饥食物：嫩叶做羹或热水淘洗后炒食；果为翅果，形状如古时的铜钱，又名"榆钱"（图16），初生之果也可作羹，成熟果实则可酿酒或制成"榆仁酱"，是北方常见的食品。最奇特的是，树皮剥下来后，刮除表面粗糙的外皮（图17），晒干后捣磨

图16 榆树的果实环生果翅，形如古铜钱，谓之"榆钱"。

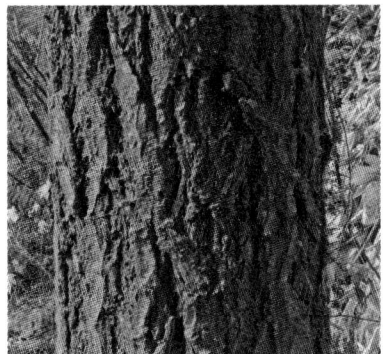

图17 榆树粗糙的外皮下含有淀粉量极高的皮层，是古代的救荒植物。

成粉可蒸食或做成各种烧饼。《本草经·木部上品》也说："榆皮味甘平……久服轻身，不饥。"无论是叶或果，食之"酣卧不欲觉"，有安眠作用，如成语豆重榆瞑（豆类吃多了会增加体重，榆叶榆果吃多了能使人睡眠不醒），原指饮食不宜有害身体，后来用于比喻物各有性、本性难改；语出晋代嵇康《养生论》："豆令人重，榆令人瞑，合欢蠲忿，萱草忘忧，愚智所共知也。"还有前文提到的屑榆为粥，原指荒年时藏迹在家不出门，以榆皮屑煮粥，仍旧讲学不倦，后用以指荒年或穷厄时的困苦生活。

第六节　民俗植物与成语

古人相沿成习所产生的植物特殊意涵或信仰，在成语的形成过程中亦有其重要性。菊花不畏寒霜，常在秋霜季节盛开，古代文人常用以自我期许或自况，如晋代陶渊明爱菊、宋代周敦颐称菊为"花之隐逸者"。成语黄花晚节，代表晚节高尚；傲霜之枝喻坚贞傲骨，坚忍不屈。菊花是秋天的应时花卉，如汉代崔寔《四民月令》所言："九月九日，可采菊华（花），收枳实。"古人于九九重阳节赏菊、饮菊花酒（采菊花瓣饮酒），如唐代孟浩然《过故人庄》："待到重阳日，还来就菊花。"成语明日黄花的"明日"就是指重阳节隔天，"黄花"即菊花（图18），重阳节次日的菊花，比喻过时的事物。

图18　重阳节隔天的菊花，称为"明日黄花"，比喻过时的事物。

古时以黄荆木材当作刑具，形成一种制度和习惯，后世遂视黄荆木为刑罚象征，有如今日的"藤条"。成语负荆请罪或肉袒负荆，是形容知道过错后，虚心认错赔罪，典出汉代司马迁《史记·廉颇蔺相如列传》：赵国大将廉颇对上卿蔺相如不服气，多次骄横无礼。蔺相如认为将相不和对国家不利，一再退让。廉颇知道蔺相如的用心后深深悔悟，就裸露上身背着荆杖去见蔺相如，虚心认错，请求责罚。

萱草，《诗经》称"谖草"，《说文》谓"忘忧草"，《本草纲目》

谓"疗愁""丹棘",名称虽异,但均认为此草可以"利心志",令人"好欢乐"及忘忧。晋代崔豹《古今注》说:"欲忘人之忧,则赠之以丹棘。"丹棘即萱草（图19）。《诗经·卫风·伯兮》说:"焉得谖草? 言树之背。愿言思伯,使我心痗。"唐代韦应物《对萱草》诗曰:"何人树萱草,对此郡斋幽。本是忘忧物,今夕重生忧。"

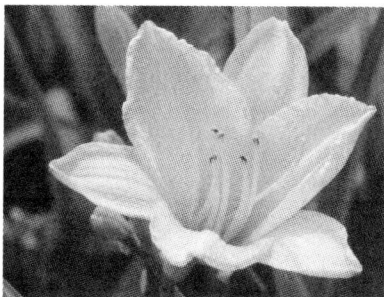

图19　萱草又叫忘忧草。

宋代王十朋也有诗曰:"有客看萱草,终身悔远游。向人空自绿,无复解忘忧。"故有成语萱草忘忧,形容有寄托以排遣忧愁。

植物名称的谐音,也常被应用到诗词歌赋的遣词用句之中,有时是双关语,其中诗人使用最多、应用最广的例子是垂柳。垂柳简称柳,树枝柔弱下垂,姿态宛如妙龄少女;而"柳"与"留"同音,古人送别时习惯折柳枝相赠,取其"留客"及"留念难舍"之意。成语灞桥折柳即送别之意,古代长安东有灞水,水上有灞桥,送客至此有折柳赠别的习俗,如李白诗曰:"年年柳色,灞陵伤别。"

菟丝不是丝,燕麦不是麦,成语菟丝燕麦用以比喻有名无实,语出《魏书·李崇传》:"今国子虽有学官之名,无教授之实,何异菟丝燕麦、南箕北斗哉。"菟丝为植物体柔软纤细的藤蔓状寄生植物（图20）;燕麦指的是一年生的野燕麦（图21）,果实极少,一般不收成其果实,仅采收植物体

图20　菟丝有"丝"之名,但不能当成织物。

图21　燕麦有"麦"之名,但不是古代的谷物。

当作牲畜饲料。古人认为菟丝有"丝"之名而不能当成织物使用，野燕麦有"麦"之名而不能收成当谷物食用，因此用"菟丝燕麦"表示有名无实。

第七节　植物的典故

历史上最著名的植物典故，不外乎"甘棠"。甘棠即棠梨，又称杜梨、杜棠。果实红色者，称杜、杜梨或杜棠，果实又涩又酸，不适合生食，但是树干的木理坚韧，可用来制作弓弩。果实白色者，称棠、甘棠或棠梨，果"少醋滑美"，外形似梨而小，可生食，为古人常吃的水果。野生的棠梨分布极广，山区常见，一般使用棠梨植株当作各种栽培梨的砧木。棠梨适应性强、树形美观，自古以来被栽植成庭院树或绿篱。西周时代的召伯到南国传布文王德政，曾经在甘棠树下休息，后人怀念他的恩德，想尽办法保护这棵甘棠树，此即《诗经·召南·甘棠》所说的："蔽芾甘棠，勿翦勿拜，召伯所说。"后世以"甘棠"比喻卸职后的地方长官，用甘棠遗爱或甘棠之爱来形容人民对卸职地方长官的怀念，有时也用在对卸职地方长官的颂词中。与《诗经》有关的著名植物典故，还有摽梅之候。摽梅之候指女大当嫁或男大当婚的年龄，常被应用在历代文学作品上，典出《召南·摽有梅》："摽有梅，其实七兮；求我庶士，迨其吉兮。"

正史上耳熟能详的植物典故也不少，例如"薏苡"（图22）。薏苡又名回回米、西番蜀秫、草珠，叶形如黍，开红白色花，农历五、六月间结实，果实灰白色至青白色，形如珠子，乡间小孩以线穿连如串珠，当作戏耍玩具。《群芳谱》记载：薏苡"处处有之，交趾者子最大，出真定者佳"，而薏苡"春米为饭，甘美"，但也造成历史上的奇冤巨案。根据《后汉书·马援传》记载：东汉名将马援

图22　薏苡的果实形如珠子，灰白色至青白色。

任职交趾时，喜欢当地薏苡滋味，返国时载满一车的薏苡子返乡，却被误认所载者为珠宝，诬陷他搜刮民脂民膏，而株连妻室儿女；并衍生出成语薏苡兴谤、薏苡明珠（把薏苡错当明珠），比喻故意颠倒黑白。历代诗词中使用此典故的诗词很多，如唐代元稹《送崔侍御之岭南二十韵》"珠玑当尽掷，薏苡讵能谗"及宋代刘克庄《湘中口占》"书生行李堪抽点,薏苡明珠一例无"。

出自诸子百家、经书的植物典故，则有以下诸例。二桃杀三士，比喻用计谋杀人，典出《晏子春秋·内篇谏下》：春秋时，公孙接、田开疆、古治子三人臣事齐景公，都以勇力闻名，但互相争功。齐相晏子谋除之，请景公拿两个桃子赠给三人，叫他们论功吃桃，结果三个人都弃桃而自杀了。馀桃啖君，比喻爱憎喜怒无常，典出《韩非子·说难》：卫国法律规定，偷驾驶国君马车的人，其罪断足。弥子瑕母亲生病，于是假托君王之命驾车出去。卫国国君知道了，说："真是孝顺，为了探望母亲忘了断足之罪。"次日，弥子瑕与国君游于果园，吃了甜美的桃子，剩一半给卫君吃，卫君说："你对我一片赤诚，知道桃子好吃，而让我品尝。"过了不久，弥子瑕失宠，卫君开始算起旧账："你以前偷驾我的车，又让我吃你吃剩的桃子。"同样一件事，从前受到称赞，后来却成了罪名，都是因为爱憎情绪改变的缘故。望梅止渴，意为凭想象或空想使自己感觉舒适，亦即自我安慰之意，典出《世说新语·假谲篇》：曹操行军迷路，士兵又饥又渴，于是他对部队宣称："前面有大梅林，结实很多，梅子味甘酸，可以解渴。"兵士听到后，口皆出水，聊以解渴。苞茅不入，指兴师问罪的借口:茅草包成束，称之为"苞茅"（苞同包），古人在苞茅上倒酒，使酒液渗透茅束去渣，以祭神示敬。春秋时，齐桓公以楚国不向王室进贡苞茅而妨碍周天子敬神为由，举兵伐楚。

另外，还有源自诗词的典故，例如枇杷门巷。枇杷

图23　枇杷结实时，满树金黄，极为壮观。

（图23）每枝结果多达数十

粒，满树金黄，极为壮观，即所谓"一梢满盘，万颗缀树"，是招待客人的瓜果品。枇杷门巷原指唐代名乐妓（或女校书）薛涛的住所，后成为妓院的雅称，出自唐代王建《寄蜀中薛涛校书诗》："万里桥边女校书，枇杷花里闭门居。"也有来自著名小说的典故，如《三国演义》的初出茅庐：三国蜀主刘备曾三顾茅庐请诸葛亮出山，诸葛亮上任后，即指挥三军与曹军作战，以火攻败曹军，谓之"初出茅庐第一功"。后人用"初出茅庐"比喻初入社会，缺乏历练。

第七章　国画中的植物

第一节　前言

　　史前时代只有刻画或绘在岩壁上的图像才能留存下来，称之为岩画，其中多数为生活在边疆地区的少数民族作品，如阴山的《狩猎图》。史前人类文明发展到一个阶段，生活内容由单纯趋向复杂，逐渐发明生活工具、创作艺术品，用各种工具记录生活周围事物，如雕刻、绘画等。在古人类遗址挖掘出来的文物，有许多食具彩陶上的绘画，都很生动写实。夏、商、周三代青铜器物上的装饰画，有贵族生活礼仪（宴乐、丧祭）、打猎、征战等，统称工艺图案。夏、商、周已发展出壁画，春秋战国时期，壁画尤其兴盛，公卿祠堂及贵族府第皆以壁画做装饰。秦汉时壁画亦很盛行，包括宫殿壁画和墓室壁画，部分保存至今还极为完好。另外，有的刻画在不易腐朽的硬物上，如流传下来的绘画石刻、砖刻画等。石刻即画像石，是汉代豪族祠堂、墓室等的石刻装饰画，用刀或其他坚硬器具在石

图1　秦汉时代的"弋射收获"画像砖，画有荷花及收割谷物场景。

面上创作的绘画。砖刻画是秦汉时代的画像砖，这些浅浮雕的画像砖直接砌于砖造建筑物中，如"弋射收获"画像砖，画有湖中开花的荷、收割谷物场景等（图1）。绘制在软物件上的画要保存下来不容易，最早的作品有战国时期民间丧俗常见的陪葬物帛画，是用毛笔在绢帛上绘制而成，如长沙马王堆汉墓中的帛画。绢画、纸画留下来的数量，各代均有差异：年代越古老，留存的画作越少。五代、唐代的书画，都是稀世珍宝；宋代、元代留下来的绢画、纸画数量开始增多，明代的画作数量也不少，清代作品内容更丰富、流派庞杂，保存的数量更多，内容有佛画、山水画、人物画、花鸟画等。

自古诗、书、画合一，古典文学和国画之间有时并无明显的界限。有些画家也是著名诗人，如汉代的蔡邕、张衡均擅长诗画，虽画作因战乱而流失，但有诗文传世。唐代王维拥有诗文才华，懂音律、长书画，《王摩诘全集》诗479首，最有名的山水画是《辋川图》《江山雪霁图》（图2）。元代的倪瓒、黄公望、王蒙、吴镇并称"元末四大家"，是当代的文人画家。明代的唐伯虎、沈周、文徵明、仇英为"吴门四家"，其中沈周精于山水、人物、花卉、禽兽各种画法；文徵明为文天祥的后裔，诗、文、书、画都极精绝。清代的文人画家有王铎、沈宗敬、吴伟业等，不但诗文传世，绘画书法俱成名家。

图2　唐代诗画家王维的《江山雪霁图》。

第二节　国画植物的形式类别

一、远山峻岭类

以远山为主,辅以湖泊、川流、树石的山水画,画中植物形体较小,大都是只具冠形、干形的树木,叶形质地不易辨识。主要的植物种类有松柏类,或杉类、竹类、枫、槭等。山水画在隋唐时代已经有长足发展,杰出画家很多,如展子虔、李思训、李昭道、王维等,只是流传下来的画作不多。展子虔的传世之作《游春图》,为现存最早的卷轴山水画,描绘达官贵人的野外踏青即景。

图 3　隋代画家展子虔的《游春图》,可看出花朵盛开的桃、李。

画中树木、花草的形体均小,仅能从树体枝条的伸展形态及花开状态、颜色,隐约看出落叶的树木为花朵盛开的桃、李,常绿树则无法肯定是什么树种(图3)。李思训、李昭道的山水画,色彩丰富、用笔绵细,被称为"金碧山水"或"青绿山水",如《江帆楼阁》图轴。王维四十岁辞官归隐,居住在今陕西蓝田的辋川别墅中,以诗画自娱,所画的《辋川图》诗意浓厚,在一系列的房舍屋宇之中穿插山石竹木,唯多数植物无法辨识。

宋代山水画有许多代表画家及画作,例如传为董源所画的《寒林重门图》,用粗放水墨技法绘制,画作适于远眺,近观则不成物形,植物更是仅具大致轮廓而已,无法指认正确植物名称。范宽的《秋山行旅图》和《溪山行旅图》等,都是后人评为"视点极高,即使远眺亦难置身山外"的山水画。《溪山行旅图》千仞峭壁上有成丛的灌木,溪谷两岸有树干挺直的杉类,及粗干短茎的阔叶树,种类亦难辨识。此外,还有李成以黄土平原和丘陵为题材,用淡墨擦笔描绘的"平远山水",如《乔松平远图》等,植物仅能分辨出属针叶树、阔叶树或单子叶草本植物。

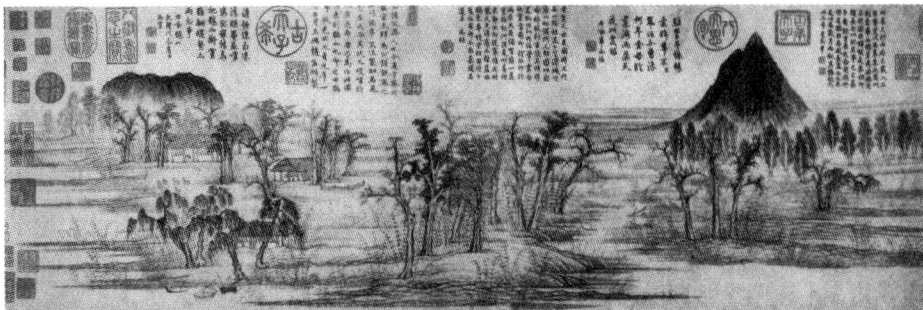

图 4　元代赵孟頫的山水画《鹊华秋色》，仍是以植物为主要构图。

图 5　北宋苏汉臣的画作《秋庭戏婴图》，以石柱及木芙蓉为衬景。

图 6　秋天开花的木芙蓉。

元代之后，山水画成为国画主流。元代画家多文人，在外族统治下，以遁隐山林为习尚。笔下的山水画都是真山、真水、真树，可以赵孟頫的青绿山水画作《鹊华秋色》为代表（图 4）。赵孟頫常用"枫叶填朱""柳树绿染坡堤"的方式作画，画中树姿树势较前人画作清晰，种类也较容易辨认。明、清两代著名的山水画不少，近景植物种类大都接近写实，如明代专画江南风光的吴伟，其《江山渔乐图》前景的梅、柳极易辨识，但远山的灌木花草种类则无法分别。

二、树石园景类

属于局部的近景景物，以岩石、太湖石或庭阁脚柱、庭院栏杆为全景，四周配置草花或灌木等花木。植物形态、线条都比以往大比例尺的山水画清晰、细致，植物种类大都能轻易辨识。历代图画中，用以配饰花园或庭院内石景、亭阁的植物，常见有竹、棘、木芙蓉、箬竹等。这些

图7 元代赵孟頫的《秀石疏竹图》，画竹、梅、辛夷及石菖蒲或蝴蝶花。

画都是以石景、亭阁为主景，植物只是陪衬，如北宋苏汉臣的《秋庭戏婴图》（图5），画庭院内嬉戏的幼童，衬以石柱及秋天开花的木芙蓉（图6）、菊花；元代赵孟頫的《秀石疏竹图》（图7），画枯木、丛竹和数簇劲草围绕大石，画中的枯木为二或三树种，可能是梅、辛夷、卫矛，所绘的竹形态类似唐竹，草则为石菖蒲（图8）或蝴蝶花（图9）。

图8 石菖蒲是药草、香料，也是观赏花卉。

元代的国画中，树石园景类的植物，竹类的画作亦多。竹的种类多以树形优美的孟宗竹（毛竹）、人面竹、唐竹、紫竹、箬竹为主。

三、湖泊水域类

远景或近景的湖泊、河川、水塘，属于湿生及水生环境，画作中植物种类的变化与

图9 蝴蝶花是庭园常见的花卉。

天然实景一样，随着水中、沼泽地至河岸的干生环境而有所不同。生长于水体中的植物有沉水植物和浮水植物，沉水植物仅水域近景画面才能呈现出来，譬如藻类、眼子菜等，浮水植物以荷花、菱、荇菜等出现较多。水体和岸堤之间大都属于浅水或沼泽环境，画中的植物以香蒲、芦苇、蒲草、红蓼、田字草（蘋）、慈姑等挺水植物为主。水域岸上的植物，多属耐水的

图10　五代赵干的《江行初雪图》，画的是江南的湖泊山水，柳及枫树清晰可辨。

图11　宋代刘松年的《四景山水图》，岸上有松、梧桐、垂柳、梅；水中有荷、香蒲。

旱生植物，如柳树等，另外常配置不同季节开花或秋冬叶会变色的植物，如枫香、槭树、梧桐等。例如，五代赵干的山水画多作江南景物，传世作品《江行初雪图》画江南鱼米乡的湖泊江水、湖畔小桥、渔网行舟，还有生长在水中泥岸的芦苇和柳、枫诸树等（图10），植物种类清晰可辨。又如南宋刘松年的《四景山水图》，画西湖的春、夏、秋、冬四景，山水楼阁之外，岸上的松、梧桐、垂柳、枫树、梅、桧及水中的荷、香蒲等，都能轻易指认出来（图11）。其他湖泊、溪流、池塘等水景，则常出现芦苇、香蒲、菖蒲、柳等植物。

四、庭园景物类

元代刘贯道的《消夏图》，描写士大夫闲逸的生活方式，可以清楚看出

图13　海棠花。

图12　明代仇英的《贵妃晓妆图》，庭院中的开花大树是海棠，灌木则为牡丹。

图14　唐代周昉的《簪花仕女图》，头上的花饰是木兰及荷花。

栽植在卧榻周遭的芭蕉、箬竹、梧桐或鹅掌楸。明代仇英的《贵妃晓妆图》（图12），是其代表作《人物故事图册》中的一幅，绘出传统中国建筑的官府宅第及庭院的植栽配置。庭院中所栽种的大树是海棠（图13），小灌木则为牡丹。

传统的中国建筑承袭中国文学艺术思想，有其独特的园景设计方式，庭园植栽的配置和植物种类的选择，都有脉络可循，既反映在诗词小说中，也在画作中呈现无遗。现存的历代国画，宅院、宫殿、房舍周围呈现的植栽，大部分是梅、海棠、梧桐、棕榈、木兰、辛夷、芭蕉等种类。

五、仕女配饰类

国画中仕女的头饰、衣饰、配景之植物，有荷花、牡丹、蔷薇等。唐代周昉擅长人物画及佛画，著名的《簪花仕女图》，宫女头上的花饰有鲜艳而大型的木兰及荷花（图14）。

古代美女象征的"寿阳梅妆"（即著名的梅花妆），在历代仕女画中也常见，如五代《浣月图》。明人唐寅描绘蜀后主后宫的《王蜀宫妓图》，画中在宫廷游乐、侍奉蜀王酒宴的宫妓"衣道衣、冠莲花冠"，也是其例。

六、动物写生类

这类国画，主要是骏马、狗、牛、羊等牲畜，或鸟、鱼等宠物的写生画，配之以植物。在动物写生画中，植物只用来美化画面，但所绘植物大都为特定种类，有时配置与动物性质相关的植物，如唐代韩滉的《五牛图》，由五头不同姿态的黄牛构成，右边第一和第二头牛之间的后侧画了一株棘（酸枣），一方面美化画面，一方面显示牛是对人类忠心的动物，因为棘木"赤心"，自古即象征忠诚。明代林良的《双鹰图》，画的是两只苍鹰，鹰头相对站在枫树的树干上，画中的树只用来平衡画面，可以是任何树种，也可以是岩石或亭台（图15）。

清代著名的"西洋国画家"郎世宁是意大利人，将西洋画法融入国画中。其作品独树一帜，所绘动物线条细致、笔法细腻工整，动物周围一定有植物围绕，且每种植物的线条都刻画清晰，种类均可清楚辨认，画风属于实景写真，类似今日的摄影。如《竹荫西狯图》，画的是黑白毛色的西洋犬，四周植物栩栩如生：上方有孟

图15　明代林良的《双鹰图》，两只苍鹰站在枫树上。

图16　郎世宁《竹荫西狯图》西洋犬上方有孟宗竹，下方有锦葵、马兰、沿阶草等。

宗竹，缠绕在枝干上的是苦瓜；下方有锦葵、马兰、苍术、沿阶草等（图16）。

七、植物写生类

自唐代边鸾的花鸟画以来，国画的植物写生就独树一格。宋代徐熙的"没骨画法"花鸟画中，植物的描绘技巧为后世所师法，他的《富贵牡丹图》更是许多画家摹写的范本。植物写生画常以特定植物为对象，水果类有林檎、石榴、枇杷、葡萄等；花卉有牡丹、萱草、菊、水仙、蔷薇等；蔬菜有芥菜、菘等，如南宋李嵩的《花篮图》（图17）。宋代以后，竹、兰花、梅逐渐成为画家主要的画作题材，北宋文同就以画竹著称，所画之竹写实与意境兼具，成语"胸有成竹"指的就是文同画竹。其作品之一《墨竹图》，画的是孟宗竹，神韵及酷似程度绝对不下今日的图鉴或摄影写真。同是宋代的杨无咎，则以画梅知名，其"四梅花图"画出未开、欲开、盛开及将残四个阶段的梅花姿态，独步画坛。

有"禁中三绝"之称的赵廉、蒋子成、边文进，是明代花卉画的代表人物。边文进亦善诗文，植物写生为宋元以后第一人。徐渭是文学家，有《徐渭集》传世，书画更是一绝，专画花卉、石、竹。清代的植物写真画作品更多，大多数作者以独特的笔法和神韵独步于世，如金农的《花果册》，是清人植物写生画的代表作，图18为其

图17 南宋中期画家李嵩的《花篮图》，图中画有石榴、夜合花、萱草及木槿。

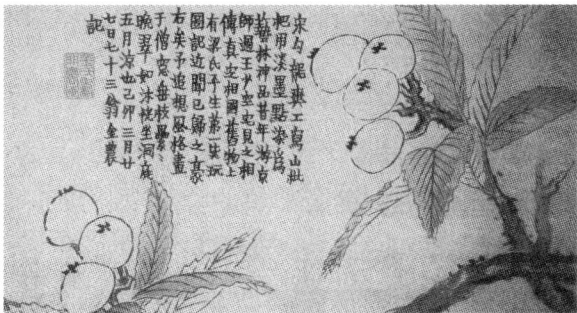

图18 清代金农的《花果册》画幅之一，画的是枇杷。

中一幅，画的是枇杷。

八、动植物画

植物与动物并重，画作即以所绘的动植物为名，各代均有作品。如宋代黄伯鸾的《山鹧棘雀图》，画六只姿态各异的山雀和主景植物棘（酸枣），另伴随几种次要植物箬竹、石菖蒲、山棕等。元代王渊的《山桃锦鸡图》，画山桃和一只锦鸡为主景，配景植物有紫竹、沿阶草等。明代边景昭的《雪梅双鹤图》，画傲雪白梅和两只丹顶鹤，画中也出现箬竹、木芙蓉等植物。同期稍后的宫廷画家孙隆有《芙蓉游鹅图》，画木芙蓉和一只在湖面上悠游的公鹅，也有芦苇等植物。清代郎世宁和其后的焦秉贞、冷枚师徒，都有许多动植物画传世，《梧桐双兔图》为冷枚作品，画两只白兔及背景的梧桐林、桂花、菊花等植物。

九、言志类

自古文人多以薇、松、竹、菊、橘等象征贞节品德的植物为诗文内容以明志，画作亦然。南宋时期屡遭外族入侵，大半江山沦为异族统治，画家李唐以商周时代伯夷、叔齐"义不食周粟"，隐居首阳山"采薇、采蕨"的气节故事，作《采薇图》借古喻今，表达自己师法先贤的爱国情操。元代的宋朝遗民郑思肖寄情诗画，绘兰花均不画土，谓"土为番人夺去"，表达不忘"还我大宋旧疆土"的心志（图19）。松树代表志节，古时文人常刻意栽植松林或憩息松树下，听松风、吟松树，宋代马麟的《静听松风图》就画了一羽扇纶巾的文士坐在松树横卧的树干上，侧耳聆听松风，即为文人志节的表现。元代文人不满异族统治，加上元人的政治

图19 元代的宋朝遗民郑思肖绘兰花均不画土，表达不忘"还我大宋旧疆土"的心志。

歧视,多数读书人无法致仕,只有隐居山林吟诗作画明志,刘秉谦的《竹石图》及李衎的《双钩竹图》可为代表。

十、故事画

早期和植物相关的故事画,可追溯至南京西善桥墓室出土、属于南朝时期的《竹林七贤壁画》,画的是魏晋名士阮籍、山涛、嵇康、向秀、阮咸、王戎、刘伶七人在竹林下任情酣饮的场面。画中植物有银杏、柳、松、梧桐等,皆清晰可辨,只是造型朴拙。唐代李昭道的《明皇幸蜀图》,描述唐玄宗避安史之乱而入四川的历史故事,同时也是一幅山水画。由于画作年代已久,画中大部分植物的色泽失真,但所绘植物可辨识者有松树、开白花的木兰,其余则难以辨别种类。

第三节 不同时期的国画植物

一、唐、五代以前已经出现的国画植物

综观出土的石刻画像、汉唐宫殿墓室壁画、战国西汉帛画、寺观石窟壁画,以及现存唐、五代的卷轴画等,在唐、五代以前的绘画作品中,已能辨识的植物种类不下 30 种。例如北魏的石刻画像,已清晰刻画出木兰的植株和花;南朝时期的《竹林七贤和荣启期砖刻图》,则有银杏、杨、柳、槐、竹等植物。其中大部分为中国原产的植物,只有石榴和棉是外来种:石榴是西汉张骞所引入,唐诗中已大量出现,周昉的《簪花仕女图》其中有个仕女手中拿着的花即石榴花;棉花则出现于西魏时敦煌的《释迦多宝佛壁画》。

唐和五代以前已经出现在各种画作中的植物,可辨识的乔木类有松、杉、木兰、银杏、杨、柳、槐、枫等;灌木类有桑、桃、李、梅、杏、牡丹、棘(酸枣)、柘、竹、石榴、辛夷等;双子叶草本植物有荷和棉;单子叶草本植物有麦、芭蕉(唐代孙位《七贤图》)、芦苇、香蒲(五代赵干《江行初雪图》);低等植物有松萝、藻等。本时期的绘画由于年代久远,除少部分保存良好的大型画作可分辨出植物形态外,其余大多数画作不是损毁严重,就是形象简略到不易辨识。

其中可辨识的种类，都已在《先秦汉魏晋南北朝诗》和《全唐诗》中出现。

二、宋代主要的国画植物

南宋的作品《百花图》绘有 60 种花卉，除了出现在上述唐、五代之前的画作植物外，尚多了 40 余种宋代画家经常摹绘的植物。此时期的画作植物，以"四君子"之梅兰竹菊或"岁寒三友"之松竹梅为主。文人栽梅莳兰的风气自宋代开始，咏梅、兰的诗句此期大量出现，国画中的梅、兰也自此期大量增加。海棠以四川产者最为著名，自唐代或更早之前即为中国庭院重要的观赏花木，但唐诗中仅零星出现，至宋诗、宋词始大量涌现，宋代画作海棠中也逐渐普遍（如李安忠的《野卉秋鹑图》）。

本时期主要的国画植物，乔木类有海棠、苹果、槲树等；灌木类木本花卉有蜡梅、山茶、栀子、夜合花、丁香（如《夏卉骈芳园》、李嵩的《花篮图》）、碧桃、木芙蓉、桂花、茶、木槿、枇杷、林檎、橘橙、枸杞、石榴、箬竹、观音棕竹、南天竹；蔓状及藤本类植物有蔷薇、葡萄、南瓜、木香、牵牛花、血藤等；双子叶草本花卉有鸡冠花、雁来红、石竹、凤仙花、秋葵、马兰、菊、罂粟、蒲公英、双瓶梅、红蓼等；单子叶草本花卉有百合（山丹）、玉簪、竹叶草（鸭跖草科）、蝴蝶花、石蒜、兰花等，都经常在宋代画作中出现，如赵昌之的《竹虫图》。

三、元代主要的国画植物

元代文人画家常隐居山林，有机会接触到寺庙栽种的植物，此类植物除松、柏、竹类之外，有佛经所称的"桫椤树"或"娑婆树"，今名七叶树（图20），掌状复叶由 5~7 片小叶组成，极易从叶形分辨。罗汉松叶远较松树宽大，树形树姿类似松树，也在此期大量出现，如

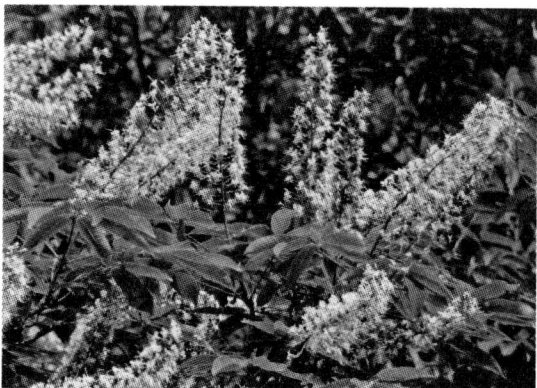

图20　元画才出现的佛经植物"桫椤树"或"娑婆树"，今名七叶树。

曹知白《疏林亭子图》和倪瓒《松林亭子图》均绘有七叶树和罗汉松。此外，棕榈类的棕榈，以及花木类的杜鹃、紫藤（如刘贯道《梦蝶图》），草本植物的车前（陈琳《溪凫图》）、蒲公英（王渊《竹雀图》）、卜卦用的蓍草、水生植物的荸荠均已出现在元画中。

元画常见而前期画作较少出现的植物，乔木类有罗汉松、七叶树、棕榈、桧木；灌木类有杜鹃；藤本类为紫藤；双子叶草本植物有车前草、蒲公英；单子叶草本植物有荸荠等。

四、明代主要的国画植物

明代的山水画、庭园景物画、山石画等，所绘的植物种类更多，植物形态也更清晰易辨。此时的植物画家更多，如陈粲《花卉图》、周之冕《百花图》等。吴门画派的创始人沈周，除了山水画，更精于花卉、果树画，专以植物写生画为主。此期主要的国画植物，乔木类植物有柏、合欢（陆广《五瑞图》）；果树有柿、荔枝、梨等；灌木花卉有紫薇、桂花、绣球、贴梗海棠（周之冕《杏花锦鸡图》）；藤本植物有凌霄花（王维烈《松鹤凌霄图》）、苦瓜等。其他入画的草本花卉、蔬菜，包括菜花、诸葛菜、芥菜（郭诩《杂画册》）、蜀葵、秋海棠、锦葵（杜堇《玩古图》）、鸢尾、玉竹等，也有水稻、高粱等作物。

五、清代主要的国画植物

清代诗文均有发展，文人画家认识及描述的植物种类较以前各时期均有激增。观赏植物方面，大量从外国引进的植物开始在画作中出现，如世界十大观赏树种之一的金松，原产日本，清代才引入中国，因此在迟至清代中叶以后的画作中才开始出现。万年青原产中国、日本，以前从未入画，但已出现在蒲华的《天竺水仙图》中。荷包牡丹原产日本、朝鲜半岛、俄罗斯，引入中国时间不可考，应该也是在清代之际，在郎世宁所画的花卉图中已见入画。虞美人（图21）原产欧洲，由于花色艳丽，世界各地均引进作为观赏植物，中国亦然；花和植株含多种生物碱，也当作药材栽培。明画未见虞美人，但出现在清代陈卓的《玉堂富贵图》及郎世宁的许多画作中。七姊妹是蔷薇的变种，明代以前的画作中从未见过，但在郎世宁的画作中

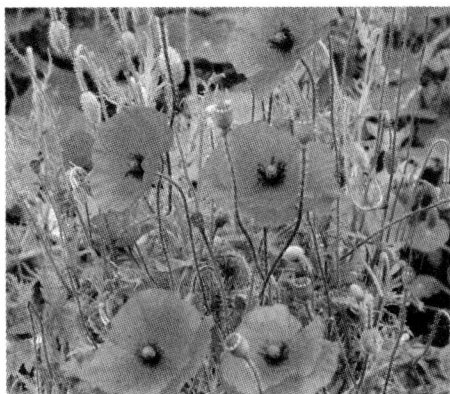

图 21　虞美人原产欧洲，清画中已开始出现。　图 22　小檗。

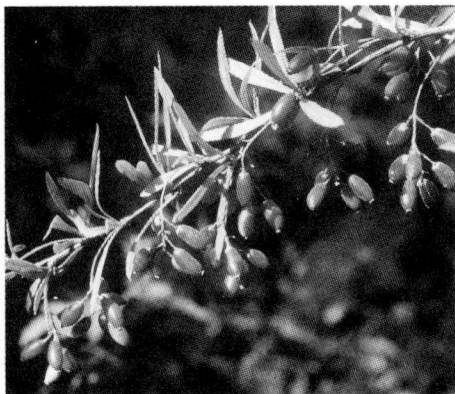

已出现七姊妹与黄刺玫（蘼）。另外，药用植物入画也是清代国画的重要特点，种类有厚朴、人参、地黄、沙参、苍术、桔梗（恽寿平的《锦石秋花图》、艾启蒙的《画风猩》）等。产自高海拔及高纬度的茶藨子及小檗（图22）亦仅出现在清画之中。

总结来说，出现在清代画作中且种类较特别的植物，乔木类有金松、沙柳、厚朴、樱桃等；灌木类有茶藨子、南天竹、朱蕉、小檗、佛手柑、棣棠等；藤本类植物有姊妹花、悬钩子、黄刺蘼、葫芦、北瓜等；蔬菜种类有葫芦、北瓜、茭白等；双子叶草本植物有荷包牡丹、沙参、藻、小荇菜、人参、地黄、蛇莓、报春花、虞美人、虎耳草、桔梗、苍术等；单子叶草本植物有芋、射干、茭白、稻、荻、万年青等。各类别植物的种类都比前期要丰富许多。

第四节　国画植物的辨识法

一、生育地类型

海拔高度会影响植物的生育，因此高山和低地所分布的植物种类不同。高海拔的植物大都是耐寒的针叶树，如冷杉、云杉、铁杉等，有时会有松树。阔叶乔木类大都不耐寒，能生长在高海拔地区的种类仅有桦木、杨树等少数树种；中海拔有杉木类、松类及槲栎类、枫香、银杏、槭类等；低海拔

图 23　箬竹是小型丛生竹。

图 24　元代刘贯道的《消夏图》，卧榻周遭有芭蕉、丛生竹的箬竹等植物。

有梧桐、楠木类、榆树、樟树等。历代画作中出现竹类的频率很高，但不同的海拔高度却适生不同的竹类。一般而言，中海拔或中纬度的竹类大都是散生竹，如毛竹（Phylostachys spp.），而低海拔则为丛生竹，如麻竹、刺竹、箬竹（图 23、图 24）等。国画的山水景物，特别是远景的山水画，能显示海拔高低差异的大型国画，可用此法进行初步的植物辨识。

地形也会影响植物分布。山脊植物多耐风、耐旱，生长的植物大都是体型小的种类，即使是树木也多形成灌木状。配合海拔高度，可进一步辨别出植物种类。谷地阳光不足，常适生耐阴、好湿性植物，例如山谷阴凉处或山洞边缘有湿气处，常在岩石山或岩石缝丛生书带蕨、铁线蕨等蕨类植物，明代画家陈裸的《深山群鹿图》，画中在瀑布处下垂的植物就是蕨类。

各地水域、潮湿地、干燥地等不同生育地，各有特定的植物生长。水域稍远离岸边处，多生长水生浮水植物，如荷、睡莲、荇菜、菱等；近景水域或水族馆式的画面，生长的应为沉水植物，有藻、眼子菜等。近岸的沼泽地则生长挺水植物，种类不外乎芦苇、香蒲、芫草，有时为荸荠、红蓼、慈姑等；水面近处的岸上多为柳树、木芙蓉等，有时配置秋天变色的乌桕、枫树等。至于干燥生育地，则常见到棘（酸枣）、枸杞，有时为白榆、杨树等。

野地或庭园的植物种类，往往不一样。庭园植物经常是栽培花木或果树，如梧桐、海棠、桃、李、梅、林檎（苹果）、梨等，有时还包括松树、棕榈等。远景野外植物常是作者的写意画，多数不能辨识种类，仅能由树形、冠形或叶的大小、质地及生育地类型，或作者想表达的情境去猜测。近景植物写实写意兼而有之，写实的植物种类可根据植物体型、冠形、干形、叶形辨识之。

江南或江北的植物种类也大不相同。根据植物天然的分布特性，以及作者作画的地点，有助于辨识画作中的植物种类。例如稻、芋、罗汉松、马兰、夜合花等产于江南；反之，适生寒冷环境的茶藨子、小檗、白草、白芷、报春花等则产于江北。

二、植物体型

国画中的乔木，叶为小型之针形、线形、鳞片状者，为松、杉、桧、柏等针叶树种；叶片中等大小以上的阔叶乔木，有杨树、枫树、柳树、梧桐、白榆、楠木类、七叶树、海棠等。国画中的灌木树冠多呈扇形或伞形，分枝多者，有桃、李、梅等花木；叶形大者大都是木芙蓉，枝条长刺者为棘或柘树；叶片羽状裂、花色艳丽者可能是牡丹。蔓状藤本植物不外乎玫瑰、蔷薇、木香、茉莉、枸杞；藤本植物大都是紫藤、金银花、凌霄花、牵牛花等。双子叶草本植物以花卉为多，如鸡冠花、雁来红、菊、凤仙花、蜀葵、锦葵等；单子叶草本植物，有蝴蝶花、鸢尾、兰花、香蒲、菖蒲、芦苇等。

三、树形、干形

具有特殊树冠形的植物，比较容易鉴识出种类。国画中常见的圆形树冠植物，如女贞；扇形树冠植物，如槭类、榆类、光腊树等；伞形树冠植物有马尾松、黑松等；圆锥形树冠植物，有杉类的杉木、水杉，松类的冷杉、云杉等；不规则树冠形植物，则多属不易辨识的阔叶树种。

大多数乔木的枝条上扬或平展，仅少数植物的枝条下延或下垂，此特征是辨识国画植物的重要线索。例如同是针叶树，松柏及多数松类的枝条多在树干两侧呈上扬生长，仅冷杉类、云杉类等植物枝条向下侧生长；此一特征从极远处即可识别。树木的干形有挺直、弯曲之分，梧桐、杨树及多数针叶树主干单一，干形直而挺立；而多数阔叶树及针叶树的马尾松、黑松等少数树种，主干多呈蜿蜒曲折状（图25）。

树皮光滑或粗糙、深浅裂纹、特殊花纹等特征，也是辨别树种的一种方法。有些树种如梧桐、杨树等，树皮表面平滑或纹理柔细；有些植物如马尾松，树皮呈龟壳状裂纹；樟树、鹅掌楸、银杏的干皮则是直纹深裂状。这些特征很容易从画作中观察到。

四、季节色彩

首先判别画作中呈现的季节时序，这可从植物春芽春花的色泽、夏叶的深浅绿色、秋季枝叶的颜色、冬季常绿及落叶性等植物特性着手；或从画中人物的衣着判断。接着，再进一步由不同季节植物的芽、叶色、花形、花色等特色辨识画中植物的种类。例如秋季叶片会变色的落叶乔木，叶呈金黄色者有银杏、梧桐、杨树、槲树等；叶呈红色者有枫、黄栌、乌桕、槭树等。

图25 宋代马麟的《静听松风图》，松树横卧的树干很容易辨识。

极少数植物的开花季节不在春夏两季，而在秋季或冬季开花，这种特征是识别植物种类最有效的方法。例如秋季开花植物只有木芙蓉、菊等，冬季开花植物只有山茶、梅、腊梅、水仙等。

五、叶形与叶着生性质

叶形指叶片大小、形状、全缘或缺刻等综合特征，例如梧桐叶多呈三至五裂（如清代焦秉贞《仕女图》），鹅掌楸叶则呈鹅掌状。夜合花叶大、椭圆形、全缘（如南宋《夜合花图》）；叶歪形且不规则缺刻的是秋海棠等。单叶植物种类较多，而羽状复叶、掌状复叶的植物较少。羽状复叶的国画植物不外乎合欢、槐树、食茱萸、南天竹、十大功劳等；掌状复叶仅七叶树等少数种类。

叶的互生、对生、轮生、丛生等性状，有时是鉴别外形类似的植物种类唯一方法。如槭树和枫香，两者形态相似、叶均呈掌状裂、秋叶同样都会变红，其中叶对生的是槭树（郎世宁《画白猿图》及王翚《秋林图》），而叶丛生或互生的则是枫香（南宋李迪《枫鹰雉鸡图》）。

六、花果

传世的国画大都是彩色画，画中植物的花色、花形、大小，配合季节、叶形、植物体型和其他上述的植物形态、生态特性，是用来鉴识国画植物种类最有效的方法。画中开白色小花的植物有李、梅、慈姑、水仙等，前二者是旱生的灌木，后二者为水生的小型草本植物；开中大型白花的植物有黄栀、玉簪等；开粉红色小花的植物如桃、海棠、紫薇等；开大型红色花的有木芙蓉、荷花；开砖红色花的植物有石榴、凌霄花、射干等；开紫红色花者有辛夷、紫藤、旋花；开鲜红色花者有山茶、石竹、贴梗海棠；开黄色花的有棣棠、连翘、腊梅；开蓝色花的植物有牵牛、沙参、桔梗、鸢尾等。其中蓝色花植物入画者种类极少，由花形、植物其他形态特征等，可轻易辨别植物种类。

果形、果色、大小是辅助鉴定植物种类的重要依据，例如结小型红果的植物有南天竹，成熟开裂显现白色果仁者是乌桕；至于中大型果的苹果、梨、杨梅、橘子、柿子、枇杷、葡萄等植物，则极易由植物形体大小及叶形辨识。

第五节　总论

国画的植物种类虽然历代有所不同，基本上都和文学作品《诗经》《楚辞》及历代诗词歌赋有关，每个朝代呈现的画作植物种类数也均比前代有所增加。历代也多有相同的植物种类，例如表现生态特性的植物，有松、杉、柳、芦苇、石菖蒲、荷花等。历代国画中的崇山峻岭，分布的植物不出松、杉两类，各代山水画均不乏画有松、杉。松的种类以分布最广的马尾松为主，也有分布在北方的油松。湖泊川流等湿地环境，陆地以柳树为主，岸、水之间的沼泽地则多芦苇、菖蒲，水面近景则以荷花为主。

国画用以表彰气节及寄寓心志的植物，主要以松、柏、竹、菊、棘等植物为多。松、柏岁寒不凋，喻寓君子在艰苦环境仍能屹立不摇；竹则"心虚有节"，象征正人君子的谦虚美德及清高的志节；菊通常在冷凉的秋季开花，比喻临难不变节、环境越艰困越显现君子高贵的节操。棘就是酸枣，木材粉红色，谓之"赤心"，比喻忠贞的心志。

《楚辞》所定义的香木、香草，有木兰、芍药、荷、菊等。香木、香草以喻君子，恶木、恶草则以讽小人，是历代文人师法《楚辞》寓意的表现，国画中亦有所发挥。木兰为落叶乔木，春初开白色花，全株植物均具香气，自然成为香木的代表植物，至今中国庭园亦多栽植之。国画的庭园植物或植物写生画，木兰是主要植物之一。芍药在《诗经》中即已提及，古时称为"将离"，男女情人离别时互赠芍药是自古就有的习俗，《楚辞》列为香草。菊、荷是常见的花卉，也是《楚辞》所称的香草，都是国画中经常出现的植物。

国画中常见的花卉及观赏树种，有梧桐、枫、梅、桃、牡丹、荷、芍药、菊、芭蕉、兰花等，属四季变化植物。梧桐因与祥瑞之鸟的凤凰有关，所谓"凤凰非梧桐不栖"，再加上具四季变化特色，即春叶、夏花、秋黄、冬落叶，受到文人墨客的喜爱，国画中亦常出现。古时庭院中均会栽植四季有色彩变化的植物，除上述梧桐外，桃、牡丹、芍药是春季开花的植物；荷则盛开于夏季；秋季有菊花、红枫；冬季则有落叶的梧桐、枫、梅、桃和开花的梅等。历代章回小说中的庭院植物也多有此类植物的描述，梧桐、枫、梅、桃、牡丹、芭蕉等植物都是中国庭园的主要植物和代表植物，国画中亦常出现。

第八章　古典文学中的植物名称

自《诗经》、汉诗汉赋以下，经唐、宋、元、明、清之诗词曲及其他文学作品，引用的植物名称常随着时间而改变。加上中国版图又大，黄河流域、长江流域各有不同方言区域，植物名称也随着地区不同而异。即便是同一时代、同一地区，也出现同一植物不同名称的现象。从历代别集的诗词作品中发现，同一作者在不同时期对同一种植物，也会使用不同的名称；相反的，有时同一名称却指不同种植物。植物名称的不统一、古今植物名称的差异，对于了解历代诗词文义及解说经义都会造成困难，而这种情形，自古有之。

第一节　一名多种的植物名称

古典诗词有时会为了简省字句，往往喜用单一字词的名词，其中也包括植物名称。经常出现在文学作品的单词植物名称很多，有时多种植物同时使用同一字词，混淆情况在所难免。一名多种的植物名称，举其常见者如下：

一、芙蓉

芙蓉原指荷花（图1），即所谓"出水芙蓉"；有时也指木芙蓉（图2）。荷花是水生草本植物，盛夏开花；木芙蓉是木本植物，属落叶性灌木，秋天开花。由诗词字句前后的内容用词，可推断所称"芙蓉"所指为何。凡诗词内容所言，属夏季景观或水生植物，则所言之"芙蓉"当为荷花。李商隐的《无题》"飒飒东风细雨来，芙蓉塘外有轻雷"和杜荀鹤的《春宫怨》"年年越溪女，相忆采芙蓉"，所指均为荷花。另外，荷花一般一节着生一

图1 荷花是盛夏开花的水生花卉。

图2 木芙蓉。

朵花，偶尔会出现同一节两朵花，古人视之为吉兆，称为"并蒂芙蓉"，如杜甫《进艇》诗句："俱飞蛱蝶元相逐，并蒂芙蓉本自双。"诗中所指即荷花。凡诗意可判断所描述为秋季景观、木本植物、生长在岸上，且和菊（黄花）或桂同时出现者，所言之"芙蓉"当为木芙蓉，如柳宗元的《巽公院五咏·芙蓉亭》："新亭俯朱槛，嘉木开芙蓉。"已言明此"芙蓉"为"嘉木"，指的是木芙蓉。而宋代刘兼的《宣赐锦袍设上赠诸郡客》："十月芙蓉花满枝，天庭驿骑赐寒衣。"农历十月是深秋，芙蓉花自然是指木芙蓉的花。

二、兰

"兰"是指有香味的植物，是中国文学作品中常出现的植物。但是在唐代以前绝大多数的兰，指的却不是后世所习见的兰花，而是作为香料使用的泽兰。泽兰为好湿性植物，常生长在水边沼泽地，故有"泽"之名，古代常摘取枝叶煮汤洗浴；有时也作为香草佩戴，专供配饰的泽兰称为佩兰。

诗词之中，有香草之意、跟沐浴有关的"兰"，前者如"芝兰""兰膏"，后者如"兰汤"。白居易的《和钱员外早冬玩禁中新菊》："赐酒色偏宜，握兰香不敌。"此"兰"为香料，所言为泽兰（图3）。

木兰是乔木类植物，材质优良，可供制舟、家具及其他木制品。相

图3 生长在沼泽湿地的泽兰。

113

图4 木兰是初春开白花的乔木花卉。

图5 幽兰及刻意栽培供观赏的"兰"，指的是兰花。

传鲁班刻木兰舟而闻名，诗文中所提到的"木兰"，均与"鲁班刻木兰舟"的传说有关；亦即"木兰"应为木高数丈、可以为舟的乔木，因《楚辞》引用为香木而著称。诗文中凡有兰舟、兰桨、兰桡或兰枻者，如唐代刘禹锡的《竹枝词》："日出三竿春雾消，江头蜀客驻兰桡。"所指为木兰（图4）。

兰花在唐代前被视为野草，宋以后才成为"莳花艺草"的对象而大量栽植。兰花常生长在深山静幽无人之处，因此称"幽兰"，仅花有香味。因此，宋代王禹偁的《寄金乡张赞善》"种竹野塘春笋脆，采兰幽涧露牙肥"诗句，所采的"兰"应是兰花（图5）。泽兰在潮湿地到处蔓生，极少进行人工栽植，开辟园圃刻意栽培者必是兰花，例如宋代黄庭坚的《次韵奉送公定》："养兰寻僧圃，爱竹到水湄。"

三、桂

"桂"在多数情形下，指的是桂花（图6）。桂花在秋季盛开，因此常有秋桂之描述。从吴刚伐桂的传说到"蟾宫折桂"之句，而用"折桂"代表金榜题名等，均为文学作品中常出现的词句，如杜甫的《遣兴》诗"兰摧白露下，桂折秋风前"等。张九龄的《感遇》："兰叶春葳蕤，桂华秋皎洁。"按诗中句意，强调的是秋天开皎洁如月的白花，所指的桂应为桂花。唐人杜荀鹤的《辞郑员外入关》："男儿三十尚蹉跎，未遂青云一桂科。"其中的桂和功名有关，也是桂花。

"桂"有时指的是肉桂（图7）。肉桂树皮含大量肉桂醛，自古即视为

图6 秋桂、折桂、桂魄等，所指都是桂花。

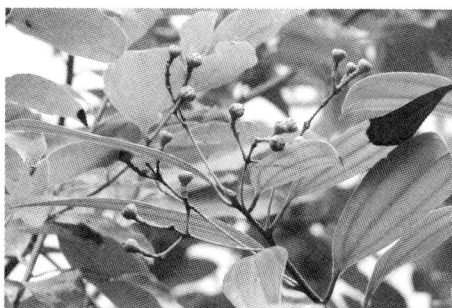

图7 药材、食品辛香料的"桂"，都是肉桂。

香料，为"燕食庶馐"的重要香料。桂片放入酒中，称之"桂酒"。肉桂也有医药用途，汉代成书的《神农本草经》早有载录。肉桂是食品中主要的辛香材料，经常和姜一起在文中出现，如宋代梅尧臣的《得王介甫常州书》："直须趁此筋力强，炊粳烹鲈加桂姜。"肉桂全株（含叶）均有香味，而桂花香气只在花，因此李商隐的《无题》："风波不信菱枝弱，月露谁教桂叶香。"所指是肉桂。

四、葵

以葵命名的植物，植物体各部分大都具有黏液，有冬葵、落葵、蜀葵、露葵（莼菜）等。古人以冬葵幼苗及嫩叶做菜，《尔雅翼》云："葵为百菜主，味尤甘滑。"葵即冬葵。诗词中作菜蔬、葵羹，与藜藿同时出现者，指的都是冬葵（图8），如苏东坡的《新酿桂酒》"烂煮葵羹斟桂醑，风流可惜在蛮村"诗句，葵羹是古代常见料理，用冬葵煮米掺和而成，是平民菜蔬。古人采食冬葵，多在太阳未出之前，趁嫩叶上沾有露珠时采集（一说待"露解"后采集），因此有时称冬葵为"露葵"。王维的《积雨辋川庄作》"山中习静观朝槿，松下清斋折露葵"及清代樊增祥的《李复堂草虫》"露葵黄煞

图8 冬葵是古代重要的野菜。

图9 落葵古称"藤菜",常出现在唐宋诗文中。

图10 蜀葵古名又称"戎葵",诗文多称"葵花",自古即为观赏名花。

四娘家,坐听虫声到月斜",诗句中的"露葵"都是冬葵。

古代视"葵"为忠诚的象征,如《淮南子·说林训》:"圣人之于道,犹葵之与日也。"葵叶随着太阳移动而倾移,用以比喻圣人对于正道的倾慕和坚持。后人以"葵藿倾太阳"比喻臣子的忠君之志,刘长卿的《游南园,偶见在阴墙下葵,因以成咏》:"此地常无日,青青独在阴。太阳偏不及,非是未倾心。"用以表达自己忠心却不被信任的无奈,此葵亦冬葵。

落葵(图9)古称藤菜,在中国栽培的历史相当悠久,两千多年前的《尔雅》已经有记载。植物嫩茎叶供为蔬菜,或汤或炒,极为滑润。唐宋以来,就经常出现在诗文之中,最著名的例子为苏东坡的《新年》:"丰湖有藤菜,似可敌莼羹。"丰湖位于现今广东省惠阳区,盛产藤菜(落葵),苏东坡认为其滋味可媲美苏州的名产莼菜。果实成熟时紫黑色,汁液紫红色,古代妇女取做口红,即"口红藤菜子,不用市胭脂"。

蜀葵(图10)有时称红葵、葵花,植株可高达二米。在四川发现最早,故名蜀葵,又名戎葵。本种花色艳丽,自古即为观赏名花,古籍所言的葵花大都指蜀葵。花的颜色不一,主色为紫红色,尚有粉红、白色、紫黑等色。除花色缤纷外,根据花形还可区分为三大类型:一为堆盘型,外部有一轮大花瓣，中间聚集许多小花；二为重瓣型，花瓣多枚，排列成多层；单瓣型，植株低矮。初夏开花，花繁叶茂，是所有的夏季花卉中最绚丽的一种，即所谓"五月繁草，莫过于此"。历代颂扬蜀葵的文章诗篇很多，如南北朝梁代王筠的《蜀葵花赋》、唐代岑参的《蜀葵花歌》、宋代司马光的《蜀葵》等，明代高磐的《葵花》："艳发朱光里，丛依绿荫边。夕同山薤落，午并海榴燃。"而宋代谢翱的《种葵葡萄下》"戎葵花种葡萄下，年年叶长见花谢"直指"葵"即戎葵，宋代苏舜钦的《暑景》"乳燕并头语，红葵相背开"则称红葵。

五、茱萸

　　称作"茱萸"的植物有三种：食茱萸、山茱萸、吴茱萸，大部分诗文所称的茱萸指的是食茱萸（图11）。从汉朝开始，农历九月九日重阳节会用绛囊盛茱萸系于臂上，登山饮菊花酒，以消除厄运、避开恶气。古人也相信"悬茱萸于屋，而鬼不入"。食茱萸常与辟邪、佩戴、泡茶等内容同时出现在诗文中，不难辨识，如唐代王维《九月九日忆山东兄弟》"遥知兄弟登高处，遍插茱萸少一人"，以及宋代范成大《入秭归界》"蚯蚓祟人能作瘴，茱萸随俗强煎茶"。

　　食茱萸和吴茱萸的果实未成熟时都是绿色，成熟后为细小的开裂干果。而山茱萸（图12）果实红熟在秋季，呈浆果状，诗文中结红色果实的"茱萸"，如唐代张籍《吴宫怨》"茱萸满宫红实垂，秋风袅袅生繁枝"，宋代李流谦《送孙远仲知录解官归洪雅》"细雨重阳好天气，红萸紫菊正思君"，明显都

图11　唐代诗文所言之茱萸，多指食茱萸，即重阳节用于辟邪的应节植物。

图12　山茱萸果实成熟时呈红色，诗文中以"红萸"称之。

图 13　吴茱萸供药用。

图 14　梧桐秋叶变黄，是古典诗文中最常提及的植物之一。

图 15　泡桐花呈紫红至紫蓝色，艳丽动人，诗中常以桐花或紫桐称之。

指山茱萸。诗文中以"红萸"称山茱萸，而以"紫萸"称食茱萸，如宋代胡寅的《重九简单令》诗句："买得紫萸虚市里，种成黄菊小池边。"

吴茱萸（图13）是古今重要的药用植物，古时栽植专供药用。诗文中提到医药相关字句的茱萸，应当是吴茱萸，如宋代朱松的《茱菊》："近墟买茱萸，枯颗出药囊。"

六、桐

桐是古典诗文最常提及的植物之一，大部分词句中所谓的梧、桐等，均指梧桐（图14）。栽种在井旁的梧桐，谓之"井梧"或"井桐"，如杜甫的《宿府》："清秋幕府井梧寒，独宿江城蜡炬残。"叶秋季变黄，"梧桐一落叶，天下尽知秋"，因此和秋季相关的桐，指梧桐无疑，如宋代张耒的《秋雨小酌赠贾七》："堂前菊花日以好，落砌槭槭梧桐残。"梧桐与秋菊一起出现。梧桐也与凤凰、琴、令仪、相思、秋月等有关，古代传说凤凰"非梧桐不栖，非楝子不食"，《诗经·大雅·卷阿》亦云："凤凰鸣矣，于彼高冈。梧桐生矣，于彼朝阳。"古人亦以梧桐木制作琴瑟及各种乐器，诗文所言与琴相关的桐木，都是梧桐。

梧桐花小，不具花瓣，只有黄绿

色的花萼，绝无引人之处。相反的，泡桐（图15）则于春季开花，花呈紫蓝至紫黄色，具有先花后叶的特性，花开时满树皆花，花色艳丽动人，诗词中常以"桐花"称之，有时则直称"紫桐"，如唐代元稹的《桐花》："胧月上山馆，紫桐垂好阴。"而李颀的《送陈章甫》："四月南风大麦黄，枣花未落桐叶长。"春季开的桐花，也是泡桐花。

七、薇

"薇"指紫薇或野豌豆。紫薇花色有多种，紫色花者称紫薇、红色花者称红薇、紫蓝色花者谓翠薇、白色花者称为白薇，都是花色漂亮的观赏花木（图16）。紫薇自古即是中国庭园的主要花卉，农历四月开始开花，花期可延续到九月，由于花期甚长而俗称"百日红"，但主要花期是夏季。除植物名称外，"紫薇"（亦作紫微）另有三种意义：一为星座名，在北斗之北，为天帝的住所；二为皇帝所在的都城；三为官名，紫微省即中书省，因唐代中书省多植紫薇。因此唐诗咏颂最多，如顾况《访邱员外丹》："试问先生住何处，云入山中采紫薇。"历代诗文中提到夏季开花的"薇"，指的多是紫薇。

野豌豆（图17）一名巢菜，古代也称为"薇"。《诗经·小雅·采薇》篇"采薇采薇，薇亦作止"，《史记·伯夷传》所言：伯夷"隐于首阳山，采薇而食"，所指均为野豌豆，包含原产黄河流域、长江流域的许多种类。这些植物的

图16 紫薇花色艳丽，自古即是庭园主要的木本观赏花卉。

图17 野豌豆古名"薇"，是古代著名的野菜。

119

茎叶气味均类似时下名菜"豌豆苗",亦可生食,是古代著名的野菜;嫩叶亦可做羹,即苏东坡所谓的"元修菜"。后世用伯夷、叔齐的典故,以"采薇"作避世隐居之意,因此凡诗文中有隐居意涵的"薇",都指野豌豆。如唐代诗人薛稷在《秋日还京陕西十日作》所言:"操竹无昔老,采薇有遗歌。"严维的《留别邹绍刘长卿》诗:"待见干戈毕,何妨更采薇。"

八、藜

历代诗词所言之"藜"包括藜和杖藜。藜(图18)是世界广泛分布型植物,欧亚大陆普遍可见。由于不择土宜,热带、亚热带及温带地区均可

图18 世界各地广泛分布的藜,嫩苗可供为菜蔬。

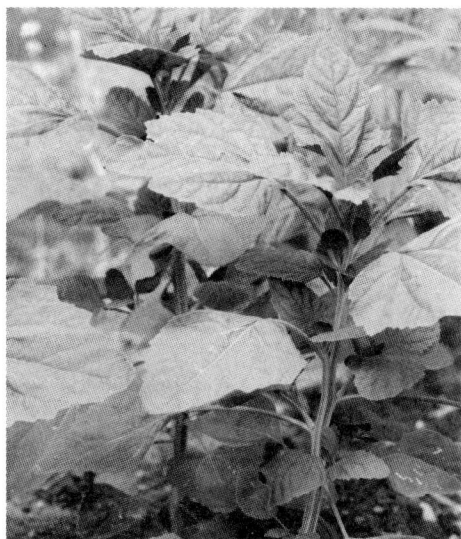

图19 杖藜是一年生高大草本植物,木质化的老茎有多种用途。

生长,常见于耕地周围,入侵田圃与作物竞争,被视为田中杂草,废耕地常成片生长。古时各地居民粮荒时或贫穷人家,常采集嫩苗供为菜蔬,和薇(野豌豆)、荠、蒿等同为古人经常食用的野菜,也是极普遍的野菜,常和米汤煮成藜羹进食,即杜甫《太子张舍人遗织成褥段》诗所言:"振我粗席尘,愧客茹藜羹。"王维诗句"蒸藜炊黍饷东菑",意为农家煮好藜菜及黍饭送到田间,可见藜在唐代被当作家常菜。由于藜随处可见,杜甫的《无家别》说道:"寂寞天宝后,园庐但蒿藜。"用到处长满蒿、藜来形容战后田园的荒废情况,也说明这两种植物分布的普遍。

杖藜(图19)是一年生的高大草本植物,高度有时可达五米,古人采集其木质化的老茎作为手

杖，称之为"藜杖"；干枯的茎枝是容易燃烧的燃材，即汉代《燃藜图》所燃之藜。贫穷的人取杖藜茎编制卧床，因此"藜床"也用来形容家境困厄。诗文中，所有合乎上述特性的"藜"均指杖藜，如杜甫《昔游》："扶藜望清秋，有兴入庐霍。"

红藜（图20）耐旱、耐冷，是古代边疆民族的粮食作物之一，果穗呈深红色。宋代王禹偁《月波楼咏怀》："白乱芦花散，红殷藜穗稠。"所指的藜就是红藜。

图 20　红藜。

九、葑

古时"葑"指两种植物：一为水生植物茭（图21），古名又称菰、蒋，其异常分裂的嫩茎即我们经常食用的茭白笋；另外一种为旱生菜蔬芜菁。由诗文句意的生长环境，可以推断所言之植物为何。宋代梅尧臣《任适尉乌程》："葑上春田辟，芦中走吏参。"田指出其水生的生育地，芦是伴生的芦苇，因此诗句中的葑所指为茭。所结的果实称为菰米或雕胡，即杜甫诗

图 21　茭白植株，古名菰、蒋。

"波漂菰米沉云黑"和"滑忆雕胡饭，香闻锦带羹"句，菰米饭香脆可口，加上产量不多，是当时王公贵族食用的珍品。

芜菁是古代重要的菜蔬，常和菲（萝卜）一起出现，如《诗经·邶风·谷风》篇"采葑采菲，无以下体"句。唐代之后亦常有诗人称"葑"为芜菁，如唐代郑辕华《赋得生刍一束》："葑菲如堪采，山苗自可逾。"

121

十、薝卜

"薝卜"随着佛教典籍引入中国，指木本香花植物，原指的应是开黄花的黄玉兰（Michelia chempaca，图22），种名chempaca是梵文名称，接近中文"薝卜"译音。不过，中国文人往往以原产中国的栀子花为薝卜。栀子花虽然是香花，但开的是白花。诗文中凡白色花的薝卜指的都是栀子花，如宋代苏东坡的诗句"遥知清虚堂里雪，正似薝卜林中花"未显示花色或表明黄色花的薝卜，所言即黄玉兰。

图22　黄玉兰花有浓烈香气。

第二节　同类群的植物

一、竹

竹类利用的时代很早，殷周时代的先民用竹竿制箭、编制竹器，汉代用竹造书简等，距今已有数千年的利用历史。竹"虚心有节"，文人喜以竹比喻虚心自持、刚直不阿的美德，并用以自况，诗文画作中常有竹的描述。但中国所产的竹类超过150种，分布长江流域、华南、西南各地，要正确辨识种类非植物分类专家不能胜任，因此古人所言所绘的竹类，除苦竹、斑竹、紫竹等形态特殊的竹种以外，大都未言明是何种类。一般能从诗文作者或画家描述的内容所在地区，推测所指的竹种类大概为：其一，分布长江流域及以北，或海拔较高的地区，多为散生竹类，有孟宗竹（毛竹）、刚竹（图23）等；其二，分布华南地区之

图23　竹虚心有节，文人喜以竹自况，象征虚心自持、刚直不阿的美德。图为刚竹。

低海拔竹类多为丛生竹，常见的有慈竹、麻竹等。

二、松

全世界松类有80多种，中国有22种及10个变种，形态大都相近，不易鉴别，即使是专业的植物分类学者也难轻易区分。松类大都生长在坡度较大、土壤排水良好的干燥地，许多种类能生长在悬崖峭壁上。松树经冬不凋、四季常绿，象征威武不屈的气节，文人墨客常用以自况，自是多数诗人咏颂的植物。

松树是松类植物的通称，中国分布最广的松树林为马尾松（图24），是生长地区超过半壁江山的松类，范围北达秦岭，南至广东雷州半岛，西抵四川盆地西缘，东至浙江的舟山群岛，是文人墨客笔下最可能的松树种类。此外，华山松（图25）分布范围亦广，华中、华南、华北、西南各地1000~2000米的山区均可见到，也可能是诗文所指的松树。至于如果描述的是中国北方的松树，分布较广、数量最大的油松和白皮松，都可能是诗词中描述的种类。

有些诗文描述的松类性质特殊，属于特定的松树种类，如韦应物的《秋夜寄邱二十二员外》诗："空山松子落，幽人应未眠。"描述在静谧的山林中，松子掉落地面或其他硬物上发出的声响，那么此松必然是种子无翅的种类，

图24　马尾松具毬果的枝叶。

图25　"空山松子落，幽人应未眠"提到的松是华山松。

123

如华山松。多数的松树种类种子一端生有长翅以利散播，增加族群的扩张性；但少数松树树种的种子无翅，但种仁较大，可提供给动物充分的食物，其种子不靠风力而靠动物来传播，会掉落地面，如华山松种子就靠松鸦（一种鸟类）传布。

三、棘

棘原指酸枣，茎枝上长有很多长刺和短刺，分布在华北、华中、蒙古等地的向阳及干燥山坡，荒地尤多，是大陆西北、华北地区相当普遍的灌木。棘常和荆（黄荆）一起生长在荒废之地，因此有荆天棘地、披荆斩棘等成语。"棘心赤，其刺外向"，古时常用以象征臣子对君主的赤诚，故诗文中常有"棘"字出现。周代外朝左右都要种九棘（九棵酸枣），提醒群臣时刻要以棘的象征意义去规范思想行为。同样的，强调立场公正无私的法官也要像棘的赤心一样，怀着赤诚之心审理官司，即"树棘槐，听讼于其下"。另外，称人子思亲之心为"棘心"，如《诗经·邶风·凯风》所言："凯风自南，吹彼棘心。棘心夭夭，母氏劬劳！"唐宋以来，诗人有时也将枳壳等其他具棘刺的灌木称为棘，这一类有刺的低矮灌木在形态及生态上都接近酸枣。

四、蒿

蒿类植物体含有挥发性精油，具特殊香气，中国产的蒿属植物（Artemisia spp.）有80多种，大部分种类生长在阳光充足的荒废地，属于生态上的先驱植物，亦即蒿类植物通常是空地上首先出现的植物。诗文中

图26 青蒿是常用的中药材，全株具强烈香气。

图27 萎蒿是古代重要的野菜。

多以"蒿"形容荒凉环境，或比喻卑贱的植物，如王昌龄的《塞下曲》："黄尘足今古，白骨乱蓬蒿。"还有另一类植物蓬（飞蓬）也是描写地境荒凉的植物。分布广，各地常见的蒿类植物有5种，包括青蒿（图26）、白蒿、蒌蒿（图27）、茵陈蒿（图28）、牡蒿。诗词中的蒿类泛指这类植物，也可能指其他同属植物。

图28 茵陈蒿分布大江南北，向阳处均可见。

五、芝

汉代以后，灵芝（图29）被视为祥瑞之物，每有灵芝出现，官府必设宴庆贺，或上表皇帝歌功颂德，并鼓励百姓献芝，可见灵芝受古人重视的程度。另外，古人还深信灵芝具有神奇的疗效，方士引荐给汉武帝的长生不老之药中就包括灵芝。诗文中常以"芝兰玉树"比喻教养良好的子弟，用"芝兰之室"表示品德高尚者所居之处，其中的

图29 灵芝类生长在朽木枝干上，本图为紫芝。

"芝"即灵芝，"兰"则为泽兰或兰花。

所谓的"灵芝"，有丹芝、玄芝、青芝、黄芝、白芝及紫芝等多种多孔菌科植物，都生长在朽木枝干上，也都是古人所言的仙草或瑞草。古人笔下诗文中的"灵芝"大都指丹芝或紫芝而言，有时也泛指黑色的玄芝、金黄色的黄芝、青蓝色的青芝，以及全部子实体菌伞皮壳都呈白色的白芝。

六、柏

柏木类木材均致密芳香，为良好的建筑及雕刻用材，《诗经·邶风·柏

图 30　成都"武侯祠"，祠内柏木森森，有诸葛亮手植柏树。

舟》提到"汎彼柏舟，亦汎其流"，是描写春秋时代伐柏木制舟的实录，而
历代诗词也不乏"柏木"词句。柏自古即被视为忠贞的象征，忠臣墓前都
会栽植柏树，如杭州岳飞墓的忠贞柏，以及杜甫《古柏行》和《蜀相》两
首诗中诸葛亮墓前的柏树，都是著名的忠贞象征（图 30）。后世也有在父
母坟前栽植柏树的习惯，表现出子女缅怀先人的孝心。柏木类也是著名的
庭园景观树种，宫殿、庙宇及各地名胜皆栽有柏木，所谓"荒凉古庙唯松柏"
即其写照，如陕西黄帝陵前传说是黄帝手植的千年古树就是柏木。

柏木类一般生长在寒冷的北地或高山，跟松树一样都是"不凋于岁寒"
的耐寒植物。中国文学作品中的"柏木"有两种：一为侧柏，一为柏木，
都是黄河流域及长江流域常见的树种。

七、豆

菽、豆原来是大豆的专称。大豆原产东北，栽培历史悠久，栽培地区广大，
全中国各地均有栽植纪录。由于中国古代肉用牲畜不多，除祭祀、宴客、
年节以外极少吃肉，人体所需要的蛋白质主要来自豆类，而大豆为其大宗。
国人嗜食的豆浆、豆腐、豆干、豆皮、酱油等，无一不是取自大豆。豆类
在古代被视为谷，是主食之一，如《诗经·豳风·七月》的"七月亨葵及菽"

和"黍稷重穋，禾麻菽麦"，历代诗文也常提及。

除大豆外，诗文中所言的"豆"或"菽"，还包括许多在各地栽培的豆类，其中有刀豆、扁豆、绿豆、红豆等在中国栽植历史悠久的豆类。

八、杨

杨树是温带树种，在中国约有60种，分布在北部地方，主要是黄河流域以北。性耐寒不耐阴，可生长在较干旱的地区。北方的建筑及其他用材所用的树种不多，几乎全用杨、槐、榆、柳这4种树种，因此人工造林也多以这4种为主。杨木"性甚劲直"，即树干通直，且树姿俊美，特别适合房屋建材，北方建造房屋多以杨木为主。自《楚辞》以来，各代诗词均有引述杨树篇章，但除指名白杨者外，其余大都是通称的杨树。中国常见的原产杨树类，包括青杨（图31）、白杨、小叶杨（图32）、山杨等。

图31　中国常见的青杨。

图32　中国北方的常见景象：成片生长的小叶杨。

第三节　一物多名的植物

一、柳

古典文学作品中，出现次数最多的植物就是柳树。柳树类（Salix spp.）植物有许多种，分布较为普遍的种类有旱柳、沙柳等，但诗词歌赋中所引述的柳树，多数为今名"垂柳"的柳树。垂柳枝条常下垂，向为文人墨客所爱，多见于具有雅趣意境的诗画之中。

"垂柳"因枝条细长下垂而得名，也是现代植物学中正式的中文名称。

自《诗经》以来，历经汉、唐、宋、元、明、清各代，文人引柳伤情的诗词篇章不胜其数，使用的名称也多有差异。根据统计，中国文学作品中所用的柳树有以下名称：

· 柳：出现次数最多的名称，如唐代钱起《赠阙下裴舍人》："长乐钟声花外尽，龙池柳色雨中深。"韩翃《送客之江宁》："春流送客不应赊，南入徐州见柳花。"高大的柳树称高柳、古柳或老柳；春季发新芽的柳树名春柳、清柳或绿柳；而秋冬时树叶落黄的柳树，有秋柳、衰柳、残柳、败柳、弱柳、寒柳之称。细雨氤氲下的柳树称为烟柳，风中摇曳的柳树则谓之风柳。

· 垂柳：垂柳虽被采用为现代正式名称，但并非现今才有，如清代厉鹗《晚春闲居》："青梅间青杏，垂柳复垂杨。"

· 杨柳：据说隋炀帝游扬州汴、渠两堤时，御笔现赐堤岸上的垂柳姓杨，才有"杨柳"之称，当然此说大有商榷余地。春秋时代的《诗经·小雅·采薇》篇已有"昔我往矣，杨柳依依"句，可见"杨柳"成为柳树的正式名称应与隋炀帝无关。其他称"杨柳"的著名诗句，尚有唐代韦应物的《赠别河南李功曹》："今朝章台别，杨柳亦依依。"王之涣的《凉州词》："羌笛何须怨杨柳？春风不度玉门关。"等等。

· 杨：杨（Populus spp.）和柳虽属同科植物，但形态特征有差异：柳叶狭长柄短，而杨树叶阔柄长，极易从外观辨别。杨树多分布在北方，有些文人杨、柳不分，称柳为杨，如王维的《早春行》："谁家折杨女，弄春如不及。"李白的《送别》："梨花千树雪，杨叶万条烟。"两首诗的离情叙述与"万条烟"的植物性状，所指均是柳树。

· 绿杨：历代文人也常以绿杨称垂柳，如厉鹗的《任丘道中寄汪楙江》："绿杨风起狐狸淀，细草烟荒扁鹊祠。"

· 垂杨：枝条下垂的杨树，指的当然是垂柳，例子也很多，如李商隐《无题》："斑骓只系垂杨岸，何处西南任好风？"厉鹗的《梅雨经旬得遣怀绝句》："旧种垂杨绿堵矶，北风将与上渔扉。"

· 杨花：杨花之"杨"其实是柳树，所以杨花也不是真正的花。垂柳雌雄异株，开柔黄花序的风媒花，雄花黄绿色、雌花绿色，均为色泽不明显的小花，形态绝不醒目。清明节前后果实成熟开裂，释放出具白色长毛的种子，随风飘散，谓之柳絮。古人不察，以为是花或花瓣，沿袭称之为"杨花"。下列著名诗人的诗句所说的"杨花"均指柳树的种子，即柳絮：王维的《送丘为往唐州》："槐色阴清昼，杨花惹暮春。"杜甫的《丽人行》："杨花雪落覆白蘋，青鸟飞去衔红巾。"

·柔条：垂柳具有细长下垂的枝条，随风摇曳，称之为柔条颇为贴切。如唐代韦应物的《春中忆元二》："雨歇万井春，柔条已含绿。"称柳树为"柔条"。而清代查慎行的《杨花同恒斋赋》："微雨乍粘还有态，柔条欲恋已无端。"称杨花为"柔条"，也可反证杨花即垂柳。

·烟条：生长在溪畔池边的柳树林，林冠上覆着水汽，因此垂柳有时也称为"烟柳"或"烟树"。结合烟树及柔条，遂有烟条之称，如唐代张旭《柳》："濯濯烟条拂地垂，城边楼畔结春思。"即为一例。

·长条：理由同上，如李白的《金陵白下亭留别》："吴烟暝长条，汉水啮古根。"垂柳象征离别，李白这首留别诗，以长条称之。

·灞陵树：柳与留同音，古人送别时常折柳相赠，以示心中留恋难舍之情。从汉代起，就喜在长安城郊的灞桥设宴折柳送别，称为"灞桥之柳"，象征别情，后世沿袭之，并以"灞陵树"称垂柳，如元稹的《西还》："悠悠洛阳梦，郁郁灞陵树。"

二、荷

荷花原产中国，《诗经》早已载录之，如《陈风·泽陂》之"彼泽之陂，有蒲与荷"，以及《郑风·山有扶苏》之"山有扶苏，隰有荷华"句，说明荷在中国栽培历史悠久。荷的珍贵之处在于"出淤泥而不染"，象征君子的品德及节操，受到历代诗人文士的赞颂，名诗例句很多，也是中国文学作品中出现次数最多的植物之一。荷各部分器官都有特定名称：叶柄称"茄"、叶为"蕸"、花为"菡萏"、膨大的地下茎称"藕"、不膨大而细长的地下茎称"蔤"、果实称"莲"，种子称"的"、种子内部的胚及胚根称"薏"、果托称"蓬"。除植物体各部位的特殊名称外，出现在诗词中的荷花名称也有以下多种。

·荷：荷是本名，但只有叶及花能冠以"荷"字，即荷叶、荷花，其他各部分器官，如藕、子（果实）等通常不冠以荷字。根据统计，唐代以前的文献多以荷为名，如孟浩然的《夏日南亭怀辛大》："荷风送香气，竹露滴清响。"佛教传入中国之后，莲的使用才盛行起来。

·莲：唐宋以后的诗词，莲、荷出现的次数已几乎相等，如白居易《龙昌寺荷池》："冷碧新秋水，残红半破莲。"荷的各部分器官均能冠以莲字，如莲叶、莲花、莲蓬、莲藕等。就如上文所说，莲一名的盛行可能与佛教传入中国有关。

·芙蓉：芙蓉也是荷的古称，《全唐诗》出现"芙蓉"的诗句篇章亦多，白居易的《感白莲花》："白白芙蓉花，本生吴江渍。"即为一例。

·芙蕖：根据荷开花与否，也有不同名称：已开花者称"芙蕖"，未开者谓"菡萏"，如厉鹗的《白莲黄》："萧条白芙蕖，池荒香不发。"然而，后世并未严格区分两者，而且有时还要按诗词格律平仄及音韵需要来使用。开红花的荷，有时也称红蕖，如杜甫的《狂夫》："风含翠篠娟娟静，雨裛红蕖冉冉香。"

·菡萏：历代以菡萏称荷花的诗篇均较前四者少，但也不乏名句，如白居易的《题故曹王宅》："池荒红菡萏，砌老绿莓苔。"

·藕花：荷的地下茎称莲藕，自古即为重要菜蔬，是中国食品料理的主要材料。因此诗词中偶有以"藕花"称荷的诗句，如唐代施肩吾的《赠女道士郑玉华》："玄发新簪碧藕花，欲添肌雪饵红砂。"

此外，由于荷花"出淤泥而不染"的特性，自周敦颐的《爱莲说》之后，也有诗人以"君子花"称之。

三、食茱萸

食茱萸全株具香味，特别是枝叶部位更是香味浓郁，古人常取用为辟邪之物。每年九九重阳节登高日会佩戴食茱萸枝叶香囊禳灾，平时也将之悬挂于房门，使鬼魅畏忌不敢入。食茱萸出现在诗词篇章的频度也很高，大都与秋季登高节日有关。其中最知名的诗句，就是王维的《九月九日忆山东兄弟》："遥知兄弟登高处，遍插茱萸少一人。"指的就是食茱萸。

·茱萸：这是大部分文学作品使用的名称。除上述的王维名句外，杜牧的《吴宫词》:"茱萸垂晓露,菡萏落秋波。"也是一例,说的还是登高日秋季时节的食茱萸。

·榝:榝又称艾子、榝子或辣子,指的是食茱萸的果实,辛辣如花椒,可做食品辛香料及入药。《楚辞·离骚》有"椒专佞以慢慆兮,榝又欲充夫佩帏"句,大概是现存文学作品中最早以"榝"称食茱萸者。其他如唐代薛逢《九日雨中言怀》:"单床冷席他乡梦,紫榝黄花故国秋。"诗句中的"榝",也同样指食茱萸。

四、芎䓖

芎䓖(图33)植物体含芳香的挥发油及多种酚类,是古今相当重要的香料植物。古人在农历四月、五月发苗时,采嫩叶煮成羹或饮品。芎䓖也是重要的根部药材,专治头脑诸疾;根研磨成粉末,可"煎汤沐浴"。除上述用途外,古人也常随身佩戴,以消除体臭。《楚辞》

图33 芎䓖古名不一,《楚辞》不同篇章就有蘪芜、靡芜、芎、江离等名称。

列为香草,用以比喻君子。芎䓖以产四川者最为著名且药效最好,故药材多称"川芎",如宋代宋祈的《川芎赞》。芎䓖的古名称法有多种,《楚辞》不同篇章就有蘪芜、靡芜、芎、江离等名称。

·芎䓖、川芎、芎、山芎:芎䓖、川芎、芎、山芎大都用在药名,即使是古典诗词其意亦同,如宋欧阳修的《乞药有感呈梅圣俞诗》"君晚得奇药,灵根斸离宫。其状若狗蹄,其香比芎䓖",以及苏东坡"山芎麦曲都不用,泥行露宿终无疾"等句。

·蘪芜、靡芜、蘪:芎䓖的枝叶称"蘪芜",可知诗词中的蘪芜、靡芜、蘪等指的都是佩戴或食用用途的芎䓖,是很古老的名称。《楚辞·九歌·少司命》句"秋兰兮蘼芜,罗生兮堂下",以及《九叹·怨思》之"菀蘼芜与菌若兮,渐槁本于洿渎"句都是。著名古诗句"上山采蘼芜,下山逢故夫",用的也是"蘼芜",可见指的都是嫩茎叶。历代诗词亦不乏蘼芜字句,如唐代许浑的《寓怀》:"春华坐销落,未忍泣蘼芜。"

· 江离、江蓠、江篱:按古代通典《博雅》的说法:"苗曰江离,根曰芎䓖。"江离指的是芎䓖地上部的幼苗,也是古老的名称。《楚辞》一共有9篇出现芎䓖植物,其中有6篇用的是"江离"。唐诗、宋诗及后世诗词也喜用,如李商隐的《九日》:"不学汉臣栽苜蓿,空教楚客咏江蓠。"王禹偁的《幕次闲吟》:"江蓠吟尽鬓成霜,谪宦归来梦一场。"

五、茭白

秦汉以前,"茭"是谷类作物,南北朝以后才食用"茭白笋"。茭白笋是茭的嫩茎受到菰黑粉菌刺激而形成的肥大部分,当成菜蔬食用。但诗词中使用"茭"的篇章反而少,多数诗句反而以"蒋""菰""葑""雕胡"等名称出现。

· 茭:诗词中提到茭,大致是指"茭"这种植物,未言及其作为菜蔬或谷类等用途,如唐代陈标的《江南行》:"晓惊白鹭联翩雪,浪蹙青茭溆溅烟。"

· 蒋:常与"菰"同时出现,如白居易诗:"野风吹蟋蟀,湖水浸菰蒋。"宋代程俱的《空相僧舍书事》:"徐观乃跛鳖,圉圉循菰蒋。"

· 菰:古典文献中,菰出现次数最多,但有时指菰菌类,有时指"茭"。根据诗词文意,即可确知作者所言所指为何,如白居易的《湖上闲望》:"藤花浪拂紫茸条,菰叶风翻绿剪刀。"水塘中的菰叶,因此指的是茭。宋代梅尧臣的《离芜湖至观头桥》:"江口泊来久,菰蒲长旧苗。"菰、蒲常一起出现,两者均是水塘常见的植物,因此本句的菰指的还是茭。

· 葑:葑有时指"芜菁",有时指"茭",亦可视诗句前后文意决定,如唐代李郢《阳羡春歌》:"葑草青青促归去,短箫横笛说明年。"宋代谢翱的《送人归乌伤》:"湖中葑田产菰米,菖蒲花开照湖水。"说的都是茭。

· 雕胡:未受黑粉菌感染的茭能开花结实,"其实如米,谓之雕胡",

所以雕胡即菰米。《周礼》将菰米和稻、黍、稷、粱（小米）、麦并列，列为先秦时代的六谷之一。菰米"色白而滑腻"，是古代最可口的谷类之一，但产量不高，逐渐为其他谷类所取代。唐代皮日休《鲁望以躬掇野蔬兼示雅什用以酬谢》："雕胡饭熟饥糊软，不是高人不合尝。"所说的"雕胡饭"就是菰米煮成的。

六、大豆

大豆原称"菽"，《诗经》所言之"菽"，皆指大豆，如《小雅·小宛》："中原有菽，庶民采之。"至于"豆"原指祭祀用的盛器，汉代以后才成为植物名称。因此先秦时代的文献，"豆"均非大豆或其他豆类。

·菽：先秦时代大豆的专用名词，汉唐后始由"豆"取而代之。但是在历代文学作品中，仍旧菽、豆并用，如杜甫的《暮秋枉裴道州手札率尔遣兴寄递近呈苏涣侍御》："鸟雀苦肥秋粟菽，蛟龙欲蛰寒沙水。"

·豆：有时专指大豆，有时是豆类植物的总称（图34），如杜甫的《投简成、华两县诸子》："南山豆苗早荒秽，青门瓜地新冻裂。"

图34 豆有时指豆类植物的总称，图为豆类之一的刀豆。

·藿：原是一般豆类的叶子，有时也用以称大豆，如唐代严维《酬诸公宿镜水宅》："幸免低头向府中，贵将藜藿与君同。""藿"是指豇豆等具柔软叶片豆类的叶子。唐代王绩的《秋夜喜遇王处士》"北场芸藿罢，东皋刈黍归"，以及宋代晁补之的《原上》"久旱无场藿，重阳有野花"，诗句中的"藿"则解为大豆。

七、芦苇

北半球所有陆域，包括欧洲、亚洲、非洲，几乎都有芦苇分布。芦苇具粗壮的根状茎，生长在河岸、湖边、池塘及河流出海口，是耐热、耐寒、耐盐的湿生植物。中国西北荒漠地区只要有伏流或地下水，就会有芦苇成群生长。敦煌月牙泉目前最具优势的植物，以及楼兰故地之盐泽最后留存的植物，都是以芦苇为主的沼泽植物。古人利用芦苇秆盖屋、织席、制窗帘、编篓；西北边区河岸以芦苇筑墙及堤岸，采芦苇嫩笋食用。芦苇是古代用途极广的植物，成为古典诗词篇章及章回小说中最常出现的植物之一，有多种名称。

·蒹葭："蒹葭苍苍，白霞为霜"，中国最古老的诗歌集《诗经》就已载有"蒹葭"一词。唐宋以降，诗人偶尔也会使用该词，如张咏的《访人不遇》："雁响蒹葭浦，风惊橘柚村。"

·葭：同为《诗经》所用的芦苇名称，如《召南·驺虞》："彼卓者葭，壹发五豝。"常与荻（荻）一同出现，如宋代孔武仲的《泊赵屯》："斜阳依依照草木，夹岸葭荻铺书碹。"

·苇：芦苇的简称，如宋代王禹偁的《泛吴松江》："苇蓬疏薄漏斜阳，半日孤吟未过江。"

·芦：亦为芦苇简称，如宋代王禹偁的《月波楼咏怀》："白乱芦花散，红殷蓼穗稠。"即为一例。

·芦苇：直接使用芦苇名称的诗词也不少，如宋代张咏的《阙下寄傅逸人》："疏疏芦苇映门墙，更有新秋脍味长。"

八、芒草

芒草开花时花序繁盛，秋冬之际果实成熟，种子数量庞大，种子附生的长毛可携带种子四处飘散，因此芒草繁殖力强，适应力大，到处可见。茎秆在古代用于制作卧席，称菅席；制作草鞋，谓之芒鞋，均代表穷苦人家的用品。文学作品常用以比喻经济拮据或家境穷苦的人物及其生活。芒草也常出现在文学作品中，使用以下名称：

·芒：芒草茎丛生，深秋开花，花初开时粉红色，果实成熟时转为黄白色，《诗经》称之为"白华"，即《小雅·白华》"白苇菅兮，白茅束兮"句。唐代诗人许浑的《金陵阻风登延祚阁》："葛蔓交残垒，芒花没后宫。"用处处丛生的开花芒草来形容废弃宫殿阁楼的荒凉情景。宋代秦观的《田居》："宿潦濯芒屦，野芳簪髻根。"芒屦即芒秆制成的鞋。

・菅：各代诗词中，以"菅"称芒草的诗篇最多，如唐代诗人李峤的《露》："菅茅丰草皆沾润，不道良田有旱苗。"

・蓁：榛是荒地常见灌木，古人称同在荒地到处蔓生的草为"蓁"。后代以"蓁"称芒草，如南宋陆游诗句："清沟东畔翦蓁菅，虽设柴门尽日关。"

第四节　特定植物的代称

一、武陵花：桃花

陶渊明的《桃花源记》创造出的避世仙境，写的是"武陵人"误入桃花源，因此所见之桃花称为"武陵花"。后世诗文多有以"武陵花"称桃花者，如唐代储光羲的《玉真公主山居》"不言沁园好，独隐武陵花"句。

二、檀栾

檀栾原是形容竹子美好的样子，后来多用作竹的代称。唐诗以檀栾称竹的诗句很多，如王维的《斤竹岭》："檀栾映空曲，青翠漾涟漪。"标题和诗句内容一致，说明"檀栾"就是竹；陆龟蒙的《奉和袭美闻开元寺开笋园寄章上人》："春龙争地养檀栾，况是双林雨后看。"句中的"檀栾"也是竹。而晋代左思的《吴都赋》则以"檀栾婵娟"来咏竹。宋诗的"檀栾"诗句亦不少，如范浚的《颂茂安兄秀野亭》之"侧塞乱花红被径，檀栾高竹翠缘陂"即为一例，但此句是形容竹的美好貌。

三、烟树、灞陵树

柳树树冠上方常云气弥漫，故称"烟树"；灞桥自古就是折柳送别之处，因此柳树又称"灞陵树"。两者均被后世视为柳树的代称，如宋代胡宿的《彭山赠贯之》："扬舲入空旷，烟树散鹅鸭。"

四、岩花

桂花原产中国西南的干燥岩壁上，野生桂树多生长在陡峻的山石坡上。自古桂花就有岩桂、岩花等称呼，而又以称岩花者为多。宋代李九龄的《透明岩》："仙迹不随岩桂老，禅心长共岭云闲。"所说的"岩桂"自是桂花。而晏殊的《留题越州石氏山斋》"岫柏亚香侵几席，岩花回影入帘栊"，以及释德洪的《早春》"涧草殷勤绿，岩花造次香"等，都说明"岩花"是香花，与上一首的"岩桂"互参，即知"岩花"就是桂花。

五、黄花、东篱花、篱花

菊秋季开花，原种的菊花呈金黄色。唐代以后虽选育出各种颜色的菊花，如白菊、紫菊、红菊等，但文人墨客还是视黄色为菊花的"正色"，称菊花为"黄花"。诗词中的"黄花"绝大多数指菊花，如宋代唐庚的《九日独酌》"黄花空岁月，白首尚关河"句，"九日"系指九月九日重阳登高日，当日有佩戴茱萸、饮菊花酒的习俗，"黄花"自然指菊花。"东篱花"系源自陶渊明的《饮酒》诗之五："采菊东篱下，悠然见南山。山气日夕佳，飞鸟相与还。"后人以"东篱花"或"东篱"为菊之代名，如宋代华镇的《奉酬刘令见怀》："争知节物随人冷，十月东篱未有花。"吴则礼的《赠王子和》："采采东篱花，其香何扬扬。"有时也简称"篱花"，如宋代彭汝砺的《次去华学士韵》："庭柏染霜千丈碧，篱花著雨一番黄。"

第九章 易于混淆的植物名称

中国古典文学作品中，出现植物的种类超过 600 种，植物字词 1000 余类。植物名称有些古今相类，能够轻易认定所指为何，但也有许多从字形或表面意义均无法判定是植物名称的字词。此类植物名称有字义是动物或动物器官者，也有名称是其他器物、神仙、星座等；也有与动物、器物共用名称，必须从诗文内容才能得知真正的名称所属者。另外，古今植物名称有异，各地也有惯用的不同植物名称。因此研读古典诗文，如不细究，无法得知作者所描述或暗喻的真正含义。

第一节 形义皆非的植物名称

动物或动物器官名的植物，有鸡头、鸭脚、龙脑、雀舌、鸡舌等；器物名的植物，有旗枪、金弦等；由费解的词汇所代表的植物名称，有黄独、巨胜等。

一、鸡头

"鸡头"即水生植物的芡，果实是著名的中药，谓之芡实，江南水泽地多产之。花苞尚未开放的花萼连同花托，外形类似鸡头（图 1），可煮食之。正确来说，植物曰"芡"，果实曰"芡实"，花苞曰"鸡头"。诗词之中多以"鸡头"称之，本名芡反而少见，如唐诗人王建《宫词》："如今池底休铺锦，菱角鸡头积渐多。"菱角、鸡头（芡）

图 1 芡的花苞外形类似鸡头。

都是水塘中常见的浮水植物。清代洪亮吉的《自新塘至伍浦溪行杂诗》:"陆行富桑麻,水行富菱芡。"则用"芡"。

二、鸭脚

由于叶形酷似鸭脚而得名,即银杏(图2)。银杏为落叶大乔木,原产华中、华东,先秦时代的诗赋中已有载录。树形、叶形美观,为世界知名的孑遗植物及化石植物,被引种至世界各地的温带地区。叶扇形,先端浅裂,西洋人谓其形状如贵妇人头,在中国人眼中看来却形如鸭脚。秋季叶色金黄,是具四季变化的景观树种,诗词常引述的"黄叶",本种即其一。唐、宋诗人多喜用"鸭脚"表示,如唐诗人皮日休《题支山南峰僧》:"鸡头竹上开危径,鸭脚花中擿废泉。"明、清以后兼用鸭脚与银杏,如清代孙韶《丁卯秋客扬州同阮梅叔小云游木兰院》诗用银杏:"秋草寒烟响暗蛩,昔时人去渺无踪。一株银杏千年物,听过阇黎饭后钟。"

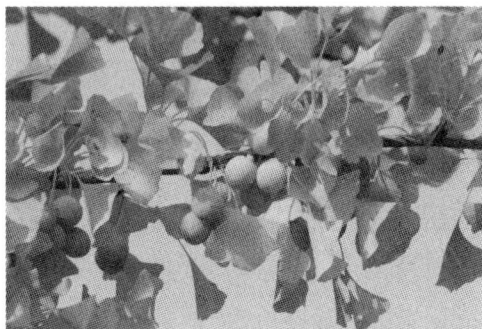

图2　秋季金黄叶的银杏,古人多以"鸭脚"称之。

三、龙脑

"龙脑"是龙脑香(图3)的省称,既是植物名,也是其产品名称。热带雨林的主要组成树种以龙脑香科植物为主,龙脑香仅属于其中一种,能长成五十至

图3　龙脑香是热带雨林的树种,主产地在婆罗洲及苏门答腊。

七十米的高大乔木。主产地在南洋的婆罗洲及苏门答腊一带，又名罗香、婆律香，中国汉代即有从爪哇及马来半岛进口的记录。龙脑香树干木质部受到伤害或有微生物侵袭时，植物体会产生油脂保护其他健康组织，久之，树脂在木材中成为白色结晶体，中药谓之"冰片"或"龙脑"，是芳香、清凉的滋补剂，具通气、祛暑作用，常与麝香共用，自古即为名贵药品，过去富贵官宦人家常用来做薰香或芳香剂。唐代国势兴盛，势力远达南方，龙脑应是极普遍的芳香药物，诗文记载很多，如唐人段成式的《戏高侍御》诗句所引述之龙脑就当作薰香用："欲熏罗荐嫌龙脑，须为寻求石叶香。"此"龙脑"指的是龙脑香产品。

四、踯躅

行走时，身子颠簸不平衡谓之"踯躅"。华中至华南山区有一种名为"羊踯躅"的杜鹃，开黄色花（图4）。杜鹃类植物体中普遍含有剧毒，本来善于在陡坡行走的羊不慎误食叶子后会导致无法正常步行，所以才有"羊踯躅"之名。杜鹃类植物超

图4　杜鹃花"羊踯躅"。

过800种，在植物分类上称二型叶且叶小型的种类为"杜鹃类"（Azalea）；而一型叶且叶大型的种类为"踯躅类"（Rhododendron）。但诗文中大都不加区分，所谓的"踯躅"未必指"羊踯躅"，而是泛指杜鹃类，如贾岛《酬栖上人》"东林有踯躅，脱屣期共攀"诗句中的"踯躅"可能指杜鹃类，也可能是"羊踯躅"；但宋代韩维的《同曼叔游高阳山》"不见踯躅红，西岩向人碧"所说的"踯躅"，则是指开红花的杜鹃，而非羊踯躅。

五、黄独

薯蓣（山药）类植物，藤蔓状地上部可卷附他物上升；地下部为贮藏根，球形或柱状，内含淀粉。有一些种类长期为人类所利用，当成食物或药材，

图 5 黄独是山药类植物，别名黄药子，球形贮藏根可供食用。

有些种类可做染料。最常见的种类是山药，兼做食物与药材；一种称为薯莨，是染制渔网的最佳原料；另一种即"黄独"。黄独植株类似山药，唯叶较宽，地下部贮藏根的形状较小，是古代重要的淀粉植物（图 5），诗词常引述，如宋代惠洪的《送元老住清修》："垂涕拨黄独，粪火曾发哂。"烤黄独的球形贮藏根食用。而清代曹禾的《送魏相国假还》："采药正逢黄独长，休粮重许赤松过。如何解得苍生望，霖雨朝朝仰润河。"所述的黄独则当药材栽培。

《红楼梦》中宝玉用耗子精故事中的香芋来调侃黛玉，香芋即黄独。清代谢墉《食味杂咏》："香芋：腊蔓生，味甘淡，别有一种香气，可供茶料，故名香芋。苏松人家尚之。"黄独作为药用，始载于宋代的《图经本草》，使用部分是块茎，切面黄白色、粉质，散布许多橙黄色斑点，称为"黄药子"，有解毒消肿、化痰散结、凉血止咳功效，用于治疗甲状腺功能亢进、甲状腺肿大、咳嗽气喘、咳血、吐血、产后流血过多等。

六、雀舌

茶树枝条顶端尚未开的幼叶，摘采制茶，因茶叶形状细短而称为"雀舌"，产量稀少，相当名贵，如《宣和北苑贡茶录》所述："茶芽数品最上曰小芽，如雀舌、鹰爪，以其劲直纤锐，故号芽茶。"雀舌和鹰爪都是最上等的茶品，属于"芽茶类"，产量稀少，宋代当成贡品上献，可见其珍贵。各代都有咏雀舌的诗，如宋代黄裳的《次韵鲁直烹密云龙之韵》："春山椎鼓雀舌细，石涧垂丝鱼肉丰"及清代施闰章诗句"软揉碧玉作仙茶，雀舌新收雨后芽"，提到的"雀舌"都是当时名贵的茶叶。另一首宋诗则提到另一种芽茶"鹰爪"，即李彭的《庐山道中》："三年不饮虎溪水，一笑来尝鹰爪芽。"

七、旗枪

生长在枝条顶端尚未完全张开的第2至第3片叶所制成的茶，在枝条上生长的此类叶片形如三角旗，谓之"旗枪"（图6），也是名贵茶。《宣和北苑贡茶录》说："次曰中芽，乃一芽带一叶者，号一枪一旗。次曰紫芽，其一芽带两叶者，号一枪两旗……故一枪一旗号拣

图6 茶枝条顶端未完全张开的第二至三片叶，称为"旗枪"。

芽，最为挺特先正。"旗枪属"拣芽类"茶，不论"一枪一旗"或"一枪两旗"都是好茶。以下是两首咏"旗枪"诗，分别是宋代晁补之的《再用发字韵谢毅父送茶》句"烦君初试一旗枪，救我将瘳半轮月"以及明贡修龄《江南春》"旗枪试火煎金井，嫩红肥白点罗巾"。

八、金弦

菟丝为寄生植物，叶片退化成鳞片，枝条细长柔细，攀附在其他植物枝叶上，伸入吸根吸取养分维生，无法脱离寄主自立（图7）。全株不具叶绿素而呈金黄色，形似未上紧的琴弦，因而有"金弦"之称，如唐代陆龟蒙《奉和袭美题达上人药圃》："教疏兔镂金弦乱，自拥龙刍紫汞肥。"《尔雅》称菟丝为"唐蒙"，一名"菟芦"，"汁去面黚"，菟丝汁液可用来去除脸上的黑色素，为古代的美白材料；菟丝子则是滋养性强壮药，所谓"久服明目，轻身延年"。

中国古诗词中常用植物来比喻、影射事物或心情，菟丝即为其一，如《古诗十九首》的名句"与君为新婚，菟丝附

图7 菟丝植物体细长柔细，呈金黄色，形如琴弦，故有"金弦"之称。

女萝"，以及李白《古意》"君为女萝草，妾作菟丝花。轻条不自引，为逐春风斜。百丈托远松，缠绵成一家"，菟丝和女萝都是依附在其他植物体上生长，用以比喻新婚夫妇相互依附。

九、巨胜

"巨胜"即胡麻，如唐代曹唐的《小游仙诗》："白羊成队难收拾，吃尽溪头巨胜花。"原产地在非洲，汉代张骞自西域引进中国，是重要的油料植物（图8）。种子有丰富的脂肪、蛋白质，自古即榨油用之于食品、香料及医药。常见的麻油及香油即胡麻的种子油，含有亚麻酸，能控制血中的胆固醇。《本草经》说胡麻"主伤中虚羸、补五内、益气力、长肌肉、填脑髓，久服轻身不老"，为传说药物。胡麻又称芝麻，而"巨胜"是胡麻的一个品种。《神农本草经集注》曰："茎方名巨胜，茎圆名胡麻。"《唐本草注》云："以角作八棱者为巨胜，

图8 "巨胜"即胡麻，是重要的油料植物。

四棱者名胡麻。"意谓茎横切呈方形、果外形八棱者称"巨胜"，茎横切方形较不明显、果外形四棱者称为"胡麻"。

十、鸡舌

"鸡舌"指鸡舌丁香（图9），是热带地区植物，主产马来半岛及非洲，广东早年有引进栽培。干燥的花蕾呈短棒状，形如鸡舌（图10），就是自古即用为香料及药材的丁香，"主温脾胃，止霍乱，壅胀风毒诸肿，齿疳䘌"。为了和庭园花木的丁香花区别，又称为"鸡舌丁香"或"鸡舌香"。清代在中国工作的外籍劳工，工作时"口尝含嚼以代槟榔"。自汉代至今，中国都有进口鸡舌丁香，各代诗人应该都不陌生，如宋代薛季宣的《跋东坡诗案》："南方有佳木，远在涨海涯。沉水产其节，鸡舌生其肌。"鸡舌丁香是当时普遍使用的药材；而清代郭曾炘的《题徐晴圃中丞从军图》诗句："唾手方看扫穴巢，含香鸡舌还趋朝。"鸡舌丁香在此则作为食用香料使用。

图10 鸡舌丁香干燥的花蕾像鸡舌。

图9 鸡舌丁香又称鸡舌香或母丁香，是产
自热带地区的香料及药材，左上小图为果实。

图11 杜鹃花种类很多，分布最普遍的是这
种"映山红"。

第二节　与他物共用名称的植物

古典诗词中动植物共用一个名称的文句也不少，如杜鹃、珊瑚树、凤
尾等。从诗文内容才能判断所指为动物或植物。植物与神仙共用的名称，
则有水仙、赤松、乔松等；也有和星座同名的植物，如牵牛、紫微等。有
些名称原非植物，借用成植物名称后就成为植物专属名，如玫瑰、仙人掌等。

一、杜鹃

指杜鹃鸟或杜鹃花。传说周末蜀王杜宇失国而死，灵魂化为杜鹃鸟。
杜鹃鸟日夜悲啼，泪尽继之以血，血滴落土中长出杜鹃花。杜鹃花和杜鹃
鸟有相同的因果典故，都是源自蜀王杜宇，故杜鹃花有时称"杜宇花"，如宋
代郭祥正的《追和李白秋浦歌》："水有锦驼鸟，山多杜宇花。扁舟投夜泊，
来自长风沙。"杜鹃花种类很多，分布最普遍的种类是"映山红"（图11），

在农历三月间开花，正是杜鹃鸟出现的季节。诗文中出现的杜鹃，必须以前后文来判定是鸟或花。例如，唐诗人张乔的《送蜀客》："丹霄行客语，明月杜鹃愁。"借用杜鹃鸟啼血的典故来比喻离情，所言为鸟；而司空图的《漫书》："莫怪行人频怅望，杜鹃不是故乡花。"提到的杜鹃毫无疑问是花。

二、珊瑚树

珊瑚原指海洋中的腔肠动物，生长于热带海底，死亡后的骨架就是我们所说的"珊瑚"。珊瑚一般呈树枝状，有红、黄、绿、紫、白各色，树状的大型珊瑚称为"珊瑚树"；但"珊瑚树"有时也用于植物。北地冬季结冰的树枝，远望若白色珊瑚，诗词中称为"珊瑚树"。分布华南至华中的忍冬科植物，春夏开白花、秋冬结果的小乔木，也称珊瑚树（图12）。

唐代李郢的《冬至后西湖泛舟看断冰偶成长句》："云母扇摇当殿色，珊瑚树碎满盘枝。"提到的珊瑚树是指结冰的树枝；宋代刘克庄的《扶胥》："一阵东风扫噎霾，天容海色豁然开。何须更网珊瑚树，只读韩碑也合来。"说的是海中的动物珊瑚；而宋代释重显的《颂一百则》之一："十洲春尽花凋残，珊瑚树林日杲杲。"所言则是植物了。

图12 称为"珊瑚树"的植物，开白花，结红果。

三、凤尾

凤尾原指凤凰，是传说中的祥瑞之鸟，诗文中常与梧桐一起出现。"凤尾竹"简称"凤尾"，宋代以后诗词引述很多，如宋代秦观的《和孙莘老游龙洞》"草隐月崖垂凤尾，风生阴穴带龙腥"，苏东坡的《巫山》"翠叶纷下垂，婆娑绿凤尾"，以及范成大的《步入衡山》"松根当路龙筋瘦，竹笋漫山凤尾齐"等，一看即知所描述的"凤尾"都是竹类，而且都是凤尾竹。

凤尾竹是凤凰竹的变种。原种较高大，高度2~3米，茎干也较粗，叶较长。凤尾竹是一种细矮竹类，所谓"长不盈丈，纤枝婀娜"，叶亦细小，在小枝上排成整齐的羽状，外观娇美，自古就是一种观赏竹类，常栽植在

图13 常栽植在庭园中的凤尾竹。

庭院中（图13）。《竹谱详录》云："凤尾竹生江西，一如筀竹，但下边枝叶稀少，至梢则繁茂，摇摇如凤尾，故得此名。"由于叶排列宛若羽毛，可栽种在盆中赏玩，正如《花镜》所言："凤尾竹高不过二三尺，叶细小而猗那，类凤毛，盆种可作清玩。"或栽植墙头，或丛植于石岩、小石之畔，极其典雅幽致。

凤尾竹茎干细致，可密植、列植，且枝叶耐修剪，今人多栽植成绿篱，实用又美观；有时植成盆栽，摆设在中庭或门口。"凤尾"有时指凤尾蕉，即今之苏铁。

四、水仙

"水仙"有琴曲名、特殊文体、神仙、水仙花等不同含义。其一，《水仙操》是琴曲名，"操"的曲调凄婉忧伤，《风俗通》云："其过闭塞忧愁而作者，名其曲曰操。"如清代施闰章《西湖看月歌》："援琴欲鼓水仙操，锺期既远谁为听？"另外，"操"和诗、歌、赋、辞一样，也是中国文学发展史上独特的文体，其文体近于骚，如孔子著名的《猗兰操》。

其二，"水仙"指的是水中之仙。《天隐子》："在天曰天仙，在地曰地仙，在水曰水仙。"伍子胥、屈原都被尊为水仙。明代梁辰鱼《顾仲修新造青莲舫赋赠》："朝发吴山暮入楚，江东至今称水仙。"指的是水神。

其三是指水仙花。水仙初春开花，自古即为春节的应时花卉，栽植在浅钵中，置于案上供赏玩（图14）。诗文咏水仙花的篇章不少，如梁辰鱼的

图14 真正的水仙花有白色花冠，金黄色部分称"副花冠"。

《月下水仙花》："幽修开处月微茫，秋水凝神黯淡妆。"

五、玉簪

诗词所引述的"玉簪"，可能指玉制发簪，或植物玉簪花。杜甫名诗《春望》："国破山河在，城春草木深。感时花溅泪，恨别鸟惊心。烽火连三月，家书抵万金。白头搔更短，浑欲不胜簪。"古人不分男女都用发簪，玉制发簪就称为"玉簪"，如明代胡应麟的《续三妇艳》："小妇处金屋，玉簪髻初束。"

李时珍说：玉簪花"本小末大，未开时正如白玉搔头簪形"。花开时微微绽开，有微香，洁白如玉，故有"玉簪"美名（图15）。相传王母在瑶池宴客，众仙女云集欢宴，几巡玉液琼浆过后，仙女飘然入醉，云发散乱，玉簪掉落而化为玉簪花，即宋代黄庭坚诗所云："宴罢瑶池阿母家，嫩琼飞上紫云车。玉簪落地无人拾，化作江南第一花。"玉簪又名白萼、季女、白鹤仙、内消花、问道花等，六、七月开花，花瓣朝放夜合，闭合时形如"玉春棒"，故又名"玉春棒"。自古即为重要的观赏花卉，花园、庭院、道旁墙下多有种植。《长物志》建议栽植时"宜墙边连种一带，花时一望成雪"。宋代范成大的《初秋闲记园池草木》："醉怜金盏齐侧，卧看玉簪对横。"金盏是指菊科的金盏，和玉簪对仗，故此处所指为玉簪花。

有时"玉簪"也指歌名，如明代胡应麟的《再赠小范歌玉簪》："不因赵氏连城在，那得尊前听玉簪。"

图15 未开的玉簪花苞形似发簪，故有玉簪之名。

图16 分布东北地区的赤松，树皮红褐色。

六、赤松

赤松是松树的一种，也是古代传说中的仙人（一称赤松子），《列仙传》云："赤松子者，神农时雨师也。"诗文常引用作咏神仙的典故。松树有多种，有树皮黑色的黑松、树皮白色的白皮松，以及树皮棕褐色的赤松（图16）。赤松分布于东北、朝鲜半岛至日本，华北亦有栽种。诗文中的"赤松"只有少数指真正的松树，大部分诗句所言都指神仙，如宋代张继先的《金丹诗》："此中有路通天去，可把尘踪继赤松。"胡应麟的《少保山东戚公继光》："惜哉赤松远，丹砂邈难成。"

七、乔松

"乔松"字面意义是指高大的松树，但也指古代传说中的两大神仙，一位是王子乔，另一位是上述的赤松子，即《战国策·秦策》云："世世称孤，而有乔松之寿。"后"乔松"引申为神仙之意，而诗词小说里的"乔松"大都是指"神仙"。宋代唐庚的《和观文相公立春日示诗》："一盃愿荐乔松寿，四海方依社稷臣。"即为一例。而明代程敏政的《金缕曲》："但祝年年春不老，比乔松、晚翠根盘铁。"句中的乔松一语双关，既指高大的松树，也解为长生不老的王子乔和赤松子。

八、牵牛

"牵牛"指牵牛星，有时也指牵牛花（图17）。诗词中所指究竟是星座还是牵牛花，很容易就可从诗句标题或诗句前后文得知。例如，明代胡应麟的《七夕》："牵牛与织女，欲渡愁无聊。"指的当然是星座；宋代范成大的《初秋间记园池草本》"牵牛碧蔓自绕，鸡耷朱冠欲争"，以及陆游的"青裙竹笥何所嗟，插髻烨烨牵牛花"，一看就知道指的是牵牛花。

图17 牵牛花为一年生缠绕性草质藤本，花开时热热闹闹，自古即栽植为观赏花卉。

九、紫薇

"紫薇"有时作"紫微",指
星座、皇帝之住所、官名或紫薇花
(图18)。杜甫的《阆州奉送二十四
舅使自京赴任青城》"如何碧鸡使,
把诏紫微天"指的是皇帝住所;钱
起的《见上林春雁翔青云,寄杨起
居、李员外》"顾影怜青籞,传声入
紫微"所言为星座;独孤及的《奉
和中书常舍人》"汉家金马署,帝

图18 紫薇花桃红、粉红或白色,是良好的
庭园观赏植物。

座紫微郎"所指为官名。但宋代杨万里的《凝露堂前紫薇花两株每自五月
盛开九月乃衰》:"谁道花无百日红,紫薇长放半年花。"诗中不但指明此"紫
薇"是花木的紫薇花,还描述紫薇的花期,说明紫薇开花可达百日以上。

十、金粟

图19 金桂。

粟是小米,颖果细小,呈金黄色;
但金粟有时指盛开的金桂花。桂花的
花白色至金黄色,花细小;开白花者
称"银桂",金黄色者称"金桂",橙
红者为"丹桂"。盛开的金桂花远望
有如垂粟,因为"其色如金,花小
如粟"而称为"金粟"(图19),如
清代王士祯的《入春申涧第一曲访愚
公谷》:"红梅破珠林,丛桂飘金粟。"

至于"丹桂"的花则另称丹粟,如宋代林景熙的《陪王监簿宴广寒游次韵》:
"银桥疑驾海天长,丹粟离离照翠觞。"

"金粟"有时也指坟墓或坟场,如杜甫的《观公孙大娘弟子舞剑器行》"金
粟堆南木已拱,瞿唐石城草萧瑟",宋代林景熙的《梦中作》"昭陵玉匣走
天涯,金粟堆前几吷鸦",宋代岳珂的《小墅桂花盛开与客醉树下因赋二律》

148

"金粟同瞻黄面老，玉枝争拥碧霞仙"，以上的"金粟"均指坟墓。

十一、金莲

金莲原指古代女人的"三寸金莲"，有时用作女人的代称。如宋代李元膺的《十忆·忆行》："裙边遮定双鸳小，只有金莲步步香。"指的是三寸金莲。有些诗词出现单纯指植物的"金莲"或"金莲花"，如清代孙琮的《夜宿韬光山楼》："楼前澄泓水一洼，水中犹种金莲花。"指的是开金黄色花、叶似莲叶而小的水生植物荇菜（图20）。

图20 历代诗文中所称之植物"金莲"，指的是开金黄色花的荇菜。

荇菜又称"金莲儿"，花开时常"弥覆顷亩"，在太阳照射下泛光如金，因此得名。叶形、生态习性近于荷花，又称"水荷"，诗词有时会借用荷的别称，而称金荷花、金芙蓉或金芙蕖。茎和叶均柔软滑嫩，可供作蔬菜食用，以米和制成羹（糁），是江南名菜。

不过，有些诗文的"金莲"，却是指金属制的莲花形烛台底座，如宋代汪元量的《越州歌》："昔梦吴山列御筵，三千宫女烛金莲。"

十二、玫瑰

玫瑰二字均不从草部、木部，而是以玉为部首。在先秦魏晋南北朝的典籍里，"玫瑰"二字是指红色玉石，后来才成为特种植物的专用名称。例如，南朝梁代沈约的《登高望春诗》："宝瑟玫瑰柱，金羁瑇瑁鞍。"陈后主的《七夕宴乐脩殿各赋六韵》："钗光摇玳瑁，柱色轻玫瑰。"显然所言"玫瑰"都是指玉石。到了唐代诗篇中，玫瑰或指玉石或指植物，而且往往同一作者在不同

图21 玫瑰原指红色玉石，宋代以后才专指植物。

诗篇中所指不一，如温庭筠的《织锦词》："此意欲传传不得，玫瑰作柱朱弦琴。"此处的玫瑰是指玉石。温庭筠的另一首诗《握柘词》："杨柳萦桥绿，玫瑰拂地红。"所言玫瑰则是植物（图21）。唐代另一位诗人徐凝的《题开元寺牡丹》："虚生芍药徒劳妒，羞杀玫瑰不敢开。"在此玫瑰是花木名称。宋代以后，玫瑰专指植物。

十三、仙人掌

仙人掌原产墨西哥北部，哥伦布发现新大陆后才逐渐传布世界各地，成为众人所知的观赏植物。因此，明代以前诗词文献所言的"仙人掌"绝无可能是指今日的仙人掌，而是自然景观，意为直立如手掌的山或岩石。例如，唐代窦牟的《晚过敷水驿却寄华州使院张郑二侍御》："仙人掌上芙蓉沼，柱史关西松柏祠。"此处的"仙人掌"指的是山顶耸立如手掌的山石。清代纪昀的《登华山未至莎萝坪而返》"云气遮山腰，半入仙人掌"的"仙人掌"也是山石。

第三节　植物的古今异称举例

古今异称的植物种类很多，诗词小说及其他古典文学作品中常见的植物种类如表1。其中重要者略述如下：

表1　文学作品常见古今异称的植物

古名	今名	学名	科别	最早期文献举例
鸭脚	银杏	Ginkgo biloba	银杏科	唐诗
桧	圆柏	Juniperus chinensis	柏科	诗经
榎、槚	楸	Catalpa bungei	紫葳科	先秦诗
樗	臭椿	Ailanthus altissima	苦木科	诗经
栀（木）	赤杨	Alnus spp.	桦木科	唐诗
夜合、青棠	合欢	Albizia julibrissin	含羞草科	唐诗
相思树	石楠	Photinia scrrulata	蔷薇科	唐诗

古名	今名	学名	科别	最早期文献举例
桫椤树	七叶树	Aesculus indica	七叶树科	元诗
楷木	黄连木	Pistacia chinensis	漆树科	元诗
朴、朴檄	槲树	Quercus dentata	壳斗科	诗经
芜荑	大果榆	Ulmus macrocarpa	榆科	唐诗
谏果	橄榄	Canarium album	橄榄科	唐诗
灵寿木、椐	蝴蝶戏珠	Viburnum plicatum	忍冬科	唐诗
宿莽	莽草	Illicium lanceolatum	木兰科	楚辞
菴罗果	馀甘	Phyllanthus emblica	大戟科	明诗
茑	桑寄生	Taxillus chinensis	桑寄生科	诗经
蘼芜、江蓠	芎藭	Ligusticum chuaxiong	伞形科	楚辞
橦	棉	Gossypium spp.	锦葵科	唐诗
苹	籁萧	Anaphalis spp.	菊科	诗经
蘩	白蒿	Artemisia sieversiana	菊科	诗经
荼	苦菜	Sonchus oleraceus	菊科	诗经
茨	蒺藜	Tribulus terrestris	蒺藜科	诗经
米囊花	罂粟	Papaver somniferum	罂粟科	唐诗
寒瓜	西瓜	Citrullus lanatus	瓜科	南北朝诗
菘	白菜	Brassica campestris	十字花科	先秦诗
断肠花、断肠草	秋海棠	Begonia spp.	秋海棠科	明诗
鬱	郁金	Curcuma domestica	姜科	诗经
红蕉	美人蕉	Canna indica	美人蕉科	唐诗
王孙草	重楼	Paris spp.	百合科	唐诗
菅	芒草	Miscanthus sinensis	禾本科	先秦诗

一、寒瓜（西瓜）

西瓜原产非洲，约在魏晋南北朝时引进中国。西瓜是夏季的时令水果，有消暑沁凉的效果，古人称为"寒瓜"。魏晋南北朝诗已有寒瓜的记述，唐诗也有载录，如著名文人柳宗元的《同刘二十八院长述旧言怀感时书事》：

图 22 "桤木"今称赤杨，树皮淡紫褐色，分布普遍，历代诗文均有引述。

图 23 秋海棠古称断肠花或断肠草。

"风枝散陈叶，霜蔓綎寒瓜。"诗人李白的《寻鲁城北范居士，失道落苍耳中，见范置酒，摘苍耳作》："酸枣垂北郭，寒瓜蔓东篱。"明代以后，相对于甜瓜，因其为"西来之瓜"，又名西瓜。明代徐渭的《昙阳》诗："闻道居绵竹，看来幻落花。团团轮北斗，处处种西瓜。"已称作西瓜。

二、桤木（赤杨）

赤杨类植物适应性极强，热带至寒带均有分布（图22），台湾赤杨之垂直分布从海边（南澳）至台湾山脉3000米，可见一斑。赤杨为落叶乔木，根有根瘤菌共生，能在极贫瘠地生长良好，古称"桤"或"桤木"。赤杨是近代名称，自唐诗至清诗均称桤木，如唐诗人薛能《春霁》："野芳桤似柳，江霁雪和春。"

三、断肠花、断肠草（秋海棠）

断肠花、断肠草均为诗词中出现的植物名称，古籍如清代《植物名实图考》描述"断肠草"云："断肠草丛生，根如商陆，叶类蓼而大，茎有节，当心抽花，蕊数十作穗，花淡红色。"应为今之秋海棠（图23）。秋海棠品种众多，花色、形态不一，但都具有共同特色：茎叶肉质，外形柔弱。秋海棠传说是古时一位被遗弃的姑娘泪血所变成的花草，故有"断肠"之名。宋无名氏的《更漏子》："解语花，断肠草。谙尽风流烦恼。"清代顾植的《春寒曲》："匆匆百五韶光老，惆怅心情向谁道？红阑半落断肠花，绿阶未长忘忧草。"也有人认为，断肠草是马钱科藤本植物"钩吻"。

四、红蕉（美人蕉）

美人蕉原产印度，叶大如蕉，高可达二米。由于栽植容易，是极为普遍的草花植物（图24）。引进中国的时间很早，早期引进的品种为红花种，而黄花种引进较晚，明代以前的文学作品均称"红蕉"，如唐代皇甫松的《江上送别》："别离惆怅泪，江路湿红蕉。"直至近代才有"美人蕉"的称呼，如清末江南大儒钱振煌的咏美人蕉词的《蝶恋花·细咏美人蕉》《减兰九月朔美人蕉遇雨》，以及易顺鼎的《蕉窗二首为张绿泉泰寿作》"红美人花诸侍者，绿天庵主一枯僧"诗句。

图24　美人蕉叶大如蕉，以红花者居多，故有红蕉之称。

第四节　文学上的植物地名

诗词中地名和植物名称混淆的实例也不少，中国有许多地名都以植物命名（表2）。古代地理学著作，同时也是杰出的文学巨作《水经江水注》一共有4卷，记载全中国各地水系分布的地名地物。据统计，全书共出现植物145种，以植物为名的地名有480种之多，包括河川、山岭、城镇、湖泊、各地县城等。人类经常会使用生活周遭的景物来记录文化，因此古代植物地名在很大程度上也反映了该地区的生态环境，但有时也会造成曲解诗词文意的困扰，不得不明辨。

表2 文学作品常见的植物地名举例

植物名称	学名	科别	文献示例	古名	今名及所在地
梧桐	Firmiana simplex	梧桐科	《汉书·地理志》《尚书·禹贡》	桐柏山	河南桐柏县西南
梧桐	Firmiana simplex	梧桐科	《左传》	桐丘	河南扶沟县西
松	Pinus spp.	松科	宋代黄庭坚诗	松风阁	湖北鄂城区西樊山
松	Pinus spp.	松科	宋代黄庭坚诗	五松山	安徽铜陵东南
柏	Thuja orientalis 或 Cupressus funebris	柏科	《汉书·地理志》《尚书·禹贡》	桐柏山、桐柏县	河南桐柏县西南
槐	Sophora japonoica	蝶形花科	唐诗、宋诗	槐里	陕西与平县东南
榆	Ulmas pumilus	榆科	《汉书》	榆中、榆林塞	内蒙古鄂尔多斯
杨	Populus spp.	杨柳科	《水经注》	长杨宫	陕西周至县东南
梓	Catalpa ovata	紫葳科	唐诗	梓潼	四川梓潼县
棠梨	Pyrus betulaefolia	蔷薇科	《诗经》	甘棠	河南宜阳县西
板栗	Castanea mollissima	壳斗科	宋代陆游诗	栗里	江西九江市西南
榕树	Ficus microcarpa	桑科	宋诗	榕城	福建闽侯县
梅	Prunus mume	蔷薇科	《左传》	梅山	河南郑县西南
梅	Prunus mume	蔷薇科	《三国演义》	梅山	安徽含山县 安徽庐江县
桂	Osmanthus fragrans	木犀科	唐诗、宋诗	桂林县	广西象县东南
桃	Prunus persica	蔷薇科	陶潜《武陵记》	桃源山	湖南桃源县
黄荆	Vitex negundo	马鞭草科	《水经注》	荆山	山东诸城市东北
酸枣	Ziziphus jujube var. spinosa	鼠李科	《左传》	酸枣县	河南延津县北
桑	Morus alba	桑科	《诗经》	桑中	河南淇县南
桑	Morus alba	桑科	《左传》	桑田	河南灵宝市
桑	Morus alba	桑科	《资治通鉴》	桑丘	山东滋阳县西北
桑	Morus alba	桑科	《资治通鉴》	桑里	江苏江都区西南
柞木	Xylosma congestum	大风子科	《西京杂记》	五柞宫	陕西周至县东南

植物名称	学名	科别	文献示例	古名	今名及所在地
冬葵	Malva verticillata	锦葵科	《左传》	葵丘	山东临淄县
瓤	Laganaria sicerarica	瓜科	《汉书》	瓠山	山东东平县北
瓜	Cucumis melo	瓜科	《元和志》	瓜州	江苏江都区南
茅	Imperata cylindrica	禾本科	唐诗	三茅山、茅山	江苏金坛县之茅山
芦苇	Phragmites communis	禾本科	《华阳国志》	葭萌	四川昭代县东南
蒲草	Schoenoplectus triqueter	莎草科	《春秋》	蒲	河北长垣县
蒲草	Schoenoplectus triqueter	莎草科	《史记》	蒲山	山西永济市南
小麦	Triticum aestivam	禾本科	《史记》	麦丘	山东商河县西北
小麦	Triticum aestivam	禾本科	《三国演义》	麦城	湖北当阳市东南
小麦	Triticum aestivam	禾本科	《史记》	麦积山	甘肃天水市东南
芒	Miscanthus sinensis	禾本科	《左传》	菅	山东金乡县城武县之间
葱	Allian fistucosum	百合科	《汉书》	葱岭	新疆西南疏勒县西

·豫樟：或作豫章，在今江西省南昌县，古代产樟树。诗文中的"豫樟"多数指地名，但有时也指樟树，如唐代杜甫的《短歌行赠王郎司直》"豫樟翻风白日动"句，就是指樟树。

·蒿里：蒿是指菊科蒿属，荒废长满蒿类之处可称之为"蒿里"。但诗文中的"蒿里"却是指山名，位于泰山之南，古代为死人埋葬之地，古人相信"人死魂魄归于蒿里"。《汉书·武五子传》："蒿里召兮郭门阅，死不得取代庸，身自逝。"古代挽歌因以蒿里为名，后用作咏丧葬的典故，如宋代陈旸的《缺题》："白发忽惊蒿里暮，青衫难问箬溪春。"清代施闰章《边吏行》："莫从城乌宿，朝从蒿里行。"都是咏丧葬典故。

·栗里：在今江西九江市西南，古代应有甚多板栗，诗文都说是晋代陶渊明的故乡，因而知名。历代诗词引述甚多，以咏颂陶渊明或用以表示隐居之意，如明代林大同的《蝶恋花》："五柳庄深依栗里。解印辞官，高志畴能比。"

·柴桑：在今江西九江市西南，靠近栗里，为晋代诗人陶渊明居住之处。诗文中往往用来表示隐居之意，或代指陶渊明，如宋代谢逸的《寄题黄文昌舫咏亭》："门前五柳陶渊明，酣卧柴桑呼不醒。锦官城西杜少陵，醉艳浣花溪水横。"

·扶桑：历代文献中最早提到"扶桑"者为《楚辞》，古人视之为神木，长在日出之处。中国古老的神话说"金乌朝起扶桑，夜栖若木"，其中金乌是指太阳，日出之处有扶桑，日落之处有若木。后来也称日出之国的日本为扶桑国，如唐代李德裕的《泰山石》："鸡鸣日观望，远与扶桑对。"而唐代长孙佐辅的《楚州盐墙古墙望海》："长风卷繁云，日出扶桑头。"提到的"扶桑"是指日出之处。扶桑也是热带和亚热带植物的名称，又名朱槿、赤槿、日及，在中国已有千年以上的栽培历史，清代樊增祥的《雪蛙》："心怯扶桑红一点，谯门应遣六更迟。"此处的"扶桑"为植物。

·桐柏山：桐柏山在《尚书·禹贡》已有记载，《汉书·地理志》的记载更为详细，都说桐柏山"峰峦秀丽"，山上多梧桐及柏木，后世诗词皆有咏颂者。另外，天台县的紫霄、翠微诸峰，上面有唐代时兴建的桐柏宫，为道教圣地之一。该寺因周围多桐柏而得名，宫室内有"义不食周粟"的殷商遗民伯夷、叔齐石雕。

·五松山：因老松之五干得名，位于今安徽省，背山面水，风景秀丽。唐时李白曾到此漫游，留下"五松何清幽，胜境美沃州""要须回舞袖，拂尽五松山"等诗句。骚人墨客常慕名而来，吟咏甚多。

·榆林：根据《汉书》记载，秦代蒙恬筑长城，在长城附近（今内蒙古）砌石为城，城外遍植榆树，称为榆林塞，或径称榆塞、榆林，是秦汉时期抵御胡人的最北要塞。其他诗文常提及，多作边塞的通称，如唐代骆宾王《送郑少府入辽共赋侠客远从戎》"边烽警榆塞，侠客度桑干"诗句。诗文中的"榆林"有时指榆树林，必须审慎分辨。

·长杨：秦汉宫名，以周围多巨大杨树而名之，位于长安附近，是皇帝打猎场所，后世用以表示"帝王游猎"或"游猎场所"；如扬雄讽谏汉成帝捕猎的作品《长杨赋》，而有"早岁长杨赋，当年谏猎书"诗句。后来用"赋长杨"比喻进献给皇帝的作品或赞誉文才高超。而宋代李复的《周巨寺》："长杨夹通津，修竹带北冈"，指的是高大的杨树。

· 甘棠：周武王时，封召公姬奭为西伯，西伯善于治理，曾在甘棠树下休憩，后来人们为了纪念他而作《甘棠》诗篇颂咏。后世用甘棠作为称颂好官、怀念美政的典故，目前河南宜阳县的甘棠市，据说就是周时召伯听政之处。

· 桃花源：陶渊明的《桃花源记》，创造出一处隐居胜境且传颂千年，被用来比喻仙境，或咏仙人下凡、人间艳情的典故。后世咏颂"桃花源"的诗篇不计其数，如王维的《送钱少府还蓝田》诗："草色日向好，桃源人去稀。"唐代李峤的《送司马先生》诗："蓬阁桃源两处分，人间海上不相闻。"今湖南等地有桃源县。

· 桑中：《诗经·鄘风》："期我乎桑中，要我乎上宫，送我乎淇之上矣。"桑中是个地名，因《诗经》而声名远播，流传至今。诗文中多有引述。

· 五柞：即五柞宫，为西汉于正式宫殿外所筑的离宫，因有五棵柞树而得名，如笔记小说《西京杂记》所言："五柞宫有五柞树，皆连抱，上枝阴覆数十亩。"

· 葵丘：春秋时代齐侯派大臣驻守的要地，位于山东临淄县境，至今仍有葵丘地名。由于《左传》记载的缘故，后世诗文多有引述，用作咏将士征戍的典故。

· 瓜州：历代称瓜州的地名有多处，原是产瓜之地。秦汉至唐代的瓜州在今甘肃敦煌市，元代时在今甘肃安西市又设置瓜州，清时在今玉门市又设置新瓜州城。上述瓜州都毁于战乱，今之瓜州在江苏，已经不是单纯种瓜的地方。

· 梅山：山上多梅之处，常被称为梅山，古代著名地理及历史文献上记载的梅山至少有三处：《左传》所记梅山在河南郑县；《舆地纪胜》之梅山在安徽含山县；《世说新语》中，曹操指山上之梅，以止军士渴的梅山在安徽庐江县；也有指此梅山为含山县的梅山。

第十章　植物特性与文学内容

第一节　植物与借喻

利用植物特性与事物之间的关联，直接代替所要叙述的本体事物，经常用在文学的表现上，修辞学上谓之"借喻"。这是一种形象含蓄、简明洗练的比喻方式。中国古典文学作品，诗词、辞赋、章回小说中均不乏以植物借喻生活事物的例子，所比喻的内容意涵，时至今日仍然没有改变。常见的借喻植物如下：

一、白杨

中国自古即有堆土为坟、植树为饰的传统，在先人墓地种植"封树"。王公贵族种的封树大都是松树或柏树，而一般平民百姓则栽植白杨。白杨树形高大挺直，分布于东北、西北，极易繁殖（图1）。古人形容白杨："其种易成，叶尖圆如杏。枝颇劲，微风来则叶皆动，其声萧瑟，殊悲惨凄号。"乡间坟场的白杨鳞次栉比，远望萧萧森森，秋风一起，白杨叶变黄掉落，入冬后全株仿佛枯死，状至凄凉，称为"枯杨"，因此古诗有"白杨多悲风，萧萧愁杀人"的句子。文人常以白杨形容悲凄景物，或暗示死亡

图1　白杨鳞次栉比，远望萧萧森森，是一般平民百姓的封树选择。

及坟地等意，如《古诗十九首》："驱车上东门，遥望郭北墓。白杨何萧萧？松柏夹广路。"白居易《过高将军墓》："门客空将感恩泪，白杨风里一沾巾。"

章回小说描写坟场，也多以白杨点缀，如《水浒传》第四十六回的翠屏山有一段："漫漫青草，满目尽是荒坟；袅袅白杨，回首多应乱冢。"和前述词句的凄凉气氛相似。

二、柳

柳与留音同，古人常于送别时折柳相赠，表示心中的离愁别绪。诗文中亦常以柳树暗示离别，最著名的有王维的《阳关三叠》："渭城朝雨浥轻尘，客舍青青柳色新。劝君更尽一杯酒，西出阳关无故人。"前句的柳即暗示本诗为一首送别诗。用柳来表达离别情境，从《诗经·小雅·采薇》之"昔我往矣，杨柳依依"，至宋杨万里的《舟过望亭》"柳线绊船知不住，却教飞絮送侬行"，莫不如此。

三、黄杨

黄杨生长速度极慢，但木材纹理细腻坚致，是优良的雕刻用材（图2），民间用以雕刻神像、艺术品，也用来刻制印章。古人相信黄杨"岁长一寸，遇闰年则倒长一寸"，由于一般都认为闰年常发生旱灾、虫害或其他祸事，为不祥之年，因此有"黄杨厄闰"的说法。诗文中常用黄杨来表示际遇困顿、时运不济，如杨万里的《九月菊未花》："旧说黄杨厄闰年，今年并厄菊花天。"不但黄杨厄闰，九九重阳日菊花未开也被视为厄闰，一切都是闰年带来的恶兆。生长速度缓慢的黄杨有时也暗指诗文或功夫没有长进，如陆游的《春晚村居》："身世已如风六鹢，文章仍似闰黄杨。"

图2 诗文中常用黄杨来表示时运不济。

图 3　蒲柳（右）是最早落叶的树种之一，诗文中用此特性来比喻早衰或体质衰弱。

图 4　古诗文中的"薇"即今之野豌豆及同属其他植物，嫩茎叶可做菜蔬。

四、蒲柳

蒲柳即旱柳，性耐旱，适应性良好，容易栽植，可生长于沙地或河滩下湿地区、溪流旁（图 3）。由于其天然分布范围广阔，又适应各种气候、土壤，中国各地均有栽植。蒲柳和其他落叶树一样，秋季开始落叶，冬季成干枯状；而蒲柳又是落叶树中最早落叶的树种之一，诗文中均用其早落叶的特性来比喻早衰或体质衰弱，如白居易的《自题写真》："蒲柳质易朽，麋鹿心难驯。"明代钱履的词《行香子》："蒲柳衰残，姜桂疏顽。幸身安、且斗尊前。"都用蒲柳自况。

五、采薇

《史记·伯夷列传》说"伯夷叔齐义不食周粟，隐于首阳山，采薇而食之"，最后死于首阳山。"薇"即今之野豌豆（图 4）和同属其他植物，嫩茎叶味道似豌豆苗，可做蔬菜或入羹。中国各地到处可见，自古即作为野蔬采食，逐渐被视为贫穷人家的蔬菜。由于上述《史记》的典故，"采薇"原用以颂扬忠贞不渝的节操，在诗文中则多用来比喻隐居，如白居易《送王处士》："扣门与我别，酤酒留君宿。好去采薇人，终南山正绿。"

六、藜杖

杖藜植株高可达三至五米，分布范围极广，在荒废地上成片生长。古人取其木质化的老茎做手杖，谓之"藜杖"，乡间贫苦老人家常使用。藜杖或杖藜常出现在诗词及章回小说中，而由于持杖者多为老人，故"藜杖"成为老人的代称。诗人有时会倚老卖老，以"杖藜"自称，如杜甫的《夜归》："白头老罢舞复歌，杖藜不睡谁能那？"

七、藜藿

"藜"俗名灰藿菜，生不择地，随处可见，自古即采食供菜蔬。春季时采食嫩叶，煮食蒸食均可，经常煮成羹。"藿"是指豆叶，泛指一切豆类的叶子，如赤小豆等，非专指某一种植物。古代衣食不足的贫苦大众常采集野菜充饥，而藜和豆叶是到处都可见的野生或栽培植物，后人遂以藜藿代表粗茶淡饭，如白居易的《丘中有一士》："藜藿不充肠，布褐不蔽形。"

八、苜蓿

汉武帝从大宛取得汗血宝马，同时引进饲料草苜蓿。苜蓿除供喂食牛马之外，嫩芽幼叶也能煮食供作菜蔬；也大量使用在农业上当绿肥植物。因此栽植普遍，到处均可采集，且"年年自生，刈苗作蔬，一年可三刈"，常作为菜蔬不足时的应急食物。诗文中多用于表示粗食淡菜，如宋代汪藻的《次韵向君受感秋》："且欲相随苜蓿盘，不须多问沐猴冠。"刘克庄的《次韵实之》："向来岁月半投闲，莫叹朝朝苜蓿盘。"

九、芝兰

"芝"指灵芝，"兰"原指泽兰，宋代后亦指兰花。灵芝自古被视为仙草或瑞草，是珍罕之物，自汉代以来就受到重视。每有灵芝出现，必"设宴庆贺，或写诗赋，或上表歌功颂德"。宋徽宗政和七年（1117 年），各地征集献上的灵芝就多达 37 万支。泽兰和兰花均为香草类，前者香在植株，后者香在花，古代用以比喻君子或有才能者。因此诗人以芝、兰比喻美好的事物，如唐代陈彦博的《恩赐魏文贞公诸孙旧第以道直臣》："雨露新恩日，芝兰故里春。"

十、参苓、参术

"参"是人参，"苓"指茯苓，"术"指白术或苍术，都是常用的中药材（图5）。《神农本草经》将人参列为上品，是最重要的补药，"主补五脏，安精神，定魂魄……久服轻身延年"。茯苓是寄生在松树根上的菌类，菌体鲜时柔软，呈球形或不规则形状，《神农本草经》也列为上品，具有"养心安神、健脾除湿、利尿消肿"等功效，也是珍贵的滋补佳品。白术、苍术可"除湿解郁，发汗驱邪，补中焦，强脾胃"，是古代常用的高级中药材。三者均为世人所识，诗文中常用"参苓"或"参术"代表医药，清代张穆的《送渔庄三兄归里并寄呈家兄述怀》诗句："君归善自保，努力视术参。"樊增祥的《后园居诗》："参苓谢补养，寒暑忘节宣。""术参"和"参苓"都指医药。

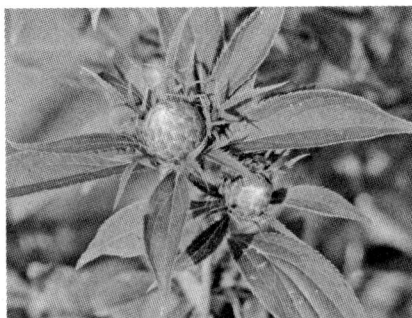

图 5 白术是常用的中药材，有补脾健胃功效。

十一、椿萱

"椿"是香椿，"萱"即萱草。香椿属于落叶大乔木（图 6），枝叶芬芳，枝干挺直，可长成"栋梁之材"，自古以来就享有与松柏同等的地位与盛名。《庄子·逍遥游》云："上古有大椿者，

图 6 香椿为落叶大乔木，枝叶芬芳，枝干挺直，蒴果长椭圆形。

以八千岁为春，八千岁为秋。"说明香椿为长寿之木，因此古人以"椿"喻父。萱草为多年生草本，有"忘忧"含意，花"蕙洁兰芳，华而不艳，雅而不质"，古代常栽种在北堂庭园中观赏（图 7），由于北堂为母亲住处，故以"萱"喻母。成语"椿庭萱堂"表示父母、"椿萱并茂"喻双亲健在。诗文中亦经常出现，如明代陈循的《金明池》："愿景福隆长，椿龄永远，赛过高年彭祖。"程敏政的《念奴娇》："奉萱堂上，人争道，七十古来稀有。"

十二、蓼莪

蓼莪典出《诗经·小雅·蓼莪》："蓼蓼者莪，匪莪伊蒿。哀哀父母，生我劬劳"等两篇，意为"父母生我，望我成材，但我却不成器，辜负父母的期望"，表现对父母的悲悼与怀恩。据《晋书·王裒传》所载，王裒之父死于非命，悲痛之下避官隐居，开班授徒。每讲授《小雅·蓼莪》篇必悲从中来，痛哭失声，后世就以"蓼莪"表示思念父母，即成语"蓼莪之思"的意思。明代李东阳的《茅屋时思》："极德难忘寸草私，多愁常废蓼莪诗。"表达思念父母而不忍吟咏《小雅·蓼莪》篇的哀痛心情。

图 7　萱草。

十三、紫荆

紫荆在三、四月开花，先花后叶，花呈紫红色，极为艳丽（图 8），是中国庭园不可或缺的观赏树木，各地花园及私人宅第多有栽种。南朝梁代吴均的志怪小说《续齐谐记》记载：有田氏兄弟三人，共议分家，决定将庭院的紫荆一分为三，不料紫荆立即枯死。三兄弟见状有感"树本同株，闻将分析，所以憔悴，是人不如木也"，遂决定不分家，紫荆随即又恢复生机。这是"田家紫荆"的典故，后世用以比喻兄弟和睦相处，以"紫荆"代表兄弟情，如明代吴大经的《玉楼春》："田家兄弟知何处，留得紫荆花一树。"

图 8　紫荆。

十四、棣萼、棣华

《诗经·小雅·常棣》："常棣之华，鄂不韡韡。凡今之人，莫如兄弟。"诗中的"常棣"即蔷薇科的唐棣，又名扶栘。《诗经》以唐棣的花瓣、花萼相依比喻兄弟间的亲密关系，后世因以棣萼、棣华来描写兄弟和睦，如唐诗人岑参以《送薛彦伟擢第东归》"一枝谁不折，棣萼独相辉"赞美薛氏兄弟相继及第，杜甫以《赠特进汝阳王二十韵》"自多亲棣萼，谁敢问山陵"赞扬汝阳王善待兄弟。

第二节　植物与女人

一、桃叶

"桃叶"原为晋代王献之的爱妾名，王献之曾作《桃叶歌》迎接她："桃叶复桃叶，渡江不用楫。但渡无所苦，我自迎接汝。"催促爱妾桃叶渡江相会。后来被用作咏颂歌妓的典故，或引申为风尘女郎的代称，如唐代李涉《寄赠妓人》："君到扬州见桃叶，为传风水渡江难。"清代樊增祥的《送器之外舅还鄂》："检点药囊思寿世，伶娉桃叶伴还乡。"《彩云曲》："楼上玉人吹玉管，渡头桃叶倚桃根。"樊增祥的另一首诗《赠兰卿为子珍六兄属赋》："打桨正当桃叶渡，弹词偏爱牡丹亭。"所说的"桃叶渡"在今南京秦淮河畔，相传因为王献之送爱妾桃叶于此而得名。

二、樱桃

樱桃古代称为"含桃"，用以祭祀宗庙，可见樱桃为古代珍果，唐代时已普遍栽植。樱桃果实近球形，直径仅约 1 厘米，成熟时红色。古人认为女人嘴唇宜小，最好圆如樱桃，因而用樱口、樱唇、樱颗名之，有如今日所说的"樱桃小口"。宋代赵福元的《鹧鸪天》："歌翻檀口朱樱小，拍弄红牙玉笋纤。"用"朱樱"形容女子嘴唇，以"玉笋"比喻纤纤玉手。宋代吴礼之的《雨中花》："忆湘裙霞袖，杏脸樱唇。"则称"樱唇"。宋代白玉蟾也以"樱唇一点弄娇红"，形容女子的嘴小而红润。

三、柳

审美观因时代而异，古今对女人五官之美的欣赏角度不同，古人以女人眉毛纤细、眼睛细长为美。柳叶细长，女人纤细的眉毛称"柳眉"，丹凤眼谓之"柳眼"，如唐代李商隐的《和人题真娘墓》"柳眉空吐效颦叶，榆荬还飞买笑钱"，明代张廷玉的《忆秦娥》"春云掠，芙腮柳眼休耽阁"，夏完淳的《满庭芳》"长堤路，桃花带笑，柳眼自含悲"等。另外，柳枝（条）细软摇曳，因此用"柳腰"来形容美女的细软腰肢。

四、桃

古代女人化妆时都习惯画腮红，因此文人以粉红色桃花来形容而称之"桃腮""桃面""桃脸"等。例如，宋代韩滤的《浣溪沙》"杏腮桃脸黛眉弯"，易祓的《喜迁莺》"帝城春昼。见杏脸桃腮，胭脂微透"等句。

五、杏

杏果呈圆球状，因此用"杏眼"比喻水汪汪的眼睛；而杏花花蕾呈粉红色，也用"杏脸""杏腮"来形容身体健康、颜面润泽的年轻女人脸孔，如宋人韩滤的《浣溪沙》："雨湿杏腮疑淡淡，风迷柳眼半傲傲。"

六、葱、竹笋

古时女子以手指细长、白皙为美，极似新鲜葱白，因此名之曰"春葱""葱指"，如唐代白居易的《筝》："双眸剪秋水，十指剥春葱。"有时则以细嫩竹笋形容，谓为"笋指"，如明人瞿佑的《生查子》："杯持笋指纤，歌发樱唇小。"形容美女细长尖白的双手，有如刚剥壳的嫩笋一般。

七、瓟、糯米

女子牙齿以白为尚，谓之"瓟犀"或"糯米牙儿"。《诗经·卫风·硕人》以"领如蝤蛴，齿如瓟犀"形容女子皓洁牙齿，瓟犀指瓟瓜之子。《朱熹集传》："瓟犀，瓟中之子，方正洁白，而比次整齐也。"例如，朱有燉散曲《北越调柳营曲·咏风月担儿》："涎干了瓟犀齿，粉浇了旱莲腮。"糯米为稻米的变种，色泽比粳稻更白，也用以形容美女皓齿。

八、莲、荷、芙蓉

宋以后相当长一段时期，汉族女子一直有缠足习俗，双脚越小越美，谓之"三寸金莲"。诗文中的"金莲"意指女子的小脚，有时也代称女子，如宋人方千里的《虞美人》："吹鬓东风影，步金莲处绿苔封。"女子脸部也以粉红色荷花形容为"芙蓉颊"或"芙蓉腮",如唐代白居易的《简简吟》:"苏家小女名简简,芙蓉花腮柳叶眼。"明散曲《沉醉东风》:"芙蓉颊檀口似樱桃。"

第三节　代表季节的植物

一、春季

花期在春天或代表春季的开花植物种类最多,有柳、桃、杏、辛夷、樱花、牡丹等,诗词用以代春天或暗示春之季节。

·柳树(垂柳):初春开始开花,随后才萌发绿叶。清明节左右果实成熟裂开,并释放出长白细小的种子,形成"柳絮"。柳树一切变化都发生在春季,诗人常以柳树代表春季之树,如明代陈于朝《如梦令·春》:"无算、无算,柳影随鸥作伴。"

·辛夷:《楚辞》作"新夷",是木兰的一种,花大而艳,春季开深紫色花,又名"紫玉兰";花苞形似毛笔,又称"木笔",也是中国庭园常见的观赏花木(图9)。诗词中出现的辛夷,描述开花时间是在春天,如唐代钱起的《暮春归故山草堂》:"谷口春残黄鸟稀,辛夷花尽杏花飞。"写的是春天辛夷先开花,然后才是杏花。

图9　辛夷(紫玉兰)是春季花卉。

·桃、杏:农历二至三月桃、杏花盛开,桃花色粉红至紫红;杏花花蕾粉红色,花开时白色,两者都是栽植普遍的庭园花木,也都代表春季之花。唐人卢纶的《送王尊师》:"旌幢天路晚,桃杏海山春。"用桃、杏描绘海山的春天。

·牡丹:农历四月开花,为春天之花,有"天香国色"之美称,自古就是中国庭园不可或缺的名花(图10)。《神农本草经》视之为药物,南北

图 10 牡丹有"天香国色"之美称，自古就 是中国庭园不可或缺的名花。

图 11 槐树初夏开花，花呈淡黄色。

朝时才成为名贵花卉。唐代栽植牡丹花的风气极盛，如中唐诗人卢纶的《裴给事宅白牡丹》诗句："长安豪贵惜春残，争玩街西紫牡丹。"

二、夏季

夏季开花的花木种类也不少，常出现在诗词的夏季代表植物有槐、荷、石榴、木槿等。

·槐树：初夏花盛开，花呈淡黄色（图 11）。科举时代，常在农历六月槐花开时忙着准备考试，故有"槐花黄，举子忙"的说法。诗文以槐花季节代表初夏，如明代陈于朝的《如梦令·夏》："篁里时禽两两，槐阴摇翠生香。荷叶倒催凉，琴与风声乱响。"

·荷花：夏季开花的植物，最常见的应为水塘中盛开的荷花。荷花春季初萌新叶，夏初开始开花，仲夏最盛，秋季花叶开始凋萎，是典型的夏季之花。

·石榴：原产西域，汉代张骞引进中土，唐代开始成为中国普遍栽植的观赏花木，主要花色为红色。花盛开时有如火焰，故曰"榴火"，也是盛夏重要的花木（图12）。明人秦镗的《千秋岁》："绿树阴浓，正熟梅季节。藕花开，榴火赤。"说的是柳阴浓、榴花赤、荷花（藕花）盛开的夏令季节。

图 12 石榴花。

图 13　木槿花盛开于仲夏，花期甚长，常栽种于庭园或作为绿篱。

·木槿：夏季池岸与荷花相辉映的花木，以木槿为主。木槿旧名"舜"，或称"朝开暮落花"，常栽种于庭园或作为绿篱。花色有玫瑰红、粉红、黄紫、白色、蓝色等多种，极为美观（图 13）。《月令》以木槿花盛开时节为仲夏，且花期甚长，可长达 4 个月。唐人钱起的《避暑纳凉》："木槿花开畏日长，时摇轻扇倚绳床。"以木槿花盛开来对应"避暑纳凉"时节。

三、秋

诗词中秋季的代表植物，有开白花至粉红色花的木芙蓉、金黄色花的菊，以及开红花的红蓼等；也有叶色变红的枫树和叶呈金黄色的梧桐、银杏等。

·木芙蓉：芙蓉有时指夏季之花的荷花，但说的若是秋天的"芙蓉"，毫无疑问指的是"木芙蓉"（图 14），如明人汪膺的《贺新郎》："嫋嫋芙蓉秋风里，飞渡江南春色。"

·菊花：秋季开花的代表花卉，象征晚节清高的隐逸者情操，因晋代陶渊明"采菊东篱"而驰名。菊花常用为秋天的代称，是代表秋季时令的植物首选，明人陈于朝的《如梦令·秋》："共看明朝明月，踏过黄篱时节。"即是其中的代表作，句中的"黄篱"就是菊花。另外，唐人卢纶的《赠别

图 14　木芙蓉是秋天花卉。

图 15　红蓼常成片生长于荒地、溪谷边及湿地，秋季花开时甚为可观。

司空曙》："有月曾同赏，无秋不共悲。如何与君别，又是菊花时。"也指出菊花是秋季花卉。

·枫树：枫叶入秋经霜转红，"叶丹可爱"，向为诗人所偏爱，常以"枫林"一词代表秋色，如唐人戴叔伦的《过三闾庙》："日暮秋烟起，萧萧枫树林。"天气越冷，枫叶越红，诗句咏的当然是秋色。

·红蓼：夏末初秋之际，红蓼花穗随风摇曳。花开时，"色粉红可观"，常成片生长于荒地、溪谷边及湿地（图 15）。唐宋诗有时称蓼花或水荭，但大部分都称红蓼，如明人黄玺的《苏武慢》："云淡霜枫，水连秋壑，谩把小舟牢缚。红蓼洲边，绿杨阴处，结几个渔樵约。"枫、蓼并提，指出两者都是秋季植物的代表。

·梧桐："梧桐一落叶，天下尽知秋""梧桐叶上秋先到"，梧桐自古就是秋季的代表植物。诗词歌赋吟秋寄情的植物以梧桐为多，如宋人张耒的《晚归》："学省归来门巷秋，伴眠书史满床头。低云漠漠梧桐晚，屏上江山亦解愁。"即为一例。

·桂花：中秋节前后桂花飘散香气，喻佳景怡人，谓之"桂子飘香"。另外"桂子"也是对有才华者的美称，"飘香"犹言显达，语出唐人宋之问的《隐灵寺诗》："桂子月中落，天香云外飘。"

169

四、冬季

华中以北地区，冬季冷风瑟瑟，多数植物叶落呈枯死状，常绿植物很少，开花植物更是稀罕。诗文中描述的冬季开花植物，大抵为冬末初春开花的梅花、山茶花。

·梅：枝干苍古、凌冬耐寒，且花有淡淡香气，深受文人雅士喜爱。例如，明人陈于朝的咏时令词《如梦令·冬》就以梅花为冬季的代表植物："骨底一番寒透，春信无凭依旧。梅蕊放南枝，烟水凝香满袖。"描写的是梅岁寒开花。

·山茶花：以红色为主色，花色另有白、粉红及金黄等品种（图16）。叶革质常绿不凋，不畏风寒，于冬季开花，诗词中偶有篇章颂扬，南宋诗人陆游的《山茶》："雪里开花到春晚，世间耐久孰如君？"即为一例。

图16　山茶花有多种花色，是冬季开花植物。

第十一章　古代礼仪的植物

　　中国一向是个多礼的国家，对于政府架构、社会组织及人民的生活等都制定礼制，以为运作的依据。国家的典章制度从周朝已开始完备，各朝代的统治也因"礼"而有所依循。中国数千年的历史，受到儒家思想根深蒂固的影响，成就中国成为长久以来一枝独秀的文化内容。儒家思想的中心内容，归根究底，其实就是"礼"。"礼"是中国士大夫（读书人）言行的依据，也是中国社会长期维系不坠的重要因素。"礼"巨大的影响，成为历代中国人生活起居的准则，不但影响中国人的言行思想，也深刻地反映在文学创作上。可以说，中国的文学内容离不开"礼"。

第一节　古代的礼仪

　　古代记述"礼"的文献，较早的有《尚书》，其后有《周礼》《礼记》《仪礼》等，皆是以"礼"为书名，内容记述夏商周的社会典章制度、祭拜祖先神明的礼仪程序、生活起居准则等。古代礼的内容后世史书多有载录，诗词也多有引述，成为中国文学主要组成部分。以《诗经》而言，其中的《周颂》《商颂》《鲁颂》三颂，主要内容都是祭祀祖先神明时演奏的雅乐。

　　古人相信"事死如事生，事亡如事存，孝之至也"。所以古代的祭祀大事，不外乎祭宗庙、祭社神、祭稷神、祭天地等。王公贵族祭宗庙，平民百姓祭祖先外，还要祭拜各种神明，如社神、稷神。祭祀祖先时，置供品于祖先灵前拜祭，谓之祭奠。祭品丰盛、典礼隆重，祭品的内容不外牲畜与古代菜蔬，但随着祭拜对象不同，祭品内容也多有差异。此外，君王、士大夫、平民阶级之间，祭拜程序和祭品内容都有严格的区分规定，祭服也有一定规格。合乎规定，才是"礼"。

每年定期举行的还有祭天、祭地仪式。祭天即"郊之祭"，在郊外祭天，以报答上天的恩惠，是古代的大祭之一，由天子主祭，又称为"禋祀"或"燔柴"。积薪坛上，放玉石及牲礼在薪上燃烧祭拜。祭地也是古代大祭之一，亦由天子行之，又称为"瘗薶"。

一个人从出生、入学、长大行冠礼、嫁娶、到侍奉公婆，以至于送往迎来、赠送礼品，都有一定的礼仪规定。古代人最重要的礼仪是丧葬大事，主张"厚葬"，其礼仪规定多而烦琐，从丧服、礼器到祭奠礼品、典礼场所摆设，甚至棺木用材都有一定的礼制。

第二节　古代祭祀相关植物

一、卜筮

古代视占卜为大事，国家有大事，必祭神而告之，并卜筮占吉凶、指点迷津。古人相信占卜的结果会影响个人和国家的前途，如《中庸》云："国家将兴，必有祯祥；国家将亡，必有妖孽；见乎蓍龟，动乎四体。"所谓"见乎蓍龟"，意即凶吉之兆会借由蓍草、龟甲显现出来，也会透过卜筮者的举止反映出来。

图1　古代用以占吉凶的蓍草。

《礼记·曲礼上》："龟为卜，筮为筮。卜筮者，先圣王之所以使民信时日、敬鬼神、畏法令也；所以使民决嫌疑，定犹与也。"规定政治人物做决策之前，必须卜神问卦。其中所用的占卜器具"龟"是龟甲、"筮"是蓍草（图1）。执行占卜的官员，行事必须戒慎恐惧，在君王面前使弄占卜用的蓍草或龟甲都会受到严厉的处分，即《礼记·曲礼下》所说的："倒筴、侧龟于君前，有诛。"

卜筮之前，有净身的规定，即《礼记·玉藻》所载：占卜前，卿大夫等必须先用黍的汤汁洗头，用粱的汤汁洗手，即"沐稷而靧粱"。洗澡用两条浴巾，上半身用细葛布巾，下半身用粗葛布巾，即"浴用二巾，上绨下绤"，可以看出古人在占卜前保持戒慎恐惧的态度。

二、宗庙祭祀

祭祀宗庙，君王和诸侯、士大夫的礼仪和祭品都有定制。根据《周礼·天官冢宰下》，君王宗庙的祭祀，由执其事的官员"笾人"负责以竹器"笾"进献食物。所进献的谷类有麦、麻实、黑黍米，果类有枣、桃、榛、梅、菱、芡等。同时，由负责的官员"腌人"以木器"豆"进献韭菜、菖蒲、芜菁、荇菜、冬葵、水芹等食物。

图 2　宗庙祭祀，枣果是必备的供祭品之一。

《仪礼》规定，诸侯大夫等贵族岁时祭祀祖祢时，要准备特牲（牲一）和少牢（牲二）之礼，即牲畜是必要的祭品。除了牲畜外，供祭食品还有野菜荼（苦菜）、薇（野豌豆）、冬葵；蔬菜有韭菜等；

图 3　栗即板栗，也是古代祭祀宗庙必备的干果。

谷类则以黍、稷为主，另有枣（图 2）、栗（图 3）等干果。上述宗庙祭祀相关礼仪，所使用的植物都是《诗经》《楚辞》所描述过的。

三、祭鬼神

古人尊奉鬼神，认为鬼神至高无上。在上位者以鬼神之说来辅助国家的治理，让百姓知所畏惧，有所敬服；人民则信服自己的祖先，并遵从祭鬼神的礼仪。《礼记·祭义》规定，祭鬼神时，要进献牲畜的肝、肺、头、心等祭品，谷类植物则必备黍、稷；同时献上郁金浸泡的黑黍酒（郁鬯）。

百姓平常也会定期祭祀社神、稷神，不同季节祭祀时会使用不同的谷物或蔬菜，即"春荐韭，夏荐麦，秋荐黍，冬荐稻"，同时要"韭以卵，麦以鱼，黍以豚，稻以雁"，意即祭拜时韭菜要配蛋、小麦要配鱼、黍要配猪肉，而稻要配雁。

四、酒

凡祭祀都要献酒，而且进献的酒不能用普通的酒。《周礼·春官宗伯·第三》规定："凡祭祀宾客之裸事，和郁鬯以实彝而陈之。"意思是说把郁金掺和在鬯酒里，陈设在行礼的地方，即《诗经·大雅·江汉》所说的："釐尔圭瓒，秬鬯一卣。告于文人，锡山土田。"进献玉制酒勺，和黑黍酿制再加上郁金染黄的酒，祭告先人，并祈告子孙赐土封爵。

郁金用来将酒染成黄色，表示对神明的崇敬，使用部分是郁金的黄色根状茎,晒干捣成粉末状备用（图4）。捣制郁金的器材原料《礼记·杂记上》有严格的规定："臼以椈，杵以梧。"即臼要用柏木制作，而杵要用梧桐木。

五、祭品

不同阶级的官员和普通百姓的祭祀，在祭礼、祭品的规定如上述。但不论是何种祭祀对象，都必须同时供应牛尾蒿、白茅及应时瓜果，即《周礼·天官冢宰·第一》所说的："祭祀，共萧茅，共野果蓏之荐。"祭品必须用白茅作为垫衬（菹），"置黍、稷等祭品于其上"，才表示庄重。其他祭品如牛、羊等牲畜，也一样要用白茅衬垫，如《周礼·地官司·徒第二》所言："大祭祀，羞牛牲，共茅菹。"

综合以上所述，历代各种祭祀

图4　祭祀进献的酒，先用郁金的根染成黄色。

图5　历代祭祀用作祭品的野菜水芹。

图 6 田字草是水生蕨类，古人采集供
菜蔬，并用在祭礼上。

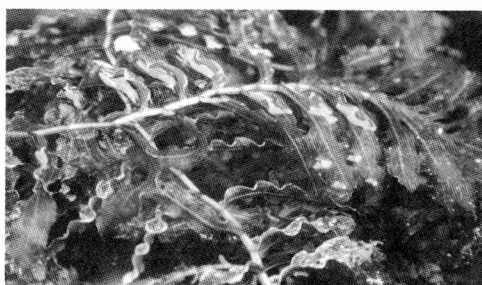
图 7 古时捞取马藻之嫩枝叶煮羹，也用作祭品。

用作祭品的果类有枣、栗、桃、榛、梅、菱、芡等，野菜类有荇菜、冬葵、水芹（图 5）、野豌豆（薇）、田字草（蘋）、藻等，蔬菜类有韭菜、芜菁等，谷类有麦、麻、黍、稷、稻等；而相关的非食用植物，包括菖蒲、白茅、白蒿（蘩）等。其中的白蒿（蘩）、田字草（蘋）、马藻（藻）、牛尾蒿（萧）等植物，已成为历代各种祭祀的"祭祀植物"，诗文中屡屡述及，扼要说明如下：

·蘩：今之白蒿。《左传》说："蘋、蘩、蕴藻之菜，可荐于鬼神，可羞于王公。"说明蘋、蘩、藻等植物都是古代重要的祭品。古代常采集白蒿供祭祀用，《诗经》："于以采蘩？于沼于沚。于以用之？公侯之事。"不但说明采蘩的目的是为了祭祀（公侯之事），且描述"蘩"生长在潮湿的沼泽和水洲（于沼于沚）。唐人徐浑《太和初靖恭里感事》诗："清湘吊屈原，垂泪撷蘋蘩。"也是采蘋（田字草）和蘩（白蒿）来祭吊屈原。

·蘋：即今之田字草（图 6），嫩茎叶可蒸煮食用，又可以用醋腌制后配酒，如《吕氏春秋·本味》所载："菜之美者，昆仑之蘋。"《诗经·召南·采蘋》："于以采蘋，南涧之滨。"表示采蘋之处是水滨，采集目的也是"于以奠之"，作为祭品。

·藻：即眼子菜科的马藻（图 7）或蕴藻。藻是生活在水中的沉水植物，种类很多，可以食用的有马藻等少数种类。古时捞取叶及嫩枝，淘洗干净后，煮熟去除腥味做羹。藻象征柔顺、廉洁，周代祭祀时，献供藻作为祭品，即《诗经·召南·采蘋》："于以采藻，于彼行潦。"采藻的原因。另外，古代每遇荒年，也会在水塘中采集藻类充当粮食。贫苦人家或朴实

175

人家也常以藻类为食，如北宋僧道潜的《次韵杨翟尉黄天选见寄》诗所叙述的：“眷余东南来，野饭煮芹藻。”

·萧：今之牛尾蒿。古人采牛尾蒿用于祭祀，祭祀时染之以脂，合黍稷而烧之，主要是取牛尾蒿的香气，来表达敬神心意。即《诗经·大雅·生民》所言：“取萧祭脂，取羝以軷。”牛尾蒿是供祭的植物，古人视为神圣之物，也用于诸侯宴会时推举君子美德的颂扬和祝愿之词。祭祀送神时，会和献酒一同使用，如唐人郑善玉之郊庙歌辞《雍和》：“酌郁既灌，芗萧方爇。”

第三节 古代丧葬礼仪与植物

一、丧服、礼器

婚丧喜庆是中国人一向最重视的礼仪，丧礼尤其隆重，特别是古代。自天子以下，至于平常百姓，人死后哀丧的礼节、服饰及丧服的等级都有严格规定：诸侯为天子、臣为君、子为父及妻妾为夫所服的丧服，谓之“斩哀”，属于最隆重的丧礼服饰，用最粗的麻布裁制，不缉边，服期三年。其他丧服又有齐哀、大功、小功之分，服期一年至三个月不等，丧服缉边。

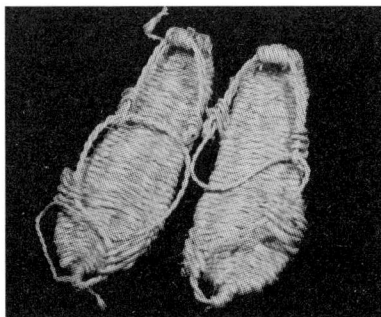

图8　用芒草（菅草）秆编制的草鞋。

丧家必须按礼制备穿戴的规定服装，包括用粗麻做成麻带，称为“苴绖”；用枲麻做成冠带，称“冠绳缨”；用菅草秆编制草鞋（图8），谓之“菅履”。穿的粗草鞋（疏履），有时可用藨草和蒯草制作。除了丧服之外，丧礼进行中还要用到“孝杖”。孝杖的材料也有规定：父亲去世，用竹子做孝杖，曰“苴杖”；母亲

图9　士家丧事，夏天死者要穿葛藤皮制成的“葛履”。

176

图 10　古代丧事之祭坛，要铺设芦苇秆编成的席子。

图 11　丧祭时神坐的席位，要用荻草禾秆编成。

去世，用桐木做孝杖，曰"削杖"（《仪礼·丧服》）。

　　至于士家（读书人）丧礼，也有特殊规定（《仪礼·士丧礼第十二》）：死者插发髻用的发簪必须用桑木制作，长四寸；身上放置竹制笏板，夏天穿白色葛履，冬天则穿白色皮履。葛履用葛藤（图 9）皮制作。

二、奠祭礼品

　　据《仪礼·既夕礼第十三》所载，祭祀刚过世的亲人，一般用干肉、鱼、葵、枣、栗、黍、稷和麦等奠祭。祭祀用的羹则以苦菜、薇（野豌豆）或冬葵等野菜为材料。祭礼进行时，《周礼·春官宗伯第三》规定："凡丧事，设苇席。右素几，其柏席用萑。"即丧祭铺设芦苇（图 10）编的席子，而神坐的席位谓"柏席"，则用荻草（图 11）的禾秆制作。

三、棺木

　　《礼记·丧大记》对棺木外面的套棺材料也有限制，即"君松椁，大夫柏椁，士杂木椁"，君王用松树，大夫用柏，士则无严格规定，一般百姓则视自身的经济情况购置适当的棺木材料。

综合以上所述，古代丧葬礼仪所使用的植物，丧服方面有：麻、芒草（菅）、芦草、蒯草、葛藤等；丧仪方面有：竹、芦草、荻、桐、桑等；祭礼有：枣、栗、黍、稷、麦、冬葵、苦菜、野豌豆等；棺木则有松、柏和其他杂木等。

第四节　古代生活礼仪与植物

一、出生

贵族的孩子出生，也有特别的仪式。生男孩的话，要在门的左边悬挂一副箭弓，如《礼记·内则》所说："子生，男子设弧于门左，女子设帨于门右……射人以桑弧蓬矢六，射天地四方。"负责射箭的官员"射人"拿着桑木（图12）制成的弓，取飞蓬（图13）的枝条向天、地、东、西、南、北各射一箭，表示未来志在天地四方。生男孩要射箭，生女孩则不用，但要在门右挂佩巾（手帕），即"设帨于门右"之意。"三日始负子"，不管是男是女，第三天才能抱小孩出房门。

图12　古时贵族生男孩，必须准备桑木制成的弓。

如果是国君的长子出生，仪礼更隆重：首先要立刻向国君报告，用三牲庆贺，并进行其他复杂的礼仪。其余仪式和上述贵族生子相同，也要"射人以桑弧蓬矢六，射天地四方"。

图13　贵族生男孩，会用飞蓬枝条制成的箭射向天地及四方。

二、入学

古代孩童读书不易，只有少数贵族人家或地方绅士，才有能力送孩子入学。依《礼记·月令》，入学时，先以芹、藻等物祭祀先师，此典礼谓之"释菜"。"芹"即水芹，在现代芹菜（旱芹）未引入中国之前，是古人常采食的野蔬。因《诗经》有"思乐泮水，薄采其芹"之句，故入学时，用以祭祀万世师表孔子，有鼓励向学致仕之意。"藻"即马藻或蕰藻，代表纯洁。

三、冠礼

贵族男子二十岁要行加冠礼，表示已经成年。《仪礼·士冠礼》记述行冠礼的过程及仪式：首先由"筮人"占筮选定良辰吉日，占筮用蓍草。各种琐细的典礼仪式中，最重要的是行醴法及行醮礼。行醮礼要祭酒，还要准备"葵菹"和"栗脯"等食物。"葵菹"是腌制的冬葵菜，"栗脯"为栗子干。行礼时，夏天要穿葛藤制成的鞋，冬天可穿皮鞋。

四、嫁娶

根据《礼记·昏义》，女子出嫁前三个月，要进入宗祠接受教育。受教完毕，要以"蘋、藻"制羹祭告祖先；结婚典礼以后，新婚第二天早晨起床，新妇要以枣、栗侍奉公婆，就是《仪礼·士昏礼第二》所说的"执笄、枣、栗、段脩以见"，段脩是加姜桂的干肉。

五、侍奉

平常的起居生活，儿子侍奉父母、媳妇侍奉公婆的礼仪，除了必须遵守的服装、服饰、礼仪外，《礼记·内则》还规定：子妇清晨侍奉亲长，必须准备"饘（厚粥）、酏（薄粥）、酒、醴（浓酒）"和苴（野菜）、羹汤、菽、蕡（大麻种子）、稻、黍、粱、秫"等食物及饮料，还有加上甜食枣、栗、饴（饴糖）、蜜。上述食物其实就是古代人的三餐食品：主食类有稻、黍、粱（小米）、菽（大豆）、蕡（大麻子）；副食类有野蔬；饭后甜食有枣、栗等。

六、见面

古人相见时赠送礼物，称"挚"或"贽"，但身份不同，礼品亦不同。

《礼记·曲礼下》云："凡挚，天子鬯……"意思是说相见时，天子用鬯酒赐给对方。诸侯以下则赠送羊、雁、鸭等各种不同的牲畜。妇人相见时，所送的礼品有枳椇（图14，膨大的果梗是食用部分）、脯、脩、枣、栗等。诸侯间相互拜访也要赠送枣、栗（《仪礼·聘礼第八》）。

《仪礼·聘礼第八》记载：周君宴请臣子的食物有"黍、稷、粱、稻"，都是当时的主食，也是当时栽种最多的谷类；菜类有韭、藿（豆叶）、蔓菁、荼（苦菜）、

图14 枳椇。

薇（野豌豆）等蔬菜，大都是野菜，只有韭、蔓菁为栽种蔬菜。可以看出，即使是周王的宴会，植物类食材中栽种蔬菜的种类也极少。可见当时民众的菜蔬，仍以采集野蔬为主。

第五节　古诗词中的酒

一、谷类酒

用黍、稷、麦、稻等粮食作物（即五谷、九谷等禾本科作物）直接发酵制成的酒，称"谷类酒"，是中国古代使用最多、饮用时代最长远的酒。唐宋以前，中国人喝的酒大都是这种酒。发酵酒必须过滤酒渣才能喝，"五柳先生"陶渊明喜欢喝酒，看到刚酿好的酒，迫不及待地将头上的葛巾取下滤酒，这就是所谓的"葛巾漉酒"，后人用此成语形容嗜酒且性情率真的人。历代著名的谷类酒有战国时代的"黍酒"、汉代的"麦酒"、魏晋南北朝的"糯米酒"和"粟米酒"，现在的米酒及高粱酒均属之。

二、竹叶酒

即"竹叶青酒"，是一种用竹叶、当归、陈皮、鸡舌丁香等药材酿制的酒。《本草纲目》列为药酒，"治诸风热病，清心畅意"。这种酒中国很早就

有，南北朝的北周诗人庾信的《春日离合诗》："三春竹叶酒，一曲鹍鸡弦。"就已提及。唐诗也有多首诗咏及，如戎昱的《送王端公之太原归觐相公》："春雨桃花静，离尊竹叶香。"李峤的《酒》："临风竹叶满，湛月桂香浮。"可见"竹叶酒"也是唐代名酒。其后各代均有诗文引述，明代的"竹叶清"据《明宫史》所载是一种内府造的御酒，身价不凡，当时不乏咏"竹叶酒"的诗词，如焦竑的《友人以诗召饮未赴次韵》："酒杯竹叶清相妒，人面桃花娇可怜。"张红桥的《玉漏迟》："一杯竹叶同斟，休学取，乐昌破照。"

三、水果酒

唐代以前，"葡萄酒"是西域各国酿制的发酵饮料，被视为珍异之物，常直接从西域"进口"。唐太宗破高昌之后，中土才开始酿造葡萄酒，成为唐代重要的名酒，许多诗人都有提到。例如，王翰著名诗作《凉州词》："葡萄美酒夜光杯，欲饮琵琶马上催。醉卧沙场君莫笑，古来征战几人回？"常建的《塞下曲》"帐下饮葡萄，平生寸心是"等，都是千古名句。《全唐诗》鲍防的《杂感》则提到"天马常衔苜蓿花，胡人岁献葡萄酒"，天马和葡萄酒是唐朝盛世的象征。

四、香料酒

用植物具特殊香味的叶、茎、根、花或果配入酒中，制成风味特别的美酒，也是中国古代酿酒的特色，历代均有诗文载录之。古人农历过年还有喝椒酒、柏酒的习惯，《荆楚岁时记》云正月一日："长幼悉正衣冠，以次拜贺，进椒柏酒，饮桃汤。"椒酒是用花椒果实（图15）浸泡的酒，有香气且有辟邪效果；柏酒是柏叶（图16）浸制的酒，古人相信有免除百病的作用。一年

图15　用花椒果实浸制的酒，称为椒酒。

181

之始的元旦，喝椒酒、柏酒，能使人在新的一年身体健康、百病远离，一直到明清时代，还维持春节喝柏酒、椒酒的习惯。明人马邦良的词《鹊桥仙·除夕》："频斟柏叶与椒花，且莫厌流霞披雾。"方一元的词《蝶恋花·三山斋雪》："柏酒欲倾思两弟，天涯岁底心相系。"均可看到除夕夜喝柏叶酒、花椒酒的描述。

图16 饮用柏叶浸制的柏酒，古人相信可以免除百病，有益健康。

农历五月五日端午节，要喝"菖蒲酒"及"雄黄酒"。古人认为五月是"恶月"，必须喝这两种酒去恶辟毒。另外，在端午节当天还会取菖蒲叶，加上榕树叶、艾草一起悬挂在门口辟邪。菖蒲是水生植物，全株具香味，自古即视为具活血、理气、散风、去湿等功效的药材，浸酒后有治病效果，可"通血脉、治骨痿，久服耳目聪明"。

农历九月九日重阳节，自汉代开始有登高远望、佩戴茱萸及喝"菊花酒"的习俗，即郭震的《子夜四时歌·秋歌》所言："辟恶茱萸囊，延年菊花酒。"骚人墨客尤其时兴重阳节登高饮酒，产生许多脍炙人口的诗文作品，其中又以王维的《九月九日忆山东兄弟》最为著名。到了宋代，重阳节不但喝菊花酒，也喝"茱萸酒"：让菊花瓣飘浮在酒上，谓之"菊花酒"，置茱萸叶于酒中则称作"茱萸酒"，都是节日当天取新鲜花瓣、叶片放入酒内而成。喝了这两种酒，据说能消除阳九之厄。菊花酒有时也会趁着"菊花舒时，并采茎叶，杂黍米酿之"，是真正具有菊花风味的酒，也是重阳节登高的时令酒品。

"桂酒"是肉桂浸制而成的酒，以桂皮或桂枝切片放入酒中浸泡而成。《楚辞·九歌·东皇太一》："蕙肴蒸兮兰借，奠桂酒兮椒浆。"意思是说祭神时用肉桂制成的桂酒及花椒酿制的椒酒，以香草蕙、兰为垫，表示崇敬。唐人高适的《赠别褚山人》："墙上梨花白，尊中桂酒清。"载录唐人也有喝桂酒的习惯。

用松花浸泡的酒称为"松花酒"，据说味道"清香甘美"，《全唐诗》中不乏"松花酿""松花酒"一类的诗句。唐代诗人刘长卿就常喝"松花酒"，有"藜杖闲倚壁，松花常醉眠"诗句，也经常"郊醉松花酿"。唐代"柏叶酒"和"松花酒"常一起出现，同为唐代名酒，如王绩的《春庄酒后》："郊扉乘晓辟，山酝及年开。柏叶投新酿，松花泼旧醅。"未过滤糟粕的酒称为"醪"，唐诗常出现的"松醪"，是指用松脂酿的酒。苏轼在定州时曾以"松膏"酿酒，"松膏"即松脂。历代诗词引述的"松醪"或"松酒"可能都是加松脂酿造的，唐代饮"松醪"的诗句很多，如窦庠的《酬韩愈侍郎登岳阳楼见赠》"野杏初成雪，松醪正满瓶。莫辞今日醉，长恨古人醒"，李商隐的《复至裴明府所居》"赊取松醪一斗酒，与君相伴洒烦襟"及《自喜》"慢行成酪酊，邻壁有松醪"，杜牧的《送薛种游湖南》"贾傅松醪酒，秋来美更香"。另外，王维的《过太乙观贾生房》："共携松叶酒，俱簪竹皮巾。"所喝的"松叶酒"酿造过程中一定加有松叶。

五、药酒

浸泡药材，使药材的有效成分溶解在酒中，可制成味道特殊又有治病效果的药酒。例如，明代的药酒有五加皮酒、当归酒、枸杞酒、茴香酒、天门冬酒、茵陈蒿酒等；而清代有桑葚酒、梨酒、枣酒、木瓜酒、橘酒、

图17　石榴的果实可用以酿酒。

石榴酒（图17）、桂花酒、茉莉花酒、合欢花酒、玫瑰露、莲花白，等等。

第十二章 文学与植物色彩

第一节 前言

　　植物各部位的色彩成为颜色的专有用语,例如粉红色的桃花成为"桃红"专用词、"杏黄"来自成熟的黄色杏果、"漆黑"源自黑色的漆树汁液、"柳绿"指的是春天初萌的柳叶颜色、"橘红"是成熟的橘皮色、"枣红"指暗红的枣果、"松青"是暗绿的松叶等等。小说诗文常不直接写出所引述物体的颜色,而以熟悉的植物体部分颜色来形容。如《红楼梦》第52回宝玉身上所穿的"哆罗呢的天马箭袖褂子"即以"荔色"状之,意即暗红色。有时就以荔色代替暗红色。

　　用植物器官的色彩来创造文学用词,而为后人所师法者,实例很多。此类语词来自植物的花、叶、果实的颜色,如花红柳绿、红桃绿柳、红杏出墙、李白桃红、橘红橙黄等,适当应用在文句上,常能创作新颖切题的诗篇,前者如明代刘基的《春思》:"忆昔东风入芳草,柳绿花红看总好。"后者如元好问的《洞仙歌》:"千崖滴翠,正秋高时候,橘红橙黄又重九。"

　　植物色彩的多样性,使诗文内容更加生动,并营造出中国文学的意境。如唐诗人李端的《送濮阳录事赴忠州》:"赤叶黄花随野草,青山白水映江枫。"有山水的青与白,也有植物的红与黄。另外,元代白朴的散曲《双调·沉醉东风》:"黄芦岸白蘋渡口,绿杨堤红蓼滩头。"短短两句就出现黄、白、绿、红四种颜色四种植物,曲中充满艳丽色彩。历代充满植物色彩的诗文不胜枚举,唐人苏颋的《长相思》:"杨柳青青宛地垂,桃红李白花参差。"即其一。王维以"诗中有画"著称,如《田家》:"夕雨红榴拆,新秋绿芋肥。"《田园乐七首》:"桃红复含宿雨,柳绿更带朝烟。"都是善用植物颜色的例子。

　　具有植物色彩的作品,不但可充实诗文内容,有时也暗喻作品背景。

最典型的例子莫如白朴的《越调·天净沙》："孤村落日残霞，轻烟老树寒鸦。一点飞鸿影下，青山绿水，白草红叶黄花。"短短六个字的"白草红叶黄花"，说明三件事：其一，六个字是三种植物，白草、枫树、菊；其二，代表白、红、黄三种颜色；其三，此段描写的季节是秋天。

第二节　植物的色彩

植物的色彩，主要来自花。花的颜色，从淡雅到浓艳均有。植物开花时，群芳竞秀，色彩缤纷，是植物景观中最引人注目者，花海花园常常成为一地的景观焦点。出现在古典文学作品的植物中，也有各种不同花色，正所谓："红黄绿紫花，花开看不足。"（唐人李端）。从《诗经》以下，历代诗文常出现的植物，开白花的有栀子、李、梨、丁香、玉簪、百合等；开黄花的植物，有腊梅、迎春、连翘、棣棠、石蒜等；开粉红色花的植物，如桃、杏、合欢、夹竹桃；开红色花的植物，如山茶、石榴、朱槿、木棉、山丹；开紫色花的植物，有木槿、紫薇、紫荆、泡桐等；也有花冠成蓝色的龙胆、牵牛花等。不同花色的植物，充实了中国古典文学、绘画艺术的内容。

花期过后，还有果实可以欣赏。植物果实成熟期多在夏末或秋季，此时百花多已凋萎，但鲜艳色彩的果实仍然迷人。有些植物结实累累，全株都是果实的色彩，往往成为点缀景观的美景，其中又以鲜艳的黄色和红色果实受到最多的注目与赞美。文学作品上出现最多的金黄色果植物，有金橘（卢橘）、枇杷、银杏、楝、杏等；常出现的红色果实植物，则有南天竹、杨梅、荔枝、山桂、冬青、枸骨、枸杞、山茱萸等。

叶的色泽变化，表现出植物种类之间的差异，从墨绿、深绿、翠绿到淡绿不一而足。比较特殊的叶色，包括银白色（如蕲艾）、黄色（如黄金榕）、红紫色（如青紫木、非洲红）等。有些同种植物不同单株之间，色泽也有浓淡之分。落叶性植物则新叶、老叶色泽不同：叶芽初展或展开未久的嫩叶，呈娇黄、浅黄、浅绿、翠绿等色泽；新绿之叶，色泽由浅转深，由淡至浓，有淡绿、鲜绿、黄绿、浓绿、深绿之分。入秋后，有些树种为了适应冬季严寒的环境，而演化成落叶树种。秋季气温开始下降，叶片叶红素沉积,叶柄基部形成离层,叶片变红或变黄凋落。植物叶色由绿转黄或转红,是文人墨客笔下最喜描述的,如宋人释德洪《早行》:"秋阳弄光影,忽吐半林红。"描写的是秋红的树种,如枫、黄檀木、槭、柿等。而秋季叶转黄的树种,则有槲树、楸树、梧桐、银杏、杨、榆等。

第三节　四季的植物色彩

一、春天的植物色彩

春季植物的色彩主要表现在花色上。历代诗文中,常用来表现亮丽色彩、描绘春季特色的开花植物有桃、杏、紫荆、木兰、海棠、牡丹、芍药、紫藤、辛夷、蔷薇、丁香等,颜色有桃红、紫红、紫、白等。

·桃花:桃红色的桃花(图1)非常艳丽,自古即为主要的观赏花种。《诗经》有《桃夭》篇用桃花来盛赞新嫁娘的美貌,到了宋代则被列在名花三十客(《西溪丛话》)及名花五十客(《三柳轩杂识》)之中。桃的品种极多,以花而言,有红、紫、白各种花色,也有单瓣、重瓣之分。唐代欧阳询《初学记》认为:"以桃花白雪与儿靧面,云令面妍华光悦。"东晋《肘后方》还说:"服三树桃花尽,则面色红润悦泽如桃花。"另中医古籍《太清诸卉木方》也说:"酒渍桃花饮之,除百病,好容色。"

·杏花:杏原产中国,起源自中国北部和西部山地。《夏小正》有"正月,梅、杏、杝桃则华""四月,囿有见杏"的记载,说明至少在 2600 年

图 1　《诗经》用桃红色的桃花盛赞新嫁娘的艳丽容貌。

图 2　白色杏花微带红色,盛开时艳丽动人。

186

前已有杏树栽培。杏树一般在农历二月开花，花蕾颜色纯红，但盛开时色白而微带红，至落花时则变为纯白色（图2）。杏花盛开时，单株无甚可观，但成丛杏树开花则美丽动人，正如《学圃余疏》所言："杏花无奇，多种成林则佳。"历代吟诵杏花的诗词极多，如南宋陆游的《江路见杏花》："我行浣花村，红杏红于染。"所见为开红色花的杏树。

· 紫荆：春季在枝上、树干上，甚至根上着生细碎花朵，数朵一簇，艳紫可爱，又名"满条红"，足以点缀春光（图3）。先花后叶，花罢叶才出。叶近圆形，春季萌芽幼嫩时红褐色；夏季叶翠绿具光泽，极富四季之美。国外植物园多有引种，丛植、散生皆宜。韦应物的《见紫荆花》一诗描写："杂英纷已积，含芳独暮春。还如故园树，忽忆故园人。"看到紫荆花开，让诗人想起了故乡的树，勾起孩提记忆。紫荆通常在三月、四月开花，杜甫诗："风吹紫荆树，色与春庭暮。"描写紫荆是春日的色彩之一。

· 木兰：木兰是中国特产名花，其花"色白微碧，香味似兰"，故又名玉兰，为名贵的庭园观花树种。木兰先花后叶，春天时开花，花色白，又称应春花、望春花，即应春或望春而开的花卉。古代造园名著《长物志》说："玉兰，宜种厅室前。对列数株，花时如玉圃琼林，最称绝胜。"因此，名胜及各处名园都种有木兰。清代皇室、权贵布置官邸庭园时，也种植木兰增色。近代经过育种，已培育出紫红花变种，称紫花玉兰，花色浓淡有致、美丽动人，也成为近代庭园名木。木兰花配植松树，下置山石岩块，更有古趣。

· 海棠：中国名花，未开时，花色深红点点；初开放时，花色淡红；

图3 紫红色的紫荆花成簇生长在枝干上，艳紫可爱。

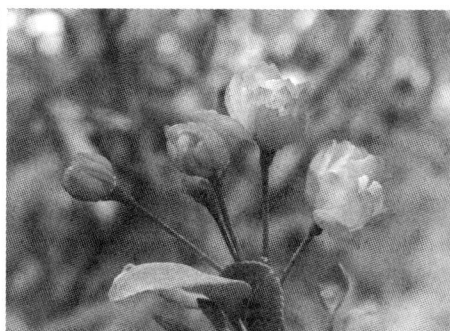

图4 中国名花海棠（垂丝海棠），自宋代起文人多有咏颂。

将谢时有如"隔宿粉妆"（图4）。宋代刘克庄诗："海棠妙处有谁知，今在胭脂乍染时。"海棠以"虽艳无俗姿"著称，在霏雨下更显娇艳奇绝，即所谓"侬丽最宜新着雨，妖娆全在半开时"。南宋陆游的诗作《海棠歌》盛赞海棠的脱俗之美更胜芍药："若使海棠根可移，扬州芍药应羞死。"唐代之前咏海棠诗甚少，直到宋代才由苏东坡启其端。苏东坡酷爱海棠，谪居黄州期间，写过好几首咏颂海棠的诗。蜀中海棠闻名天下，成都海棠亦负盛名，杜甫在成都写了许多咏花草的诗，却没有一首是有关海棠的，因此苏东坡常为海棠遭受唐代诗人冷落而打抱不平，他有首诗云："可怜俗眼不知贵，空把容光照山谷。此花本出西南地，李杜无诗恨遗蜀。"南宋诗人王十朋更有"杜陵应恨未曾识，空向成都结草堂"之惋惜。海棠花一般为粉红色，后来也培育出花重瓣、纯白色的"重瓣白海棠"，这个品种较为稀少。

· 樱桃花：樱桃在春季开花，在枝条上紧密簇生，花色雪白（图5）。白居易《伤宅》诗云："绕廊紫藤架，夹砌红药栏。攀枝摘樱桃，带花移牡丹。"显示樱桃和紫藤、芍药（红药）、牡丹一样，也栽植在院子里，一方面采集果实食用，一方面供观赏。

图5　樱桃花。

· 紫藤：紫藤是世界知名的观赏植物，原产中国。暮春时开花，是花木中少见的高大藤本植物，枝叶茂密，紫色花序悬垂，开花繁盛，有香气，条蔓纠结，是最优美的观赏植物之一（图6），可栽植在庭院、公园廊前、凉亭、花棚、井架、拱门及墙壁上，也可植成盆栽。

图6　紫藤是世界著名的藤本开花植物，春季花序悬垂，十分动人。

188

中国栽植紫藤的历史悠久，唐代已经有栽培纪录，各地都有栽种，有许多百年以上的古老植株。

·牡丹：自古以来，中国传统庭园不可缺少的名花。唐中书舍人李正封《咏牡丹》诗云："国色朝酣酒，天香夜染衣。"牡丹遂有"国色天香"的誉称。大概在南北朝时，牡丹就已成为名贵的观赏花卉，唐代时是皇宫珍贵的花卉，还特别在骊山开辟"牡丹园"。李白曾奉诏到沉香亭写三首《清平调》，其中之一："名花倾国两相欢，常得君王带笑看。解释春风无限恨，沉香亭北倚栏杆。"说的是艳丽的牡丹和倾国倾城的杨贵妃。牡丹原产华北地区，目前已在全中国各地栽培，并引种至国外，可根据花色和花瓣形态区分出上百个品种。花单生茎顶，花瓣红色、红紫色、玫瑰色、白色。

·芍药：自古即为著名的观赏植物，春季开花，花色娇美。皇室、贵族庭园多有栽种。夏商周三代，芍药已经成为名花，历代咏芍药的诗词文句不胜枚举。中国古代的花当以芍药为盛，如《通志略》所说："芍药著于三代之际，风雅所流咏也。"处处有之，以扬州地区的芍药最佳，犹如牡丹以洛阳最贵。芍药花色有多种，红、紫、粉红、白、黄色等色都有，其中黄色比较稀少，目前中国各地可辨识的品种约有300个之多。芍药又名将离，《韩诗外传》称之为离草，离别之草也。古代年轻男女或朋友别离会相互赠送芍药，所据即此。

牡丹和芍药都是中国名花，牡丹开花较芍药约早一个月，牡丹称"花王"，芍药称"花相"，都是"花中贵胄"。今人有以牡丹和芍药混植者，两者开花有早晚，这两种天下名花的花期可以接续。

·木香花：木香花之名初见《花镜》，形如蔷薇，农历四月开花。白花者宛如香雪（图7)，黄花者灿若匹锦（图8)，花香馥清远,故有"木香"之名，就如《本草纲目》所说："本名

图7　木香花是香花植物，农历四月开花，图为开白花种。

蜜香，因其香气如蜜也。"然而
"非屏架不堪植"，必须攀爬在
花架、花棚上，"高架万条，望
若香雪"，花香阵阵，宋人刘敞
的《木香》："只因爱学宫妆样，
分得梅花一半香。"难怪受到众
人喜爱。宋人晁咏之也有咏木
香诗句"朱帘高槛俯幽芳，露
泡烟霏玉褪妆"及"羞杀梨花
不解香"，说明木香兼具花色及
花香。木香是中国庭院最常栽
种的香花植物之一，可架设花
棚而种，也可以沿墙而植，更
适合栽种在山石之旁。

图8　开黄色花的木香花。

·辛夷（紫玉兰）：辛夷初
出枝头的花苞，尖锐形如笔头，
密生青黄茸毛，外观酷似毛笔，
故有"木笔"之称（图9）。开
花时，紫苞红瓣，甚为美艳，

图9　花形大的辛夷，花苞尖锐如笔头，外观酷似
毛笔，故有"木笔"之称。

花形又大，自古即为庭院中主要的观赏植物。历代诗词均有咏颂，如《楚辞·九
歌》之"辛夷楣兮药房""辛夷车兮结桂旗"等。寺庙官邸亦常种植，白居
易的《题灵隐寺红辛夷花戏酬光上人》可为代表："紫粉笔含尖火焰，红胭
脂染小莲花。芳情香思知多少，恼得山僧悔出家。"描述出辛夷花的形态、
颜色及美艳。花先叶开放，单生于枝顶，钟状，大型；花被片九，紫色或
紫红色。

·蔷薇属植物：本属植物全世界约有200种，中国也有80多种，有
许多种类已成为世界著名的观赏植物，包括蔷薇、玫瑰，均普遍在庭院栽
培。中国栽培蔷薇的历史悠久，明代《群芳谱》（1630年）已有蔷薇的记载。
欧洲引入大量的中国种蔷薇属植物，如月季花、蔷薇、玫瑰等，和原产欧洲的蔷薇属杂交，培育出许多优良品种，世界各地花园所栽培的各类蔷薇植物，大概都有中国蔷薇的基因。中国历代文学作品，包括章回小说及诗词所提到的"蔷薇"，可能包含野蔷薇在内的许多变种和其他相关种，如红刺玫、白玉堂、光叶蔷薇等。

·木瓜：《尔雅》说木瓜"木实如小瓜，酢而可食"，故取名为木瓜，亦即果实类似小甜瓜之意。国人利用木瓜的历史久远，2500多年以前的《诗经·卫风》就有"投我以木瓜，报之以琼琚"的记载，且为日常所见的树种。木瓜花及果皆香，每年三、四月开花，盛开时花枝柔弱，花朵微红，温润可爱，可惜花期不长。花色有深红、浅红、纯白或红白相间者，古今都常栽植在庭院中。另有一种贴梗海棠，又名皱皮木瓜，果实外形、滋味和药效都和木瓜类似；花色也艳丽可观，亦栽培供观赏。

·紫丁香：又名华北紫丁香（图10），是长江以北庭园栽植最普遍的丁香类植物，虽然丁香花种类很多，但一般都以紫丁香为丁香花。中国栽培丁香的历史约有1000年，据宋代周师厚的《洛阳花木记》记载，当时洛阳已有丁香的栽培。丁香春季开花，花密集成庞大的花序，花呈紫色。未开时，花蕾先端的花冠裂片呈膨大圆球状，和纤细而长的花冠管合成细长丁字形。丁香枝叶茂密，花序硕大，香气袭人，是中国北方园林中应用最普遍的植物之一。常丛植、片植于路边、草坪中，或与其他花木混植；也可用盆栽栽植，或切花插瓶，放置案头、几上及室内，花繁香浓，香气经月不减。庭园常见栽培的丁香，除紫丁香外，还有紫丁香的变种白丁香，相较于原种，白丁香叶片较小、花白色；小叶丁香（又称四季丁香），花冠粉红色；蓝丁香，开紫蓝色花；什锦丁香是花叶丁香和欧洲丁香的杂交种。

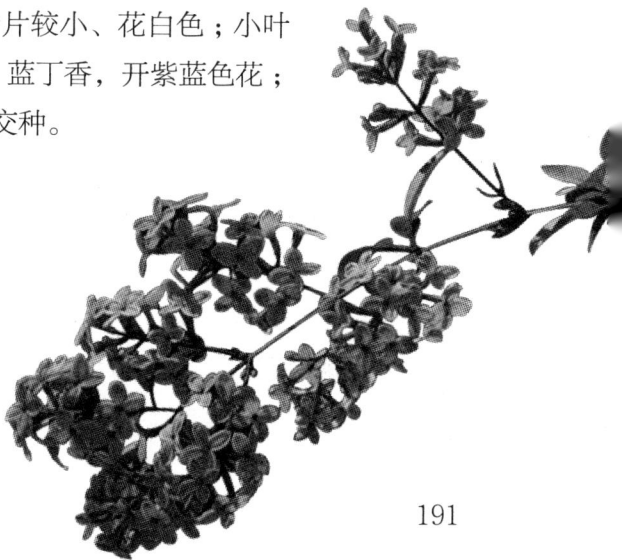

图10　紫丁香以花冠呈细长丁字形而得名，开花时香气经月不减。

二、夏天的植物色彩

夏天的植物色彩，主要亦是表现在花色上。文学上常用来表现夏季色彩的开花植物种类较春季为少，仅有荷、石榴、木槿、荼蘼、凤仙花、蜀葵、茉莉、合欢等。

· 荷花：又名莲花，古称很多，包括芙蕖、芙蓉、菡萏、水芝、水华、水芙蓉等。起源于印度和中国，《诗经》时代即有记载，即《陈风·泽陂》："彼泽之陂，有蒲有荷。"荷是观赏植物，也是重要的水生蔬菜。但栽培观赏莲晚于食用莲，战国时代吴王夫差在太湖附近的灵岩山修筑"玩花池"种莲花，偕同西施赏荷，大概是栽植观赏荷最早的记载。经过长期栽培，荷的品种已经很复杂，中国至少已经有 300 个以上的品种。作为观花品种，花色有红、粉红、白、淡绿、黄、复色、间色之分；花型有单瓣、复瓣、重瓣、重台、千瓣等，花瓣数 10 至 2000 枚以上不等；花径最大可达 30 厘米，最小仅六厘米，可谓千变万化，复杂缤纷。

· 石榴：原产"涂林安石国，汉张骞使西域得其种以归，故名安石榴"（《群芳谱》），即唐代元稹诗句"何年安石国，万里贡榴花"所言。安石国指今为布哈拉的"安国"和今塔什干的"石国"，但原产地在波斯（伊朗）、阿富汗和其他中亚地区。石榴花开，红艳如火，绿叶扶花，令人赏心悦目，历代诗人及画家多喜为石榴吟诗或作画，如苏东坡诗："石榴有正色，玉树真虚名。"石榴花除大红色外，尚有粉红、黄、白诸色：花红如火者称为"红石榴"；花黄中带白的为"黄石榴"；洁白似玉的为"白石榴"；红底黄纹的称为"玛瑙石榴"。石榴也是富贵吉祥的象征，国人常以"五月榴花红似火"比喻朝气蓬勃及丹心赤诚。典型的石榴花色彩火红绚丽，常被当成高贵吉祥、欢乐轻快的象征。

· 木槿：花期为五至十月，在此期间花开不绝，但"晨放夕坠"，《本草纲目》称之为"朝开暮落花"；《广群芳谱》名之为"朝菌"；诗文中沿袭《诗经》的称谓"舜"，均表明木槿只在早上开花的特性。盛暑孟秋，当百花开始凋零时，只有木槿与荷花相伴。木槿繁花似锦，荷花娟好秀丽，两者交相辉映，如李白《咏槿》诗所言："园花笑芳年，池草艳春色。"荷花凋落较早，中秋之后各地仅见残荷时，木槿仍开花不绝。花期长，世界各国都喜引种，目前温带、亚热带地区都见栽培。花单生于枝端叶腋，白色、淡紫色、紫蓝色等花色都有，又有重瓣花等各种品种。

· 荼蘼：又名酴醾、佛见笑、独步青、独步春等，即今之悬钩子蔷薇。荼蘼花开时白色，也有黄花品种，但香味稍逊于白花品种。黄花品种因其"色黄似酒"，故称"酴醾"。《四川志》记载成都所出的荼蘼花有3种：白玉碗、出炉银及云南红，三者色香俱美。《广东志》记载荼蘼花："海国所产为盛，出大西洋国者，花大如中州之牡丹……夷女以泽体腻发，香经月不灭。"唐诗极少出现荼蘼花，但宋代却大量出现咏荼蘼诗，著名诗人苏东坡、司马光、杨万里、王十朋、梅尧臣、黄庭坚等人均有多首"荼蘼诗"问世，可见荼蘼花的盛行应该始于宋代。

历代文献并未确切指出荼蘼的种类，但依据诗词描述及传世的唐宋绘画，荼蘼应和蔷薇、玫瑰一类植物有相似之处，其中又以悬钩子蔷薇最为接近。苏东坡赞荼蘼："酴醾不争春，寂寞开最晚。"言其盛开期较其他蔷薇类植物晚。"不妆艳已绝，无风香自远。"则说荼蘼花灿烂可观、香清气远。另有一说认为荼蘼，应该是悬钩子属的重瓣空心泡。

· 凤仙花：凤仙花夏季开花，花色有红、紫、白等色，红花可染指甲，俗称指甲花（图11）。妇女用凤仙花染指甲自宋代就开始了，其制作指甲染剂的方法，如宋代周草窗的《癸辛杂识》云："凤仙花红者捣碎，入明矾少许，染指甲，用片帛缠定过夜，如此三四次，则其色深红，洗涤不去。"

图11　凤仙花是夏季花卉。

另外，清代富察敦崇的《燕京岁时记》也有记载："凤仙花即透骨草，又名指甲草。五月花开之后，闺阁儿女取而捣之，以染指甲，鲜红透骨，经年乃消。"唐代已有歌颂凤仙花的诗句，如晚唐吴仁璧的《凤仙花》诗；宋代的凤仙花诗更多，欧阳修和杨万里均有题为《金凤花》的诗句，可见至少在唐宋时期，已经栽培凤仙花供观赏。清代赵学敏在《凤仙谱》里记载233个凤仙花品种。

·蜀葵：在四川发现最早，因此得名，又名戎葵。本种花色艳丽，自古即为观赏名花，古籍所言的葵花大都指蜀葵（图12），花色有粉红、红、紫、黑紫、白、乳黄等色。初夏开花，花繁叶茂，甚为可观。《长物志》说："戎葵奇态百出，宜种空旷处。"而《群芳谱》云："庭中篱下，无所不宜。"在所有的夏季花卉之中，绚丽当推蜀葵，即所谓"五月繁草，莫过于此"也。历代颂扬蜀葵的文章诗篇不少，比如早至南北朝时的梁诗人王筠的《蜀葵花赋》、唐代岑参的《蜀葵花歌》、宋代司马光的《蜀葵》等。以明人高启的《葵花》诗为例："艳发朱光里，丛依绿荫边。夕同山葬落，午并海榴燃。"所咏的"葵花"即蜀葵。南宋谢翱的《种葵葡萄下》："戎葵花种葡萄花，年年叶长见花谢。"明言"葵"即戎葵。

图12　在所有夏季花卉之中，蜀葵艳冠群花。

图13　清香芳郁的茉莉花枝。

·茉莉：原产印度、波斯等地，茉莉花多洁白，清香芳郁，有单瓣和重瓣品种之分（图13）。晋代稽含所著的《南方草木状》已有末利（茉莉）的记载，而明人杨慎的《丹铅录》也云："晋书都人簪奈花，即今茉莉。"可见茉莉在晋代以前就传入中国，其他译音还有没利、抹利、末丽、抹厉等多种，如《佛经》称作抹厉，而宋代王十朋的《又觅没利花》诗："没利名佳花亦佳，远从佛国到中华。"则称没利。虽然一般认为茉莉约在汉时经西域传入中国，但广东、福建等东南沿海各省的茉莉，更有可能由海路引进。

在华南地区，茉莉为众花之冠，谓"能掩众花也，至暮尤香"。《乾淳岁时记》中记载朝廷避暑纳凉的盛景："置茉莉、素馨等南花数百盆于广庭，鼓以风轮，清芬满殿。"可见茉莉花香也有消暑功能。古代妇女常簪茉莉花或以线穿花以为首饰。

·合欢：又名合欢，叶似槐而小，"至暮而合，枝叶相交结"，所以古代称之"合昏"或"夜合"。夏初开花，下半部白色，上半部（花丝部分）

图14　合欢。

粉红色，花散垂如丝，微有香气，古人称之为"细花中异品"（图14）。古人相信合欢树可"令人欢乐"，晋代崔豹的《古今注》云："欲蠲人之忿，则赠之青棠，青棠一名合欢，合欢则忘忿。"三国时代建安七子之一的嵇康，就在房舍前种合欢，目的就是"使人不忿"。

唐代咏合欢诗很多，所谓"闲花野草，亦随时轻重，唐人诗中多言夜合石竹"，此"夜合"即合欢。例如，白居易的《对晚开夜合花赠皇甫郎中》、元稹的《夜合》及《感小株夜合》；而杜甫有"合昏尚知时，鸳鸯不独宿"的有名诗句，李颀的《题合欢》更言合欢"开花复卷叶，艳眼又惊心"，对合欢推崇备至。

·枇杷：除了花，代表夏季色彩的还有果实，例如枇杷。枇杷是夏季水果，东晋范汪的《祠制》提到"孟夏祭用枇杷"，官方、民间夏季祭祀以枇杷为供品。在枇杷盛产的季节，每枝结果数十粒，满树金黄，极为壮观，即所谓"一梢满盘，万颗缀树"，宋代梅尧臣的诗说得最好："五月枇杷黄似菊，谁思荔枝同此时。"枇杷金黄、荔枝血红，结实串缀，各擅其场。由于枇杷"秋萌冬花春实夏熟，备四时之气，他物无以类者"，故历代多喜栽植在庭院中，一则采收果实，一则作为庭园景观树，苏东坡有《真觉院赏枇杷》。历代咏枇杷诗很多，如白居易的"淮山侧畔楚江阴，五月枇杷正满林"，描述的大都是金黄色的果实。

三、秋天的植物色彩

秋天的植物色彩，主要表现在落叶前变色叶的颜色上，即白居易诗句所言之"今年到时夏云白，去年来时秋树红"。代表秋季色彩的植物，最常见的有红色叶的枫、柿、乌桕；黄色叶的梧桐、楸等。其次是花，秋季开花植物的种类极少，此期开花的植物在诗词上都被用来描述秋天，如菊、

195

图15 枫树"至霜后，叶丹可爱"，形成秋天主要的景观。

图16 华南低海拔地区，乌桕是少数秋叶变红的树种之一。

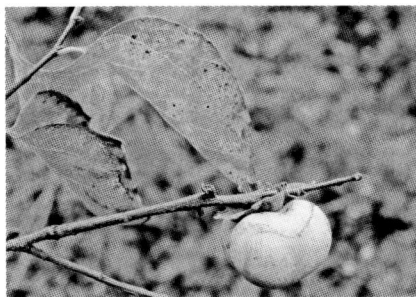

图17 柿叶在秋天"经霜"变红。

木芙蓉、荻等。色彩鲜艳的果实也是诗词上常用来描写秋景的植物，如金黄橙红的橙菊、鲜红的山茱萸果实、紫红色的红蓼花穗等。

· 枫叶：入秋变为红色，所谓"至霜后，叶丹可爱"（图15），古人常以"枫林"形容秋色，如杜甫的《寄柏学士林居》"赤叶枫林百舌鸣，黄花野岸天鸡舞"及司空曙诗句"菊花枫叶向谁秋"等。天气越冷，枫叶越红，和荻花的白相对应，所以才有"枫叶荻花秋瑟瑟"的秋诵。

· 乌桕：和枫树一样，气温降低，乌桕（图16）叶片变红，反应四序变化，"秋晚叶红可爱，较枫树耐久"（《长物志》），甚至有"乌桕赤于枫"的说法。自古以来就是诗词咏颂的对象，有趣的是，丹枫总是伴随着乌桕出现，如宋代杨万里的《秋山》："梧叶新黄柿叶红，更兼乌桕与丹枫。"

· 柿：秋天，柿叶经霜变红（图17），十分壮观，是文人喜爱吟咏的题材，如韩愈诗："友生招我佛寺行，正值万株红叶满。"佛寺中满树的红叶，指的就是柿叶。唐代诗人李益的"柿叶翻红霜景秋"句，描写的也是深秋变红的柿叶。

· 棠梨：分布华中、华北一带的棠梨，秋季叶鲜红，也偶被引用作描写秋季的植物，如唐代诗人王周的《宿疏陂驿》："秋染棠梨叶半红，荆州东望草平空。"宋人宋祈的《野路见棠梨红叶为斜日所照尤可爱》："叶叶棠梨战野风，满枝哀意为秋红。"

·梧桐：梧桐秋叶变黄，特别会引起诗人沉思和伤感的情绪反应，所谓"梧桐一叶落，天下皆知秋"。历代描述梧桐的诗句很多，如明代郑允端的《梧桐》："梧桐叶上秋先到，索索萧萧向树鸣。"描述秋风的萧瑟，以及入秋后梧桐叶色的变化；刘小山的《立秋》诗："睡起秋声无觅处，满街梧桐月明中。"描绘秋高气爽月夜下满地梧桐落叶的静谧等。

·楸树：秋季叶色变黄，显现秋天的颜色，故楸字从秋（图18）。树冠狭长，树形美观，叶有浓荫，自古即广泛栽培供庭园树，宫廷官邸多有栽

图18　楸树入秋之后叶色变黄，故楸字从秋。

植。唐代韩愈的《庭楸》，宋代刘敞的"中庭长楸百尺余，翠叶晻蔼当四隅"诗句，描述的都是栽植在庭院中的高大楸树。楸树树干通直修长，古今都种植供作行道树，曹植的《名都篇》："斗鸡东郊道，走马长楸间。"可见至少在汉魏时代，楸树即列植在马路两旁。

·菊：《礼记·月令》："秋季之月，鞠有黄花。"鞠即菊。汉代崔寔的《四民月令》也写道："九月九日，可采菊华（花），收积实。"菊花（黄花）是九九重阳佳节的应节花卉，称"节华"，如唐代孟浩然的《过故人庄》云："待到重阳日，还来就菊花。"菊不畏寒霜，代表晚节高尚，文人如晋代陶渊明爱菊，宋代周敦颐称菊为"花之隐逸者"（《爱莲说》），都有来源。菊花有许多种花色，但以黄色为正色，因此菊花又称"黄花"。后世以"黄花晚节"形容始终如一的节操；以"傲霜之枝"比喻坚贞傲骨，坚忍不屈。

·木芙蓉：花在秋天降霜之后才盛开，多数植物遇霜凋萎，只有木芙蓉凌寒拒霜，所以又名"拒霜"。花期可以一直延续到仲冬，可谓"露凉风冷见温柔，谁挽香还九月秋""未甘白纻居寒素，也著绯衣入品流"（《广群芳谱》）。木芙蓉的花有单瓣、复瓣之别，花色有白、桃红及白色。木芙蓉初开时的花冠大都为白色或淡粉红色，数日后才变成深红色。有些品种清

晨开白花，中午变桃色，傍晚却呈现深红色，所谓"晓妆如玉暮如霞"，像喝了酒的姑娘脸上由白泛红，故有"三醉芙蓉"之称。

·荻：圆锥花序于春末在茎顶抽出，秋季结实极为壮观。唐代郑德璘的《吊江姝》"洞庭风软荻花秋"和白居易的《琵琶行》"浔阳江头夜送客，枫叶荻花秋瑟瑟"，描述的就是秋季荻花所点缀的田园景色。

·橘：果实时于秋天成熟，满树金黄，别有一番情致，"树树笼烟疑带火，山山照日似悬金"即其写照。苏东坡的《送杨杰》："归来平地看跳丸，一点黄金铸秋橘。"跳丸指的是日、月，映照在满树黄橘上更添胜景；《赠刘景文》："一年好景君须记，最是橙黄橘绿时。"也是描述秋季常见的原野景观。橙是甜橙，汁多味甜，风味独特，因外皮颜色多为黄色，又称黄橙、金橙、黄柑。《群芳谱》说橙"晚熟耐久，经霜始熟"，香气浓郁、滋味甜美，营养价值高，且耐贮藏，故栽培益广，深受欢迎。橙和橘的区别，在于橙多为圆球形，大而坚实，且橙皮坚密很难剥离，果有中心柱；橘扁圆形，体质松软，橘皮易剥，果内中心空。

·山茱萸：果实成熟时为鲜红色，极为艳丽，不但国画取为绘画对象，历代诗词更不乏引述山茱萸佳句，如唐代司空曙的《秋园》："强向衰丛见芳意，茱萸红实似繁花。"一树红色的山茱萸果实，构成秋季花园的主景。

·红蓼：又称荭草（图19），植株高大，疏散洒脱，夏秋红色花穗随风摇曳，常成片生长于荒地、溪谷边湿地。《广群芳谱》云："身高丈余，节生如竹，秋间烂熳可爱。"所指可爱之处即花穗。诗词歌赋及章回小说多有咏颂及描述，庭院中亦多有引种供赏玩。唐宋诗中多称"蓼花"或"水荭"，如宋代范成大的《道见蓼花》："秋风袅袅露华鲜，去岁如今刺钓船。歙县门西见红蓼，此身曾在白鸥前。"描写的是湖岸陆地的红蓼。宋代梅尧臣的《水荭》："灼灼有芳艳，本生江汉滨。"是指河滨水岸的红蓼花穗。

图19 红蓼的红色花穗。

四、冬天的植物色彩

冬季开花的植物种类更是稀少，此期开花的植物都用来代表冬天，如梅、腊梅、水仙等。

· 梅花：白色，在冬末春初开花，花有淡雅香气（图20）。梅桃互相比较，"梅花优于香，桃花优于色"。梅的树姿优雅，枝干苍古，赏鉴梅树不只是欣赏梅花，作为盆景、庭木尤富观赏价值，古人传下来的"赏梅四贵"，可为明证：贵稀不贵繁、贵含不贵开（以上指的是梅花），以及贵老不贵嫩、贵瘦不贵肥（指的是枝干）。

· 腊梅：腊梅盛开于隆冬时节，所谓"密缀枝头半展时，才遇小雪是花期"，香气浓郁，类似梅花，但花色鹅黄，又称黄梅（图21）。腊梅之名始自宋苏东坡及黄庭坚，原因有二：一是花期十二月至翌年二月，正值隆冬腊月，故称腊梅；二是花开与梅同时，色似蜜腊，故得名。腊梅是中国传统名花，寒冬雪日先叶开放，香气袭人，深得文人雅士喜爱，可以盆栽，亦可栽植在墙边、池畔。

· 水仙花：水仙不可缺水，其花莹白，其香清幽，犹如水中仙子，故名水仙（图22）。冬天百花凋落，水

图20 梅花冬末春初开花，为寒冬代表花卉。

图21 腊梅于隆冬时节盛开，花色鹅黄，又名黄梅，香气浓郁。

图22 冬天百花凋落，花色淡雅的水仙是少数在雪中竞相开放的花卉。

仙却能在雪中竞相开放，故有"雪中花"之称。花有单瓣、重瓣之分，单瓣花外层部为白色花冠，中间皿状的金黄色部分称副花冠，故水仙又有"金盏银台"之名；重瓣花的花冠中心部分由副花冠和雄蕊分化成瓣，形成黄白相间的多重花瓣，称为"玉玲珑"。

·冬青：华中、华北以北地区，冬季严寒，多数阔叶树种遇寒变色，继而落叶，只有冬青等少数树种经霜不凋。一般所说的冬青，泛指许多冬季不凋的树种；而在植物分类上的冬青，又名冻青、长生及万年枝。南朝齐诗人谢朓的诗句"风动万年枝"和《宋史·五行志》"玉华殿万年枝木连理"所言之"万年枝"所指即冬青。冬青树如伞盖，冬舒展、夏解暑，汉朝、晋代常在宫殿前栽植，金华殿后种有两株"西王母长生树"，即为冬青。

第四节　植物的色彩用语

一、红色的植物用语

诗词中，常用花的颜色来形容红色（表1）。红色是色彩中最艳丽的颜色之一，有粉红、红、橙红、深红、朱红等由浅入深的变化。最常用来形容粉红色的植物莫如桃花，如唐人苏颋的《长相思》："杨柳青青宛地垂，桃红李白花参差。"桃红色是妙龄女子的代称，或用以形容女子娇艳的容颜，如岑参的《醉戏窦子美人》："朱唇一点桃花殷，宿妆娇羞偏髻鬟。"

表1　中国古典文学作品用以表示红色的植物

植物名称	学名	科别	代表红色的植物体部分	色别
桃	Prunus persica	蔷薇科	花	粉红
石榴	Punica granatum	安石榴科	花	鲜红
荔枝	Litchi chinensis	无患子科	果	暗红
樱桃	Prunus pseudocerasus	蔷薇科	果	紫红
枫香	Liquidambar formosana	金缕梅科	秋叶	鲜红
槭	Acer spp.	槭树科	秋叶	鲜红
乌桕	Sapium sebiferum	大戟科	秋叶	鲜红

植物名称	学名	科别	代表红色的植物体部分	色别
棠梨	Pyrus betuleafolia	蔷薇科	秋叶	红色
茜草	Rudia cordifolia	茜草科	根	暗红

宋代叶绍翁的《游园不值》："满园春色关不住，一枝红杏出墙来。"古代皇帝常设"杏园"，专为新科状元游宴之用，刘沧的《及第后宴曲江》："及第新春选胜游，杏园初宴曲江头。"就是记述当年新科状元游杏园的情景。"红杏枝头春意闹"，代表古人对杏的喜爱和赞美。而清明前后的雨称为"杏花雨"，铺陈了元代陈元观的名句："沾衣欲湿杏花雨，吹面不寒杨柳风。"

至于橙红、深红的色泽，则多以石榴花名之，如唐人万楚的《五月观妓》："眉黛夺将萱草色，红裙妒杀石榴花。"甚至石榴还成了深红色的代称，如唐代阎德隐的《薛王花烛行》："合欢锦带蒲萄花，连理香裙石榴色。"而白居易诗句"银烛思抛杨柳曲，金鞍潜送石榴裙"，石榴裙就是指鲜红色的裙子。宋朝以后，咏石榴的诗词很多，最有名的有王安石的咏石榴诗："万绿丛中红一点，动人春色不须多。"

另外，古人也以成熟果实的颜色代表深红色，最常使用的果实有荔枝和樱桃（表1）。两者的外果皮熟透时呈深紫红色，唐人许浑的《送杜秀才归桂林》："瘴雨欲来枫树黑，火云初起荔枝红。"描写的是深红色的云彩。成熟荔枝的外壳是暗红色（图23），而成熟樱桃呈紫红色（图24），因此荔枝又称丹荔，而樱桃又叫朱樱，如唐代戴叔伦的《春日早朝应制》："丹荔

图23 荔枝红指的是外壳的深红色，故有丹荔之称。

图24 紫红色的成熟樱桃，又叫朱樱。

图 25　红豆代表爱情与相思。

来金阙，朱樱贡玉盘。"

红豆树的种子鲜红色，有光泽（图25）。《红楼梦》中《红豆词》的名句"滴不尽相思血泪抛红豆"，此"红豆"非赤小豆，而是指具有相思、愁绪意涵的红豆树种子。自唐代王维的《相思》诗"红豆生南国，春来发几枝"以来，"红豆"便在历代诗词文句中出现，代表相思及爱情。

枫香秋叶变红，冬季落叶，春季发新芽，夏季叶绿青葱，四季变化显著，具有不同的景观。因此有时亦有不同名称：秋叶称"丹枫"，例如杜甫诗句，"门巷落丹枫""丹枫不为霜"；夏季称青枫，如李白的诗："帝子隔洞庭，青枫满潇湘。"秋季枫红，引发诗人诗兴；春季枫芽青翠，也是文人诗词咏颂的对象，如杜甫的诗："独叹枫香林，春时好颜色。"在历代文学作品中，有时以"红叶"替代枫叶或枫树，如许浑的《秋日赴阙题潼关驿楼》："红叶晚萧萧，长亭酒一瓢。"《红楼梦》"树头红叶翩翩"句，所指也是枫树。

茜草的根呈暗红色，是古代用来制作红色颜料的材料，是重要的染衣或绘图原料，故有"茜红"之称。茜草为自古就盛行栽培的染料植物，紫赤色的根部含茜素、红紫素及茜草酸等成分，专供染御服之用，称为"染绛"。根据记载，秦汉时代，茜草是织物的红色染料，皇帝、公侯的冠袍及后妃的绣衣香裳，都用茜草根染色。长沙马王堆出土的葬品中就有茜草印染的丝绸织物，当时是十分名贵的红色染料。

诗人常用"茜"借指大红色，在《红楼梦》中就多次使用，如贾宝玉描写自己在大观园里与姊妹丫鬟们生活情景的《秋夜即事》："绛芸轩里绝喧哗，桂魄流光浸茜纱。"茜纱是用茜草根染色的纱布，这里指红色窗纱；黛玉的《桃花行》"茜裙偷傍桃花立"，用红色的裙子衬托粉红色的桃花。

红花原名红蓝花，又名燕脂、胭脂（图26）。《中华古今注》："燕脂起自纣，以红蓝花汁凝作脂。产于燕地，故名燕脂。"过去红花主要做药用，兼做天然色素颜料，除做胭脂膏之外，也是重要的食品着色剂。胭脂在中国文学作品中代表红色，有时意指美女。《红楼梦》各回所提到的"胭脂"大都指颜色而言，如第50回晴雯两颊冻得"胭脂"一般，以及第63回芳宜喝酒喝得两腮如"胭脂"一般；不过，第78回"马践胭脂骨髓香"所称的"胭脂"却是指林四娘等众姬妾，在此"胭脂"意指美女。

图26 红花主要作药用，亦可制作胭脂膏及食品着色剂。

二、绿色的植物用语

绿色以植物叶色为主，是一年四季中维持最久的色泽。绿色根据植物种类、叶的成熟度，又可区分成浅绿、翠绿、鲜绿、青绿、深绿、墨绿、灰绿等浓淡不一的色泽。常绿树的叶片色泽比较固定，但新生叶的色泽较淡，成熟叶至老叶，色泽多呈浓绿。落叶树的叶色变化较多，每年春季时，初萌的新叶为浅绿或翠绿；随着气温转暖，叶片逐渐成熟，色彩由淡绿转为深绿；秋冬气温下降，则由绿转黄、转红，终至落叶。

中国长江以北，即华中、华北地区，气候四季分明，叶色变化程度远比华南地区明显。秋季萧瑟的景观一直到春季气温还暖之时，植物宛如大梦初醒一般，萌发绿叶春花，最能感动诗人墨客，如王维《田园乐》"柳绿更带朝烟"，以柳树初萌的绿叶代表春季。"绿槐"指春天的槐树，而"青槐"则是夏季之树，槐树秋季叶色变黄，至冬而落叶，因此槐树也是富四季色彩变化的树种。至于常绿的松柏类，叶色大都变化不大，以针形叶的松叶为例，四季常青，呈深绿色泽，故诗文有"青松"之谓。

"蒲"生于水泽，即《诗经·陈风》所说"彼泽之陂，有蒲与荷"及《小雅》"鱼在在藻，依于其蒲"。农历二、三月生新芽，如白居易的诗："淡淡春水暖，东风生绿蒲。"新笋称"绿蒲"，代表春季。

大葱叶绿色，叶下部由层层叶鞘包裹成为假茎，即俗称"葱白"的部分（图27）。假茎条棒状，接近地面部分为白色，上部为黄绿色。葱为常见的调味蔬菜，《红楼梦》中常以葱来形容衣物颜色："葱黄"意为黄绿色，

图 27 葱绿指葱的绿色叶部，葱白是下部
假茎。

图 28 水葱植株呈翠绿色。

如第 8 回的"葱黄绫棉裙"。

　　水葱（图 28）生于水中如葱，因此得名。这是水泽常见的植物，秆中空，在水中远望如陆地上丛生的翠绿色菅草（芒草），又名"翠菅"，如王维的诗："水惊波兮翠菅靡，白鹭忽兮翻飞。"植物外形柔细，色泽青翠，极适合用来比喻小家碧玉、体态轻盈的年轻女子身段、姿态。《红楼梦》凤姐奉承贾母将鸳鸯调理得"水葱儿"似的，第 49 回晴雯进来形容新来的客人薛宝琴、李纹、李绮、邢岫烟，像"四根水葱儿"，都用水葱来形容姑娘的标致。

三、黄色的植物用语

　　有些植物入秋后叶色会变黄，如银杏、鹅掌楸、梧桐等，诗文中径以黄叶称之，而且为数不少（表 2），《全唐诗》和《全宋词》就有许多咏黄叶的诗篇。植物叶色变黄，代表秋天已到，因此才有"落叶知秋"的成语，比喻从某一现象可以预测事物的发展变化，即汉代刘安《淮南子·说山》所云："见一叶落而知岁之将暮。"

表2　中国古典文学作品用以表示黄色的植物

植物名称	学名	科别	代表黄色的植物体部分	色别
菊	Chrysanthemum morifolium	菊科	花	金黄
杏	Prunus armeniaca	蔷薇科	果	杏黄
腊梅	Chimonanthus praecox	腊梅科	花	黄
梧桐	Firmiana simplex	梧桐科	叶	黄
槲树	Quercus dentata	壳斗科	叶	金黄
槐	Sophorus japonica	苏木科	花、叶	淡黄
栀子花	Gardenia jasminoidies	茜草科	果	橙黄
柘	Cudrania tricuspidata	桑科	木材	柘黄
荩草	Arthraxon hispidus	禾本科	全株	黄
郁金	Curcuma domestica Valet.	姜科	根茎	黄

　　中国古来就称菊花为黄花，因为黄色为菊花的正色。虽然宋代以后已培育出白、紫、红等花色，但仍旧惯常以黄花代称菊花。东晋陶渊明一生爱菊，名句"采菊东篱下"，使"东篱"成为菊花的代称。古代文人常以菊花象征"隐逸者"的节操，如宋代韩琦的《重阳》："不羞老圃秋容淡，且看黄花晚节香。"就以"黄花"自喻致仕后晚节之高。屈原以香草比忠正，才会"夕餐秋菊之落英"，唐诗称颂菊花，其意相同。

　　除了花叶，古文句中也有用果色代替颜色的情形（表2）。其中最常用的是"杏黄"，指杏果外果皮成熟的鲜黄色（图29），且一直沿用至今。"杏黄"一词在诗词中大量使用，也经常出现在章回小说中，如《水浒传》第39回，戴宗穿的"杏黄"衫；第61回称梁山泊的旗帜为"杏黄"旗。

　　另外，香花灌木类的栀子又称黄栀，栽种在庭园中供观赏。

图29　杏果外皮鲜黄色，谓之"杏黄"。

图 30　栀子的熟果。

图 31　古时用来染制帝王服饰的柘树，其木质部之染料有"柘黄"。

开白色花，卵形果实成熟后，果肉富含栀素而呈橙黄色（图30），自古即为重要的食品及织物的黄色染料，称"栀黄"，如唐代欧阳炯的《凌霄花》："凌霄多半绕棕榈，深染栀黄色不如。"

黄色是古时皇帝衣服的专用颜色，属于"富贵"色彩，因此中国人向来崇尚黄色。常用的"染黄"植物为柘树（图31），使用树干的木质部，木材切成碎片后，榨取的染料称"柘黄"。《本草纲目》写道："其木染黄赤色，谓之柘黄，天子所服。"皇帝的黄袍由柘木所染，所以黄袍又称"柘袍"。唐人张祜的《马嵬归》描写玄宗失去杨贵妃后的寂寥晚年："云愁鸟恨驿坡前，孑孑龙旗指望贤。无复一生重语事，柘黄衫袖掩潜然。"皇帝穿的是"柘黄"衣物。

姜黄是使用久远的食品染料，产生染料的部分是植物埋在地下的块茎。古人用以染制黄酒以祭祀祖先神祇。《诗经》提到的"黄流"，就是用姜黄或郁金块茎浸泡的黄色液酒。

黄檗为常用中药，使用部分为树皮。树皮富含黄檗碱，呈金黄色，味极苦，可煎之做黄色染料，古人造纸时常加入黄檗，使纸张呈现黄色，防止蠹虫，谓之"黄纸"，使用黄纸的书则称为"黄卷"。

荩草又名"王刍"，意为"王者之草"。古代帝王常令百姓采集"王刍"，煮其枝叶制成黄色染料，供染制帝王之服。《诗经》也有采集荩草的记载，即《小雅·采绿》："终朝采绿，不盈一掬。"绿为荩草的古名。

四、白色的植物用语

描写冬末春初的白色莫如梅花，如唐诗人岑参的《江行遇梅花之作》："江畔梅花白如雪，使我思乡肠欲断。"唐诗之中，咏梅频率不高，和松、柳等植物比较，可谓极为罕见。咏梅诗大量出现是在宋代之后，高人雅士的庭院内都喜欢栽植梅树或聚养盆景。因此咏梅花名句多来自宋朝，如林逋的"疏影横斜水清浅，暗香浮动月黄昏"、杨廉夫的"万花敢向雪中出，一树独先天下春"。

自古桃李常并称，如李代桃僵、门墙桃李、桃李成荫、桃李满天下、投桃报李、桃李满门等。桃花艳红、李花素白，桃花常常抢去李花的风采，只有在夜幕之下，李花才会压倒群芳。但也有一些文人特别欣赏李花，如宋代范屏麓的《李花》诗形容李花"清馥胜秋菊，芳姿比腊梅"；唐代韩愈二月末在江陵城西赏花，也赞叹"花不见桃唯见李"。

和桃、李、梅一样，栽种梨原为收成果实供食用，但梨花色白，花开时绚丽壮观，也成为诗人咏叹赞美的对象，如"十里香风吹不断，万株晴雪绽梨花""梨花淡白柳深青，柳絮飞时花满城"等，都是吟诵梨花的诗句。白居易的《长恨歌》："玉容寂寞泪阑干，梨花一枝春带雨。"更成了千古绝唱，后来就用"梨花带雨"形容女子我见犹怜的容貌。

秋季天气较凉，有些地区有早雪，本来不乏可用来形容白色的事物。但有些植物秋季开花，花序繁密雪白，在红叶、黄叶为主色的北国秋季更为突出，如随风摇曳的白色荻花，就是秋风送爽的最佳写照（表3）。唐代诗人李绅的《回望馆娃故宫》："飘雪荻花铺涨渚，变霜枫叶卷平田。"秋天荻花集合成白色的花序，和红色的枫叶相辉映，可以想象其画面非常美丽。

表3　中国古典文学作品用以表示白色的植物

植物名称	学名	科别	代表白色的植物体部分	色别
李	Prunus salicina	蔷薇科	花	白
梅	Prunus mume	蔷薇科	花	白
梨	Pyrus bretschneideri	蔷薇科	花	白

植物名称	学名	科别	代表白色的植物体部分	色别
荻	Triarrhena sacchariflora	禾本科	花	白
白草	Pennisetum flaccidum Griseb	禾本科	秋叶	白

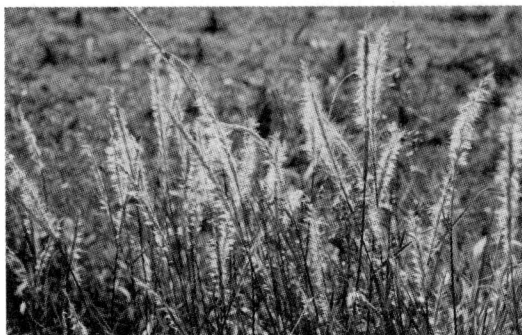

图32　白草的花序灰白色，在寒冬槁黄的西北地区更显突出。

白草（图32）为西北地区重要的牧草，开花时花序呈灰白色，秋冬之际全株干熟，在黄土的衬托下，远望亦呈灰白色，自古即称为白草（表3）。一般禾草在冬季枯槁时会呈黄褐色，称之为"槁黄"；而白草植株在冬时呈灰白色，景观上更显突出，常在诗句中出现。例如，岑参的《过燕支寄杜位》："燕支山西酒泉道，北风吹沙卷白草。"表现的是北地寒风下的艰苦心境；张可久的《殿前欢·客中》："青泥小剑关，红叶溢江岸，白草连云栈。"描写的是寒冷气候，白草和红叶（枫）并提，除了颜色对比外，还表现秋冬之际的景色。

五、其他颜色的植物用语

· 蓝色：蓼蓝、木蓝、山蓝，都是古代制作靛蓝的蓝染植物。枝叶采集制蓝，粗制品谓之"蓝靛"，精致者则是用于绘画的"花青"。在人造染料发明前，蓝染植物需求量甚大，许多人不知道蓝原来是指植物名称。《诗经》中提到的"终朝采蓝"是蓼蓝，主要生长在温寒带的北方。木蓝、山蓝原产于热带、亚热带，是长江流域以南主要的蓝色染料。三种蓝染植物中，蓼蓝主要用于染绿（碧），不适合作淀；而山蓝和木蓝用于染青，两者都可做淀，颜色胜于"母色"，所以才有"青出于蓝而胜于蓝"之说，蓝后来才变成色彩的专称。

· 紫色：一般所见的茄子以紫色居多，谓之"紫茄"（图33），明代著名画法家董其昌有《咏紫茄五首》。茄子源于亚洲东南热带地区，印度可能是最早驯化茄子的国家。中国栽培茄子的历史亦很悠久，晋代嵇含的《南方草木状》已记载华南地区有"茄树"，这是中国最早的茄子纪录。茄子类型品种繁多，可区分成三个变种：圆茄，植株高大，果实大，圆球至椭圆球形，华北栽培最多；长茄，植株中等，果实细长棒状，长达三十厘米以上，华南栽培最多。矮茄，植株矮小，果实亦小，卵形或长卵形，品质低劣，仅有少量栽植。果皮白色者，古代谓之"银

图33　茄果以紫色者居多，称为紫茄。

茄"，宋代黄庭坚有《谢杨履道送银茄四首》，其中有一首说道："君家水茄白银色，殊胜埧里紫彭亨。"

　　葡萄，《汉书》作"蒲桃"或"蒲陶"，唐代亦同，为世界四大水果之一（其余三者为柑橘、香蕉、苹果），有多个品种，果绿色或紫色。汉武帝时，张骞出使西域，从大宛（今土耳其）引种入中土，中国才开始有葡萄。皇帝赏赐臣子的葡萄称为"赐紫樱桃"，是紫色的葡萄，同时紫葡萄也用以形容紫色。

第十三章　文学与野菜

第一节　前言

经过人类长期培育、专业栽培及大量贩售，并搭配谷类食用的植物，谓之蔬菜；而采集自未经栽培的野生配食植物，则称为野菜。远古时代，人口稀少，野生植物繁多，不需要专业栽培蔬菜供食，食物一概来自原野，即采即食。一直到农业兴起，才有各种谷物、蔬菜及家畜的栽培及豢养。中国古代农业起源虽然甚早，却未完全摆脱采集野菜供食的习惯。直到宋代，野菜还是主要的植物食物来源。古人常进食的蔬菜，可由宋代黄庭坚的《次韵子瞻春菜》诗得知一二：

> 北方春蔬嚼冰雪，妍暖思采南山蕨。
> 韭苗水饼姑置之，苦菜黄鸡羹糁滑。
> 莼丝色紫菰首白，蒌蒿芽甜蕈头辣。
> 生葅入汤翻手成，芼以姜橙夸缕抹。
> 惊雷菌子出万钉，白鹅截掌鳖解甲。
> 琅玕森深未飘箨，软炊香秔煨短苗。
> 万钱自是宰相事，一饭且从吾党说。
> 公如端为苦笋归，明日青衫诚可脱。

以上一共提到十种菜类植物，其中仅韭、菇（茭白）、姜、竹笋（苦笋）是栽培类，其余的蕨、苦菜、蒌蒿、蕈、菌，都是在中国原野伴随野草生长的种类，而且分布范围广、野外数量大；莼菜则普遍生长在各地的水域之中，都是极易取得的食材。

第二节　古典文学中的旱地野菜

从《诗经》到历代的诗词及章回小说，可以看出古人常采集的陆生野菜有蒌蒿、蕨、野豌豆、苦菜、荠菜、冬葵、藜、苜蓿、落葵等（表1）。这些野菜目前在乡间仍有采食者。

表1　中国古典文学作品常见的野菜

植物名	学名	科别	出现作品举例	古名
蒌蒿	Artemisia selengensis	菊科	宋代苏东坡《岐亭》："久闻蒌蒿美，初见新芽赤。"	蒌、蒌蒿
蕨	Pteridium aquilinum	凤尾蕨科	《诗经》："陟彼南山，言采其蕨。"	蕨、紫芽
野豌豆	Vicia sepium	蝶形花科	《诗经》："采薇采薇，薇亦作止。"	薇
苦菜	Sonchios oleraceus	菊科	《诗经》："采苦采苦，首阳之下。"	苦、荼
荠菜	Capsella buzsa-pastoris	十字花科	《诗经》："谁谓荼苦？其甘如荠。"	荠
冬葵	Malva verticillata	锦葵科	《诗经》："七月烹葵及菽。"	葵
藜	Chenopodium album	藜科	唐代韩偓《卜隐》："世间华美无心问，藜藿充肠苎作衣。"	莱、藜
苜蓿	Medicago sativa	蝶形花科	宋代苏东坡《元修菜》："张骞移苜蓿，适用如葵菘。"	苜蓿
落葵	Basella rubra	落葵科	宋代苏东坡《新年》："丰湖有藤菜，似可做莼羹。"	藤菜
芎劳	Cnidium monnieri	伞形花科	"上山采蘼芜，下山逢故夫。"	蘼芜、江蓠

· 蒌蒿：蒌蒿（图1）生长于河岸潮湿地或开阔的田野，生潮湿地者，茎嫩根肥，根茎肥大白脆，富含淀粉，可做蔬菜，"热、菹、曝"皆可食，古今都以新鲜根茎醋腌做蔬，被列为古代"嘉蔬"之一。采集初春萌发的新枝芽，去掉叶部后炒食，或与肉丝同炒。蒌蒿嫩茎微用盐腌，晒干后味甚美，可长期储藏，也能寄至远处。用盐腌过晒干的蒌蒿嫩茎炒猪肉或鸡

图1 蒌蒿自古以来就是重要的野菜，诗词多有引述。

图2 《诗经》以下，许多诗文都有采蕨、食蕨的记录。

肉，是一道下饭的可口菜肴。《红楼梦》第61回，大观园婢女常吃的蔬菜就是"蒌蒿、枸杞炒肉丝"。嫩苗以沸水煮过，再用清水或石灰水、矾水浸泡除去苦味，蘸酱、炒食或腌制成咸菜，滋味均佳。历代诗人都曾作诗咏颂，如宋代黄庭坚的"蒌蒿芽甜蘙头辣"，元代耶律楚材的"细煎蒌蒿点韭黄"，可见当时都是名菜。《本草纲目》说蒌蒿"利肠开胃，杀河豚毒"，古代常取蒌蒿与河豚共食，苏东坡名句："蒌蒿满地芦芽短，正是河豚欲上时。"也言及此。蒌蒿具有特殊的蒿类香气，与河豚共食，大概也有去腥效果。

·蕨：商朝遗民伯夷、叔齐"义不食周粟"，隐居首阳山"采薇采蕨"，故事流传至今。《诗经》提到的"陟彼南山，言采其蕨"，所采的蕨也是供为菜蔬之用。唐宋以后，许多诗文都有古人采蕨的记载，蕨是诗词之中出现最多的野菜之一，如唐人齐己的《寄山中叟》："青泉碧树夏风凉，紫蕨红粳午爨香。"皮日休的《茶舍》："棚上汲红泉，焙前蒸紫蕨。"蕨含剧毒，采集后必先用草木灰蒸煮，去掉毒素，等蕨芽由绿变紫才能吃，谓之"紫芽"或"紫蕨"（图2）。宋人孙觌的《鼋画溪行》："鼋画溪头人语好，烹鱼煮蕨饷春田。"也说明蕨是当代常吃的野菜。今日福建、广东、广西及云南各地的小吃馆内，仍然大量供应蕨菜。

图3　苦菜分布极广，煮食或生吃都有苦味。

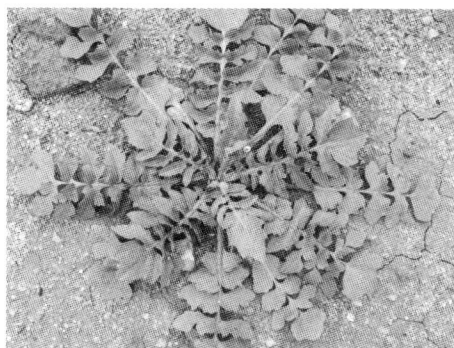

图4　诗文中常和苦菜并提的荠菜，是一种甘甜的野菜。

・苦菜：苦菜（图3）的适应性和蕨一样，不只产于中国，亦分布欧洲大陆；中国台湾也有，低海拔至3000米的高山均可见之。采嫩叶煮食或生吃，味稍苦，因此有"苦菜"之称。《诗经》："采苦采苦，首阳之下。"苦即指苦菜；而南北朝诗人谢朓的《始出尚书省诗》："防口犹宽政，餐荼更如荠。"提到的"荼"也是苦菜。唐宋之后，苦菜还是一般民众的主要菜蔬，从宋代黄庭坚的《次韵子瞻春菜》"韭苗水饼姑置之，苦菜黄鸡羹糁滑"诗句，可知苦菜和韭苗同样是春季菜肴。不只平民百姓吃，为官的文人如苏东坡、黄庭坚等人也好此菜，与黄鸡、粉羹同桌而食。

・荠菜：诗文中经常和苦菜并提的是荠菜（图4），苦菜苦口，但荠菜却是甘甜的野菜，即《诗经》："谁谓荼苦，其甘如荠。"唐明皇的宠臣高力士因为李辅国构陷而流配到黔中（今云南），看到当地到处荠菜却无人采食，作诗感之，题曰《感巫州荠菜》："两京作斤卖，五溪无人采。"云南等偏远地方，属热带、亚热带，植物种类远比北方的黄河流域与西北地区丰富，蔬菜、野菜的品类很多，荠菜不受重视也是情理中事。但对中原地区来说，荠菜仍是野菜要角，如白居易的《溪中早春》："归来问夜餐，家人烹荠麦。"诗中荠菜和大麦是多数百姓的主要食物。到了宋代苏东坡的《春菜》诗："烂蒸香荠白鱼肥，碎点青蒿凉饼滑。"这时荠菜的地位已不仅是野菜了。

・冬葵：《诗经·豳风·七月》提到的"七月烹葵及菽"，说的是盛暑夏季，中原地区主要谷类是大豆，菜类主要是冬葵。冬葵全株富含黏液，

213

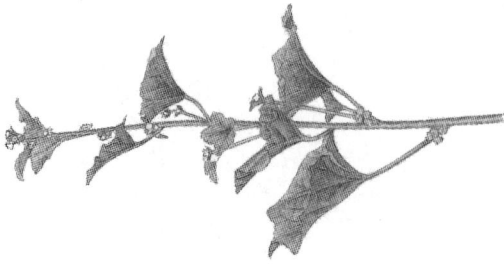

图5 冬葵嫩枝叶入口滑泽，是古人最常采食
的野菜之一。

图6 野豌豆是常见的野菜。

入口滑泽，是古人最常采食的植物之一（图5）。全中国各地均有分布，是古代中国人最熟悉的食用野菜，如唐代陆龟蒙的《江南秋怀寄华阳山人》："庭橘低攀嗅，园葵旋折烹。"冬葵有时也和藜或豆叶（藿）做成羹汤佐食，如唐人徐夤的《偶吟》之"朝蒸藜藿暮烹葵"，南宋陆游的《弊庐》："瓦盆设大杓，菹苋羹园葵。"

· 薇：即今之野豌豆（图6），各地均有不同种类分布，包括小巢菜、大野豌豆等种类。采食部分为幼嫩枝叶，有如今日的"豌豆苗"。野豌豆类分布范围极广，各地空旷处均有大量族群分布，是食用极早的一类野菜，诗经时代就已是常菜，《小雅》就有写道："采薇采薇，薇亦作止。"唐代时，薇也是一般家庭餐桌上的菜色，譬如王建《原上新居》所言："厨舍近泥灶，家人初饱薇。"野豌豆已是菜的泛称了。"薇"常和"蕨"一同出现在文句上，两者都是古代到处分布、古人普遍采食的野菜，如唐代储光羲的《吃茗粥作》："淹留膳茗粥，共我饭蕨薇。"宋代以后的诗文亦常出现，如苏东坡的《元修菜》："菜之美者，有吾乡之巢。故人巢元修嗜之，余亦嗜之……因谓之元修菜。"此元修菜即野豌豆类之一的小巢菜。

· 藜：同样是分布广泛的植物，欧亚大陆均产之。常生长在废耕地，或在耕地上和作物一起生长，许多地区的农民视之为杂草。春季嫩苗及幼茎叶可煮食，但并不美味，仅贫穷人家会经常采食当作正常菜蔬的补充。藜是历代均有记载的野菜，自古即采集供菜蔬（图7）。取食部分为幼苗或嫩茎叶，沸水烫过后再用清水浸泡半日，即可炒食。阴干后即成灰条菜，可长期贮存供食。秋冬之际结实，果实集生成簇；种子细小，蒸过后曝晒，种子即从胞果中破裂而出，磨成粉可制糕饼或粉食，为历代重要的救荒植物。现代人较少取食藜叶，而是用来喂食牲畜。

藜古称"莱"，如《诗经》提到的："南山有台，北山有莱。"自古被视为粗食或用作贫穷的代称，如唐代陆龟蒙的《水国诗》"况是干苗结子疏，归时只得藜羹糁"，唐代韩偓的《卜隐》"世间华美无心问，藜藿充肠苎作衣"，以及南宋陆游的《东堂睡起》"若论胸中淡无事，八珍何得望藜羹"，指的全是粗食，也都代指贫穷。古代常和米浆制成羹进食，如东晋陶渊明的诗："敝襟不掩肘，藜羹常乏斟。"陶渊明是生活朴实的名士，所说的藜羹当然是百姓常吃的菜肴。

图7 藜古称"莱"。

图8 苜蓿最初是马饲料。

图9 全株充满黏液的落葵，煮汤、干炒均可口。

· 苜蓿：原产西域，汉武帝由西域大量引进军马，张骞通西域时将苜蓿（图8）引进中国，最初当作马饲料，后来亦充作蔬菜。苏东坡的《元修菜》："张骞移苜蓿，适用如葵菘。"说的就是此事，葵是冬葵，菘是白菜。但苜蓿不是常蔬，只有蔬菜供应不及或贫穷人家才会采食。譬如宋人陈造的《谢两知县送鹅酒羊面》："不因同里兼同姓，肯念先生苜蓿盘。"王炎的《用前韵答黄一翁》："细看苜蓿盘，岂减槟榔斛。"两者都说明"苜蓿"为穷困时的食物或穷人的粗菜。

· 落葵：落葵（图9）是草质藤本，全株充满黏液，煮羹汤或干炒均滑润可口。上古文献如《诗经》《楚辞》并未记载，《汉诗》《汉赋》亦未提及，有可能是唐代时才引进中国，直到宋代苏东坡的《新年》才有"丰湖有藤菜，似可敌莼羹"句，提到的"藤菜"是指落葵。苏东坡这首诗，大概是落葵当成菜蔬有记载的最早文献之一。

另外，有些植物在文献中出现较少、滋味不鲜美、称不上可口，大概在荒年食物不足或其他原因下不得已才食用，这类野菜也不少。表 2 罗列诗词文献曾引述的野菜种类。

表 2　中国古典文学作品较少出现的野菜类

植物名	学名	科别	作品举例	古名
苍耳	Xanthium strumarium	菊科	《诗经》："采采卷耳，不盈顷筐。"	卷耳、卷葹
车前	Plantago asiatica	车前科	《诗经》："采采芣苢，左右采之。"	车前、芣苢
酸模	Rumex acetosa	蓼科	《诗经》："彼汾沮洳，言采其莫。"	莫
羊蹄	Rumex japonicas	蓼科	《诗经》："我行其野，言采其蓫。"	蓫
马兰	Kalimeris indica	菊科	南北朝沈炯《十二属诗》："马兰方远摘，羊负始春栽。"	马兰
马齿苋	Portulaca oleracea	马齿苋科	宋代范成大《初秋闲记园池草木》："马齿任藏汞冷，鸿头自胜硫温。"	马齿、马齿苋
青蒿	Artemisia carvifolia	菊科	宋代苏东坡《送范德儒》："渐觉东风料峭寒，青蒿黄韭试春盘。"	青蒿
茵陈蒿	Artemisia capillaries	菊科	唐代杜甫《陪郑广文游何将军山林》："棘树寒云色，茵陈春藕香。"	茵陈
葶菜	Rorippa indica	十字花科	宋代方岳《春盘》："与我同味葶丝辣，知我长贫韭菹熟。"	葶
荻	Triarrhena sacchariflora	禾本科	明代季孟莲词《浣溪沙·用辛弃疾韵》："河豚荻笋过岢新。"	荻

·苍耳：古称卷耳，原产印度及西域地区，大概在石器时代随羊毛交易引入中国，因此又名"羊带来"，是一种极为古老的引进植物。《诗经》"采采卷耳，不盈顷筐"提到的就是苍耳，可见进入中土的时间悠久。引入中国后，由于适应性强，随着人类的活动范围增加而传遍整个中国。在开阔地到处生长蔓延，也成为饥荒时期的救荒植物。由唐代杜甫的《驱竖子摘苍耳》："畦丁告劳苦，无以供日夕。蓬莠独不焦，野蔬暗泉石。卷耳况疗风，童儿且时摘。"可知苍耳平时被当成救急野菜，也是一种药材，其花、叶、根、实都可食，"食

图 10　车前草不但是野菜，还是中药材，食
之"令人有子"。

图 11　羊蹄味道、口感不佳，是救荒野菜。

之则如药治病，使人骨髓满，肌如玉"。嫩苗幼叶煮水浸泡后可当蔬菜食用，
《本草图经》记载，苍耳"处处有之，其叶青白色似胡荽，白华细茎，蔓生
可煮为茹"，但"滑而少味"，应非可口的常蔬。李白的《寻鲁城北范居士
失道落苍耳中，见范置酒摘苍耳作》诗句云"忽忆范野人，闲园养幽姿""酒
客爱秋蔬，山盘荐霜梨"，说明苍耳是野居隐士的下酒菜。

　　·车前草：古称"芣苢"，如《诗经》："采采芣苢，左右采之。"分布
全中国各地的荒地路旁，有空旷地就生育有车前草（图 10）。车前还有特
殊用途，《名医别录》记载吃车前草"令人有子"。上古时代，中国战事频
繁，需人丁孔急，因此《诗经》所采的车前草，不但是菜蔬，可能也是帝
王要求属民必食的补品，用于生育男丁。《救荒本草》称为"车轮菜"，因
为分布普遍，历代都视为重要的救荒植物。

　　·酸模：古称"莫"，如《诗经》："彼汾沮洳，言采其莫。"全株有酸味，
但叶片较大且质地柔软。虽然味酸涩口，但稍加料理即可入口。除《诗经》
外，甚少文献记载，应该不是经常食用的野菜。

　　·羊蹄：分布亦广，到处可见。滋味口感均不佳，是饥荒时期的救荒
野菜（图 11）。《诗经》"我行其野，言采其蓫"提到的"蓫"就是羊蹄，
应是贫苦百姓采集供食的记录。

　　·马兰：最早出现在《楚辞·七谏·怨世》篇，有"马兰踸踔而日加"句，
因植株有特殊味道，当时被喻为恶草。但是至少在魏晋南北朝时期，已经
普遍被视为野菜，如南北朝陈代沈炯的《十二属诗》就有"马兰方远摘"句。

至宋代程俱的诗也有"马兰亦芳脆"句，足以证之。中国江南地区的农民，至今仍在野外采集马兰幼苗、嫩叶食用。

· 马齿苋：叶先端圆，叶形如马齿，因此得名。中低海拔地区空旷地到处有分布，是常见的野草。全株富黏液，滑润易入口，但非可口食物，诗文较少出现，《救荒本草》列为救荒植物。宋代范成大的《初秋闲记园池草木》"马齿任藏汞冷，鸿头自胜硫温"，但只是记述马齿苋是所见的庭园草木之一，不知是否也当成野菜食用。

· 蒿类：蒿类植物均具有特殊香味，春季萌发时，新芽鲜嫩可口，在很多地方都列为菜蔬；但过了夏季，植株木质化不再摘采食用。这类的植物有青蒿、茵陈蒿等。两者几乎遍布全中国，是民间极为熟悉的植物，诗词也多有食用记载，唯为数不多。宋代苏东坡的《送范德孺》"渐觉东风料峭寒，青蒿黄韭试春盘"，说青蒿和黄韭都是春季餐桌上常见的料理。而杜甫的《陪郑广文游何将军山林》"棘树寒云色，茵陈春藕香"，苏东坡的"茵陈点脍缕，照坐如花开"，所指为茵陈蒿，是应时野菜，至于唐代韩愈的"涧蔬煮蒿芹，水果剥菱芡"则未言明是何种蒿，但应为上述常被采食的蒿类之一。

· 葟菜：十字花科植物都含有含量多寡不一的芥末油，生吃具辣味。其中葟菜（图12），广泛分布华北、华中、华南以至云南、台湾亦产，生长在海拔200~1500米较潮湿处，自古即采集做药材使用，有时亦采集嫩枝叶供菜蔬。从宋代黄庭坚的《次韵子瞻春菜》"莼丝色紫菇首白，蒌蒿芽甜葟头辣"和宋

图12 具辣味的葟菜，生长于潮湿处，可供菜蔬及药材。

代方岳的《春盘》"与我同味葟丝辣，知我长贫韭葅熟"，至少知道宋人食用的是葟菜花茎至茎基的部位。食用时切成丝或磨成末，取其辛辣味当成其他蔬菜调料，如方岳在《豆苗》中所言："碧丝高压涎滑莼，脆响平欺辛螫葟。"

·荻：华北、西北地区常见的高大草本植物，《植物名实图考长编》云：
"荻芽似竹笋，味甘脆，可食。"春季初生之笋称为"荻芽"，可采收供食用，
类似箭竹笋，并常与河豚鱼白共食，如明代季孟莲词《浣溪沙·用辛弃疾韵》
所言："十字街头泥污客，三层楼上燕嘲人。河豚荻笋过岢新。"

第三节 古人常吃的水生野菜

水生野菜指生长在水中或沼泽地之可食植物，古典文学常出现的水生
野菜有荇菜、莼菜、水芹等六种（表3）。

表3 中国文学作品中的水生野菜

植物名	学名	科别	作品举例	古名
莼	Brasenia schreberi	睡莲科	《诗经》："思乐泮水，薄采其茆。"	茆、露葵、葵
荇菜	Nymphoides peltatum	龙胆科	《诗经》："参差荇菜，左右采之。"	荇、荇菜
水芹	Oenanthe javanica	伞形科	《诗经》："思乐泮水，薄采其芹。"	芹
石龙芮	Ranunculus sceleratus	毛茛科	《诗经》："周原膴膴，堇荼如饴。"	堇
芦苇	Phragmites communis	禾本科	唐代杜甫《客堂》："石暄蕨芽紫，渚秀芦笋绿。"	葭、苇
香蒲	Typha latifolia	香蒲科	宋代释智圆《赠林逋处士》："风摇野水青蒲短，雨过闲园紫蕨肥。"	蒲

·荇菜：古称"荇"或"荇菜"，叶柄可随水面上升而伸长，有时长可
达两米。柔软滑嫩，自古即作为菜蔬食用，故有"菜"之名。荇菜遍布全
中国，生育于池塘及溪流中，《诗经》："参差荇菜，左右采之。"描写的是
川流中随水流摇曳、横竖排列的荇菜植株，也是当时经常采集食用的植物。
自《诗经》以下，各代均有采集和食用荇菜的诗文，如梁代吴均的《登二
妃庙诗》"折菡巫山下，采荇洞庭腹"，唐代景云的《溪叟》"露香菇米熟，
烟暖荇丝肥"，以及唐彦谦的《夏日访友》"荷梗白玉香，荇菜青丝脆"。所
谓"荇丝"即荇菜的长丝状叶柄。

图13 莼菜的采食历史已有千年以上，以西湖所产尤佳。

图14 莼菜嫩茎叶含黏液，煮食做羹均宜。

· 莼菜：晋代张翰因为思念故乡的"鲈鱼莼羹"而毅然辞官，使得莼菜声名大噪，沿袭千年。莼菜（图13）自古就是名菜，中国人食用的历史久远，古名为"茆"，《诗经》的"思乐泮水，薄采其茆"就提到了。莼菜幼叶嫩茎布满黏液，食之滑润可口，最适合煮食做羹（图14），如唐代张志和的《渔父歌》："松江蟹舍主人欢，菰饭莼羹亦共餐。"也说明莼菜以做羹为主。华中地区除与鲈鱼共煮之外，与湖泊产的白鱼合羹亦为绝世名菜，即杜甫的《汉州王大录事宅作》诗句所言："近发看乌帽，催莼煮白鱼。"江苏太湖地区，至今仍以莼羹白鱼招待宾客。

莼菜古代又称露葵或凫葵，如唐代陆龟蒙的《奉酬袭美苦雨见寄》："横眠木榻忘华荐，对食露葵轻八珍。"由于滋味甚美，诗人吃了而有"轻八珍"之叹。主要产区为浙江的杭州西湖、江苏太湖的东山附近，其中又以西湖莼菜最佳。当地采收带有卷叶的嫩梢，加工贮存并贩售其他地方，今有制成罐头或真空包装的莼菜，当成特产销售至海内外各地。值得注意的是，古代的"露葵"，有时也指冬葵。

· 水芹：在西洋芹菜（旱芹）引进中国之前，水芹早已是中国食用多年的野菜，分布全中国的水田沟渠旁、沼泽地及潮湿处。嫩茎及叶柄供食用，是古代常用的野蔬，以至有"美芹献君"的成语。《诗经》有"思乐泮水，薄采其芹"句，可知水芹在诗经时代即供为菜蔬。水芹亦用以祭祀，即《周礼》所述："加豆之实，芹菹、兔醢、深蒲。""芹菹"即腌制的水芹。水芹是一般民家的常用菜蔬，如唐代白居易《过李生》"须臾进野饭，饭稻茹芹英"宋代唐庚的《白小》"百尾不满釜，烹煮等芹蓼"，还有苏东坡的《新城道中》"西崦人家应最乐，煮芹烧笋饷春耕"。但不同于其他野菜，水芹应该不只是平民百姓的菜肴，可能是与鱼虾一起上桌的珍馐之一，如唐代许浑的《沧浪峡》：

"红虾青鲫紫芹脆，归去不辞来路长。"

·石龙芮：古名堇、水堇、苦堇，"苗作蔬食，味辛而滑"，味辛辣不易入口，却是古代名菜（图15）。《诗经·大雅·绵》用"周原膴膴，堇荼如饴"句，以在周原生长茂盛的石龙芮（堇）和苦菜（荼），来形容"甘之如饴"的心情。后世记述以"堇"供蔬的诗文不少，如南北朝宋代刘骏的《四时诗》："堇茹供春膳，粟浆充夏飧"、唐代杜甫的《赠郑十八贲》"步趾咏唐虞，追随饭葵堇"，以及宋代周必大诗句"我独好奇尝酒堇，误思榹实杀三彭"，都说明石龙芮是古代常用的菜蔬。

图15 石龙芮古名"堇"，嫩叶幼苗可做菜蔬，味辛而滑。

·芦苇：初萌的芽称为"芦笋"，味道鲜美，可做蔬菜。芦苇（图16）和蒌

图16 芦苇的嫩笋味道鲜美。

蒿一样，在宋代都是和河豚共食的名菜，即苏东坡诗句"蒌蒿满地芦牙短，正是河豚欲上时"之谓。平常百姓也以新生芦芽（笋）为菜蔬，如唐代郑谷《倦客》："闲烹芦笋炊菰米，会向源乡作醉翁。"芦苇也是广泛分布于全世界的植物，中国到处可见，采食芦芽应是古代先民共同的经验。芦苇多呈野生状态，一般茎秆较细，但古时北方人常在低洼水塘、静水的泥塘进行人工栽植，如唐人姚合在《种苇诗》所言："欲种数茎苇，出门来往频。"人工栽植者茎秆较粗大，采收芦芽做菜蔬，称为"芦笋"，芦芽味甜，做蔬最美。有些地区的农民甚至在芦苇萌发前勤加施肥，使芦芽更肥美香甜。

芦苇是适应性极强的植物，全世界只要有水域的地方，就有本种植物生长，分布热带、亚热带、温带，从台湾及沿海的盐泽地至沙漠地区新疆、甘肃的水泽均可生长。在罗布泊盐泽及敦煌地区的月牙泉沿岸，芦苇是少数生长优势的植物之一。

·香蒲：初生的香蒲（图17），称"蒲笋"，甘脆可食，浸酒后更"食之大美"。宋代释智圆写给"梅妻鹤子"的林逋《赠林逋处士》"风摇野水

图17　初生的香蒲称为"蒲笋"，至今乡间仍有采食。

青蒲短，雨过闲园紫蕨肥"诗句中，提到初春刚萌发新芽的香蒲及春雨过后萌发的蕨芽，写的是文友间共同的生活经验。在明代薛瑄《舟中杂兴柬韩克和刘自牧王尚文宋广文》一诗中还提到买卖蒲笋："夹堤杨柳绿依依，傍水人家篱落稀。小妇携篮卖蒲笋，得钱含笑入荆扉。"至今，西南地区的云贵乡间食堂还有供应新鲜蒲笋。春初长幼笋、生嫩叶，未出水时红白色，嫩笋可食，成熟叶可以用来织席，自古即视为经济植物，《诗经·陈风》提到"彼泽之陂，有蒲有荷"，所指应为香蒲。

第四节　菌菇类

中国古代典籍累积出不少采食野菇的经验，记载有多种可食菌类，不过一般均以"菌"或"蕈"代之，不分种类，如《吕氏春秋》："和之美者，越骆之菌。"就未指明是何种菌类，推测可能是香菌（香菇）。《博物志》："江南诸山郡中大树断倒者，经春夏生菌，谓之椹。食之有味，而忽毒杀人。"中国地大，植物种类多样性高，可食性菇类种类繁多，品类不胜枚举，其中也不乏有毒菌菇。据古人观察，很多可食性菇类都会寄生在壳斗科树种或枫树的树干上。

·蘑菇：唐诗僧贯休有多首诗描写当时的可食菇类，如《深山逢老僧》："担头何物带山香，一笼白蕈一笼栗。"所言白蕈可能是蘑菇科的蘑菇。蘑菇又名麻菇、蘑菰、蘑菇菌、肉蕈，各地均有栽培，而以河北张家口所产最佳，称口蘑（图18）。明人潘之恒编写的《广菌谱》中还记载人工栽培法："埋桑楮诸木于土中，浇以米泔，待菇生采之。长二三寸，本小末大，白色柔软，其中空虚，状如未开玉簪花。"味道和外形类似鸡足，所以俗称"鸡足蘑菇"。

唐代韦庄诗句"谁家树压红榴折，几处篱悬白菌肥"，所言的"白菌"就是蘑菇。

图18　古代食用的蘑菇大都采自野生。

·香菇：白蕈或白菌可能亦指另外一种中国人食之千年的香菌。香菌或名香蕈（指蕈味隽永，有覃延之意），今称香菇（图19）。《本草纲目》说"香蕈生深山烂枫木上"，《广菌语》言："香蕈生桐、柳、枳椇木上，紫色者名香蕈。字从草从覃。"香菇营养丰富、味道鲜美，自古即采集供为菜肴，古时价格昂贵，一般人买不起，是官宦富贵人家的席上之珍。香菇的人工栽培也始于中国，元人王祯的《农书》已详细记载香菇的栽种法，可能是全世界最早的香菇栽培文献。近年来香菇多用人工培养，野生者数量稀少。

图19　香菇营养丰富、味道鲜美，古时是官宦富贵人家的席上之珍。

·松口蘑：唐代贯休在《闻知闻赴成都辟请》诗句"锦机花正合，棕蕈火初干"中，提到另一种称为"棕蕈"的菌类。"棕蕈"因菌盖表面生有黄褐色至栗褐色的鳞片而得名，今称松口蘑，是世界著名的一种大型伞形食用菌，夏末至秋季生长在松类或栎类树林下。

·猴头菇：贯休另一首诗《避寇游成福山院》还提到另一种菌菇，即"成福僧留不拟归，猕猴菌嫩豆苗肌"。"猕猴菌"是著名的食用菌，今名猴头菇，子实体肉质，成扁球形或头状生长在枯树干上，远望有如猴头，故名之。

·牛肝菌：唐人李咸用也曾引述白蕈、棕蕈、猕猴菌等多种菌菇类，在《依韵修睦上人山居》一诗中有"秋深栎菌樵来得，木末山鼯梦断闻"句，描写的是"栎菌"。栎菌就是今日的美味牛肝菌，是生长在壳斗科栎类的麻栎、栓皮栎及松类之云南松等树种林地上的大型食用菌，也是中国人享用已久、极受欢迎的菌菇类。

·木耳：宋代苏东坡的《与参寥师行园中得黄耳蕈》："老楮忽生黄耳菌，故人兼致白芽姜。"诗中说的"黄耳蕈"，是一种外观黄褐色的木耳，可生长在多数树种的枯朽树干上，分布极为普遍。木耳自古就是一般百姓的食品及保健品，还有另一种比较稀少名贵的银耳，俗称"白木耳"，譬如《清异录》记载："北方桑上生白耳，名桑鹅，富贵有力（指财力）者嗜之。"银耳的子实体含有白色胶质，是传统的滋补品，有润肺、生津、止咳、化痰、强身的功效。

·鸡枞：中国自古以来常在野外采食的美味菌菇类，还有鸡枞。鸡枞一作鸡纵，又名鸡肉丝菇（图20），是生长在白蚁巢上的一种菇菌，诗文中亦有引述。据说明熹宗因嗜吃贵州出产的鸡枞，每年都要派驿骑专程将鸡枞送到京城。清人贾杰有《鸡纵》

图20　鸡枞又名鸡肉丝菇，滋味媲美鸡肉。

诗："至味常无种，轮菌雪作肤。 茎从新雨苗，香自晚春腴。嫩鲜头番秀，肥抽九节蒲。秋风菁菜客，食品列兹无。"

第十四章 古典文学中的蔬菜

第一节 前言

魏晋南北朝的菜园中究竟出现了哪些植物，来看看梁代沈约的《行园》：

寒瓜方卧垄，秋菰亦满陂。

紫茄纷烂漫，绿芋郁参差。

初菘向堪把，时韭日离离。

高梨有繁实，何减万年枝。

荒渠集野雁，安用昆明池。

寒瓜就是今天的西瓜，和梨同为时令水果。其余菰、茄、芋、菘、韭等，都是古代常吃的栽培蔬菜。随着人类文化的发展，培育的蔬菜种类越来越多。摘录元代贡师泰的《学圃吟》诗为例：

风和日媚雨露濡，水菘山芥菠薐菇。

韭黄薤白葱椒苏，绿葵青藿华靓姝。

藻荇芹茆蘋繁芜，瓜瓞芰藕苔笋蒲。

蔓菁芦菔连根株，牡丹芍药萼重跗。

茄房豆荚悬瓟壶，紫姜红蓼郁雕胡。

玉延蹲鸱巧相扶，皮毛脱逬明月珠。

长颈短胆腻理肤，冰浆雪液如凝酥。

翠鳞银甲虬髯须，魁首肥颜施丹朱。

琅玕琥珀钩珊瑚，镵劚摘掇视密疏。

多盈筐箱少盈裾，削剥淹渍役膳奴。

……

涝即腰胫没垢污，翘兹恶苴与苦荼。

加以臭蒜杂秽荽，邪蒿浊苋兼滑榆。

整首诗一共出现了 33 种菜蔬，其中的菘（白菜）、芥、菠薐、韭、薤等共 22 种都是大量在各地栽培的蔬菜。明清以后诗文引述的蔬菜种类更多。

第二节　文学作品中的蔬菜

食用叶片部分的蔬菜占大多数，表 1 罗列自《诗经》以下，中国古典文学作品中经常出现的食用蔬菜。其中韭菜和荞荞（薤）在诗经时期已大量栽培。大部分的栽培蔬菜在唐宋以后的诗文中才大量出现，如大白菜（菘）、芥、苋等，均为原产中国的种类。菠菜、茼蒿、空心菜等常用蔬菜原产外国，引入中国的时间较晚，明清以后的诗词才有记述。

表 1　中国古典文学作品常见的叶菜类蔬菜

今名	学名	科别	出现的作品举例	名称	其他品种
韭	Allium tuberosum	百合科	《诗经》："四之日其蚤，献羔祭韭。"	韭	
大白菜	Brassica pekinensis	十字花科	宋代黄庭坚《即席》："霜栗剥寒囊，晚菘煮青蔬。"	菘	结球白菜（ B. campestris L. spp. pekinensis 小白菜（ B. campestris spp. chinensis ）
芥菜	Brassica juncea	十字花科	宋代杨万里《宿黄冈》："上市鱼虾村酒店，带花菘芥晚春蔬。"	芥	
今名	学名	科别	出现的作品举例	名称	其他品种

苋	Amaranthus albus	苋科	唐代孙元晏《蔡樽》："紫茄白苋以为珍，守任清真转更贫。"	苋	
莴苣	Lactuca sativa	菊科	唐代杜甫《种莴苣》："堂下可以畦，呼童对经始。苣兮蔬之常，随事艺其子。"	苣莴苣	
藠荞	Allium chinense	百合科	唐代李商隐《访隐》："藠白罗朝馔，松黄暖夜杯。"	藠	食用部分包括鳞茎
菠菜	Spinacia oleracea	藜科	元代贡师泰《学圃吟》："风和日媚雨露濡，水菘山芥菠稜菰。"	波陵菠稜	
空心菜	Ipmoea aquatic	旋花科	清代朱彝尊《光孝寺观贯休画罗汉同陈恭尹赋》："蕹菜春生满池碧。"	蕹菜	

·韭菜：原产中国，应该在史前时代就已大量食用（图1）。由于适应性强、分蘖力强，收割后能一再萌发，一年可以多次采收，即所谓"一割而久"，加上茎叶口感特殊，中国人很早就栽培为蔬菜，《诗经》《山海经》早有记载。《诗经》："四之日其蚤，献羔祭韭。"韭除了是日常食物，当时还是重要的祭品。春季雨后的韭菜叶最鲜嫩，各代均有诗篇述及，如杜甫《赠卫八处士》："夜雨翦春韭，新炊间黄粱。"这是古代文友间最富诗意的晚宴蔬菜。

韭菜又名起阳草、懒人菜、草钟乳，长叶青脆，开小花成丛，茎叶名"韭"，花名"韭青"。春夏秋采割嫩叶，供蔬食，"可生、可熟、可腌、可久菜之"。但是古人认为吃韭菜有季节性，所谓"春食香，夏食臭，五月食韭损人"，也不可多吃，"多食昏神暗目"。秋冬进行遮光软化栽培，嫩叶成浅黄色，称为"韭黄"，自古即为名贵蔬菜。

图1　韭菜长叶青脆，开小花成丛，茎叶口感特殊，中国很早就栽培为蔬菜。

图2 "菘"即今之白菜,本图为结球白菜。

图3 芥菜可鲜食、腌制及冷藏,是古今菜园中普遍栽植的蔬菜。

·白菜:古称"菘",栽培历史悠久(图2)。现代白菜系由野生种类长期改良培育而来,品种类别极多,包括结球白菜及不结球的小白菜(普通白菜)。有些品种极耐寒,成为中国古代四季蔬菜的主要来源。有关"菘"的诗文,唐代以后出现较多,如刘禹锡的《送周使君罢渝州归郢州别墅》:"只恐鸣驺催上道,不容待得晚菘尝。"晚菘系秋末冬初生产的白菜,是当时华中地区的主要蔬菜。宋代黄庭坚的《即席》:"霜栗剥寒橐,晚菘煮青蔬。"更强调白菜是古代天寒季节的应时蔬菜。到了明清两朝,诗词吟诵白菜的诗篇更多。

白菜的古名"菘",由于凌冬不凋,四时常见,和松树一样,因此得名,自古即为主要的栽培蔬菜。小白菜又名青菜,长江以南是主要产区。白菜又有秋冬白菜、春白菜和夏白菜之分,叶柄则白色、绿白、浅绿或绿色不一。大白菜又称结球白菜,是从白菜中选育出来的特异品种,栽培历史较短,为中国特产蔬菜,主要产区在长江以北,但已逐渐扩及全世界各种气候带。其叶柄较宽,内侧的叶卷结成球状,呈白色或浅黄色,鲜甜可口,外层叶则为绿色。卷结心叶有球形、卵球、直筒形等各种形状,耐贮藏,此一特征最适合在寒冷地区栽培。中国北方各地冬季大量贮藏大白菜,成为寒冷地方赖以维生的重要食品,贮藏方式有堆藏、埋藏、窖藏等多种。大白菜经简易加工,可制成腌白菜、渍酸菜等,还可制成冬菜,供生食、炒食或当作汤料,风味鲜美。

·芥菜:原产亚洲各地,亦产中国。芥菜(图3)原是冷凉地区的蔬菜,和白菜一样，秋季收成后可以腌制或冷藏，是古代中原地区的主要蔬菜之一，如宋代杨万里的《宿黄冈》所言："上市鱼虾村酒店，带花菘芥晚春蔬。"诗文中菘、芥常一起出现，如南宋陆游的《幽兴》："芥菘渐美盐醢足，谁共贫家一釜羹？"说到富贵人家将芥菜腌制成酸菜、菘制成酸白菜，以应冬季之需。陆游的另一首诗《园中晚饭示儿子》："盘餐莫恨无兼味，自绕荒畦摘芥菘。"可知芥菜、白菜是菜园中普遍种植的蔬菜。芥菜又名辣菜或腊菜，气味辛辣，在中国的栽培历史悠久。《礼记·内则》已经提到芥末酱（芥酱），取芥菜辛辣的茎部制酱，用以佐餐；汉代出版的《四民月令》也记载了种芥和收芥子。有人推论西安半坡村遗址出土的菜子，极可能就是芥菜子。可见芥菜很早就作为蔬菜被栽植。

·苋菜：原是野生在华南地区荒地的菜蔬（图 4），幼苗茎叶鲜嫩且栽培容易，炒食煮汤皆宜，遂广泛栽培食用。秦汉以前的文献极少出现，唐代以后则大量在诗文中引述，但常作为贫民的菜蔬，如唐代孙元晏的《蔡樽》："紫茄白苋以为珍，守任清真转更贫。"而由韩愈诗句"三年国子师，肠肚习藜苋"则可知道，苋和藜在唐代都属"粗食"。

·莴苣：原产地尚未有定论，若非中国原产，应该早在唐代以前就已引入（图 5）。唐宋诗词已大量出现，如杜甫的《种莴苣》："堂下可以畦，呼童对经始。苣兮蔬之常，随事艺其子。"可见唐代莴苣已经是民众普遍食用的蔬菜。宋代诗文中出现得更多，如杨万里的《晨炊光口砦》："新摘柚花薰熟水，旋捞莴苣浥生薑。"张耒的《秋蔬》："已残枸杞只留桩，晚种莴苣初生甲。"由张耒诗得知，莴苣是宋代少数的"秋蔬"，秋季气候渐凉，

图 4　苋菜在唐代以后的诗文大量出现。

图 5　唐宋诗已大量引述的莴苣。

图6 薤是中国最古老的菜蔬之一，今名
蕌荞。

图7 盐渍之薤白（鳞茎），至今仍是
供食菜蔬。

图8 菠菜虽然汉时已传入中国，但在
唐宋诗中极少引述。

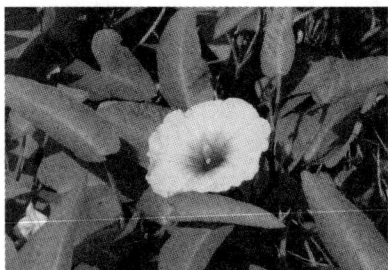

图9 空心菜。

230

中国多数地区已鲜少有新鲜蔬菜了。

·薤：今名蕌荞，是中国最古老的蔬菜之一（图6）。春季初萌的叶片及鳞茎供炒食，即唐代白居易的《村居卧病》所言："望黍作冬酒，留薤为春菜。"夏秋之后，鳞茎膨大，称为薤白，多盐渍或糖渍供食（图7），特别是用于早餐配食，如李商隐的《访隐》："薤白罗朝馔，松黄暖夜杯。"也可蒸食，即宋代梅尧臣的《次韵和吴季野题岳上人澄心亭》："空山旧径绿苔满，古寺斋盂白薤蒸。"

·菠菜：原产中亚细亚地区，汉代已传入中国（图8）。唐宋诗极少记述，元代贡师泰《学圃吟》诗有提及，称为"菠薐"，其后诗文逐渐有记载。清代后已成为栽植普遍的蔬菜，如清代郑珍的《书遗知同以十七日归》："自我来镇远，不撤惟菽乳。佐之菘波陵，胺儿及芹母。"

·空心菜：原名蕹菜，原产地应是中南半岛的热带雨林，也有人说原产中国（图9）。由于迟至明清以后的诗词才有引述，属外国引进的可能性较大，即明代金堡（淡归法师）的《满江红·无豆》："蕹菜老，充穷措。秋茄小，承光顾。"空心菜生长在水域或沼泽地，明代屈大均的《买陂塘》"浮田更种南园蕹，青与翠萍相接"提到的空心菜是种在水面的浮田上；而清代朱彝尊的

《光孝寺观贯休画罗汉同陈恭尹赋》"蕹菜春生满池碧"，则清楚指出空心菜呈藤蔓状生长在池面上。

古典文学中的根菜类，主要有两种：一为萝卜，一为芜菁。《诗经·邶风·谷风》篇"采葑采菲，无以下体"所言，"葑"即芜菁，"菲"即萝卜。原产地在温暖的欧亚洲海岸，全世界均有栽植，中国栽植的时间应在史前时代，《尔雅》已经著录，谓之为"葵"或"芦菔"，此后历代诗文均有大量篇章引述。

·芜菁：又称蔓菁，原产西亚、欧洲，适合在冷凉气候条件下栽植，华中以北有大量栽培。两者常在诗词中一同出现，有"菲"即有"葑"，应该是受到《诗经》影响。

·萝卜：根据文献记载，萝卜古称芦菔、莱菔、芦菔，现在通称萝卜。因块根长在土中且洁白如酥，古名有时也称为土酥，如杜甫的《病后遇过王倚饮赠歌》诗："长安冬菹酸且绿，金城土酥静如练。"宋代杨万里的诗句："庾郎晚菘翡翠茸，金城土酥玉雪容。"萝卜的块根粗壮，脆嫩多汁，形状有圆、扁圆、圆锥、长圆锥等，皮色有白、绿、红、紫等，肉色有白、淡绿、鲜红、紫红等。生萝卜多少含有辛辣味，脆甜多汁的品种可代水果。萝卜含有丰富的碳水化合物、各种无机盐类、维生素C、核黄素、少量芥辣油和淀粉酶，能帮助肉类和淀粉分解，便于消化吸收。古人多劝人食萝卜根叶，特别是冬天吃萝卜，"功多力甚，养生之物也"。萝卜最早是用作药材，有"下气消谷、去痰癖、止咳嗽"的效能，可"肥健人令肌肤细白"；和猪羊肉、鲫鱼煮食，有补益身心的效果。又能解酒醉、治晕船、解煤气中毒等。另外，不惯吃面食者，吃面后可用萝卜解之。后来才用作蔬菜，根叶均可食，明代《群芳谱》已将萝卜列为"蔬谱"，说萝卜根叶"可生可熟、可菹可齑、可酱可豉、可醋可糖、可腊可饭，乃蔬中最有益者"。腌后晒干的萝卜切片，称"萝卜干"，至今仍为可口菜肴。

第三节　诗文常见的瓜果类蔬菜

果实经炒煮过程供菜蔬用的植物，称为果用蔬菜。中国文学作品所提到的果用蔬菜，种类较少（表2），仅茄和多种瓜类，均为原产外国的植物，陆续经史前贸易、汉唐东西货物交流或宋元期间由海运传入中国。其中匏瓜在史前时代引入中国，《诗经》即已载录。

表2　中国文学作品中常见的果菜类

植物名称	学名	科别	出现作品举例	古名	其他品种
茄子	Solanum melongena	茄科	唐代柳宗元："香饭春菇米，珍蔬折五茄。"	茄	
匏瓜	Lagenarica siceraria	瓜科	《诗经》："酌之用匏，食之饮之。"	匏、瓠、壶、瓟	
丝瓜	Luffa cylindrica	瓜科	元代郝经："狂花野蔓满疏篱，恨杀丝瓜结子稀。"	丝瓜	
冬瓜	Benincasa hispida	瓜科	清代樊增祥："好与嫩冬瓜共煮，山公应是醉如泥。"	冬瓜	
苦瓜	Momordica charantia	瓜科	元代马臻："车道绿缘酸枣树，野田青蔓苦瓜苗。"	苦瓜	
南瓜	Cucurbita moschata	瓜科	《本草纲目》："南瓜种出南番，转入闽浙。"	倭瓜	圆南瓜（var. melonaeformis）长南瓜（var. toonas）
黄瓜	Cucumis sativus	瓜科	《神农本草经》："张骞使西域得种。"	胡瓜	

·茄子：果菜之中，茄子出现在诗文中的频率颇高。茄原产印度，后播传至东南亚，大概在魏晋南北朝（或更早）即引入中国。果形及果色变异极大，果形圆球至长条状，白色、绿色、橙、紫红、紫色至深紫黑色都有。不耐寒，属于热带至亚热带地区的蔬菜，中原地区列为"珍蔬"，如唐代柳

宗元的《同刘二十八院长述旧言怀感时书事，奉寄澧州张员外使君五十二韵之作》诗："香饭春菰米，珍蔬折五茄。"唐代以后，栽种逐渐普遍，宋元诗均有述及，如元代许有壬的《士京十咏·韭花》："浓香跨姜桂，余味及瓜茄。"明清以后的诗文中出现更多，如今已成为家喻户晓的蔬菜。

· 匏瓜：又称瓠瓜，原产非洲及印度，很早就引进中国，《诗经》及《楚辞》均有篇章载录。食用部分主要是嫩果，有多种品种及名称（图10）。成熟的果实果皮硬化可充当盛水器，谓之"瓢"，如《诗经·大雅·公刘》："酌之用匏，食之饮之。"所指即为果皮硬化的瓢。未做成器具前的成熟果实，谓之"壶"，即《诗经·豳风·七月》之"七月食瓜，八月断壶"所指。除了食用嫩果，古人还吃嫩叶，如《诗经·小雅·瓠叶》所说："幡幡瓠叶，采之亨之。"《楚辞》称"瓟瓜"，用来祭祀神鬼祖先，即《九怀·思忠》："抽库娄兮酌醴，援瓟瓜兮接粮。"

图 10　瓠瓜的花叶。

图 11　丝瓜原产热带亚洲，唐诗已有载录。

· 丝瓜：原产于热带亚洲，直到唐代才有"丝瓜"之名（图11）。未成熟果实松软，极适合煮汤；成熟时果肉纤维硬化，经络如海绵，因此有丝瓜之名，古人拿来做洗涤用具。元代郝经的《馆内幽怀》："狂花野蔓满疏篱，恨杀丝瓜结子稀。"丝瓜在元代同样也是栽种在攀爬用的篱笆或棚架上，农村几乎家家都有种植。

· 冬瓜：东方特产的蔬菜植物，原产印度或华南（图12）。出现在文学

图12 明清以后的诗文中才大量出现的冬瓜，果实大小因品种而异。

图13 苦瓜为一年生蔓性草本，果含苦瓜素，有清凉解毒的功效。

图14 南瓜。

作品中的频率较低，明清以后的诗文出现较多，如清代樊增祥《内廉又索黿再赋》："好与嫩冬瓜共煮，山公应是醉如泥。"《三叠前韵索同人和》："诗境通禅语语佳，亦如蘸雪吃冬瓜。"

·苦瓜：原产于印度，果含苦瓜素，味中带苦，性寒，又名凉瓜，具有清凉、解毒功效，逐渐为国人所喜食（图13）。大概在唐时引进中国，元代诗文已有载录，如马臻的《新州道中》："车道绿缘酸枣树，野田青蔓苦瓜苗。"可见当时已经普遍栽植。明代国画作品已出现苦瓜，明清文献提及更多，如清代吴省钦的《观景德镇所造内窑瓷器》："异物不贵贵用物，苦窳间作非勤宣。"苦窳即苦瓜。

·南瓜：北方人称倭瓜或窝瓜（图14），南人称饭瓜或南瓜，原产中、南美洲。根据考古资料，在原产地已经有很长的栽培历史。《本草纲目》云："南瓜种出南番，转入闽浙。"推测由西班牙人自中南美洲引进当时的殖民地菲律宾，再向四周国家散布。中国首先在华南栽种，因为"种出自南方"，与当时广为栽种的黄瓜、甜瓜、瓠瓜等有别，故称"南瓜"；又其源自外国，又名番瓜、番南瓜、饭瓜、窝瓜。依照南瓜的果型，可区分为两大类：一为圆南瓜，果实扁圆形或圆形，果皮有许多纵沟，或瘤状突起。其中又有许多不同的品种，如磨盘南瓜、柿饼南瓜等。另一类为长南瓜，果实长，头部膨大。

·黄瓜：瓜初期青白色，果皮遍生白短刺，质脆嫩多汁，至老则变为黄色，故名黄瓜。《神农本草经》记载，张骞出使西域时得种，因此也称胡瓜。黄瓜味清凉，能解烦止渴，可生食，亦可腌渍或煮食。国人的食谱中，多喜使用小黄瓜制作菜肴，或吃腌制黄瓜：先将嫩黄瓜洗净，切薄片入碗，拌细盐片刻，黄瓜会渗出水，去水后再拌入糖醋即可。黄瓜原产于喜马拉雅山南麓的印度北部地区，于3000年前开始栽培，随着各民族的迁移和往来，黄瓜由原产地向东传播到中国南部、东南至各国及日本等地；向西经亚洲西南部进入南欧及北非各地，后又传至欧洲各地及美洲。由于广泛栽培，历史悠久，品种很多：有果大、圆筒形、皮色浅的南亚型；果实较小，熟果黄褐有网纹的华南型；果棍棒状，熟果黄白色无网纹的华北型；果实中等、圆筒形，熟果浅黄色至黄褐色的欧美型；植株矮小，多花多果的小型黄瓜等。各类型均包含许多不同品种。

第四节　调味用香辛蔬菜

香辛类植物的植物体部分含有强烈香气，采取植物体含香气最浓郁的部分，烹调时供调味用；主要用于减少牛、羊、猪或鱼虾等动物食品的腥膻味，有时用于加添食物香气。各地区气候不同，食性各异，所使用的调味用植物也不尽相同（表3）。

表3　中国古典文学作品常见的调味用蔬菜

今名	学名	科别	食用部位	古名	原产地
葱	Allium fistulosum	百合科	全株	葱	亚洲西部
蒜	Allium satuvam	百合科	鳞茎	胡；葫	亚洲西部
姜	Zingber officintle	姜科	根茎	姜	热带亚洲
花椒	Zanthoxylum bungeanum	芸香科	果实	椒	中国
水蓼	Polygonum hydropiper	蓼科	叶	蓼	中国
蘘荷	Zingiber mioga	姜科	根茎	蘘	热带亚洲
紫苏	Perilla frutescens	唇形科	叶	荏；苏	中国
蒌藤	Piper betle	胡椒科	叶	蒟酱；浮留藤	热带亚洲
胡椒	Piper nigrum	胡椒科	果	胡椒	印度

今名	学名	科别	食用部位	古名	原产地
怀香	Foeniculum dulce	伞形科	叶	茴香	地中海沿岸及西亚
芫荽	Coriandrum sativum	伞形科	叶	胡荽	地中海沿岸及中亚
罗勒	Ocimum basilicaum	唇形科	叶	罗勒；蕙	华南
辣椒	Capsicam annuum	茄科	果	番椒	南美

·葱：原生于中国，全株有辛香风味，可炒食和生食，不过大都取来做菜肴调味料。例如，魏代甄皇后的《塘上行》："莫以鱼肉贱，弃损葱与韭。"宋代黄庭坚的诗句："葱韭盈盘市门食，诗书满枕客床毡。"

·大蒜：原产亚洲西部，春秋战国时代以前就已引入中国。古代诗词都有提及，如《楚辞·离骚》："矫菌桂以纫蕙兮，索胡绳之纚纚。"晋代王廙的《春可乐》："濯茆兮葅韭，醢蒜兮擗鲊。"唐代寒山的"蒸豚揾蒜酱，炙鸭点椒盐""黄连揾蒜酱，忘记是苦辛"等。

·姜：古代药材，也是调味香料（图15），主要用来去除肉类的腥膻之味。中国使用姜的时间悠久，孔子斋戒时不吃荤食及辛辣之物，唯独"不撤姜食"；而从晋代潘岳诗句"瓜瓞蔓长苞，姜芋纷广畦"可知魏晋时代姜田已到处可见。唐宋诗词中也有出现，如唐代王建的《饭僧》："愿师常伴食，消气有姜茶。"宋代黄庭坚的《答永新宗令寄石耳》："竹萌粉饵相发挥，芥姜作辛和味宜。"

·花椒：未引进中国之前，中国辛辣料理主要都是使用花椒，全中国

图15　姜是药材，也是调味香料。

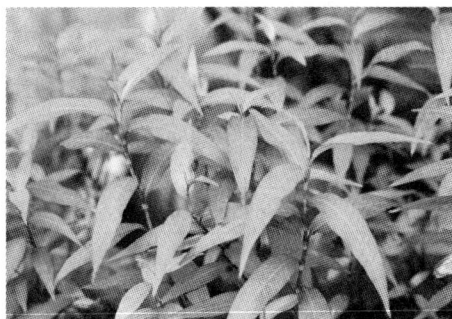

图16　水蓼是古人普遍使用的去腥食材。

几乎都有生产。《诗经》"有椒其馨，胡考之宁"的"椒"即花椒，表示中国人食用花椒至少已有两千年历史了。花椒多用在肉食调理，如唐代白居易诗句："佐以脯醢味，间之椒薤芳。"宋代苏东坡的《监试呈诸试官》："调和椒桂酽，咀嚼沙砾碜。"均说明花椒和肉桂等都是当代的调理品。

·水蓼：古代五辛（葱、蒜、韭、蓼、芥）之一，《诗经》："荼蓼朽止，黍稷茂止。"水蓼与黍、稷等粮食作物相提并论，显示其重要性。古时烹煮鸡、猪、鱼、鳖等，都必须使用水蓼（图16）填塞在上述食料腹部烹煮，以去除膻味，用法有如今日的葱、姜、蒜。例如，唐代贾岛的《不欺》："食鱼味在鲜，食蓼味在辛"，以及宋代唐庚《白小》"百尾不满釜，烹煮等芹蓼"所言。

·芥菜：中国栽培芥菜历史悠久，主要栽植供新鲜蔬菜或腌制成酸菜食用。全株含有具辛辣味的芥末油，种子含量更多。种子磨成粉称芥末，辛辣味更强，用作调味料，即宋代黄庭坚的《答永新宗令寄石耳》所言："竹萌粉饵相发挥，芥姜作辛和味宜。"芥末主要和鱼类共食，如唐代白居易的诗句："鱼脍芥酱调，水葵盐豉絮。"

·蘘荷：在《楚辞》里是当作香料，用来烹煮猪肉、狗肉，即"醢豚苦狗，脍苴莼只"所言。屈原视之为香草，与菖蒲等香料植物并列。宋代韩驹的"莼藕薯芋蘘荷姜，堆盘满案次第尝"诗句，则和姜并列，两者的烹调作用相同，都是用来去除肉品腥味。

·紫苏：古名"荏"，是白苏的变种，两千多年前的《尔雅》就已记载，诗文所言之"荏"或"苏""鸡苏"指的都是紫苏（图17），如唐代王绩的《过郑处士山庄》"野膳调藜荏，山依缉薜萝"、唐代李贺的《秦宫诗》"斫桂烧金待晓筵，白鹿青苏夜半煮"、元稹的《酬乐天东南行诗》"芋羹真暂淡，鹧炙漫涂苏"、宋代黄庭坚的《奉谢刘景文送团茶》"箧中渴羌饱汤饼，

图17 紫苏枝叶具特殊香气，自古即用作烹调香料。

237

图18　蒌叶在古代兼作药材及食品调味料。

图19　胡椒是世界知名的香料。

图20　茴香又名怀香，植株具特殊香味，可炒食也可作食品调料。

鸡苏胡麻煮同吃"等。紫苏枝叶含多种挥发成分，具特殊香气，有防腐作用，自古即用作烹调香料或腌制食物。紫苏的挥发油成分也有抗菌作用，食品中加紫苏油，不但有香料效果，还可防止长霉，比如制作酱油时加入紫苏，则不会长白霉。

·蒌藤：又称蒌叶，古名蒟酱（图18），原来作为医药用途，或与槟榔和食。因植物体含有胡椒酚、蒌叶酚等挥发油，《本草纲目》说蒟酱叶可健胃、止泻及化痰，视为重要药材。古代已取用为食品调料，如唐代王维的《春过贺遂员外药园》："蔗浆菇米饭,蒟酱露葵羹。"此露葵是指莼菜，唐人在莼羹中加蒌叶调味，类似今日的胡椒粉。

·胡椒：原产于印度，是世界知名的香料植物（图19）。最迟在唐朝以前就以成品输入中国，成为行贿官员的珍品。诗词中常作为高价物品或聚敛财物的比喻，如明代陆宝的《相公来》："富贵如云真大梦，胡椒钟乳在谁边？"但作为食品调料，胡椒的地位一直不受影响。

·茴香：又作"怀香"（图20），如元代卢集的《滕昌祐怀香肿鹅园》诗："雨余日照沙，尚有怀香花。"植株含有茴香醚及茴香酮等挥发油，具特殊香味，可做温食及拼盘装饰，有时做香辛蔬菜或调味用。原产地中海沿岸及西亚，由于是外来植物，唐诗及唐诗以前的文献均未曾提及。

·芫荽：别名香菜，系"胡人之物"，原产地中海沿岸及中亚，汉张骞于公元前 119 年自西域引入，因此诗文多作"胡荽"，后来演变成"葫荽"，如元代范梈的《百丈春日寄怀》："草上葫荽偏挺特，花间芦菔故高长。"茎叶具特殊香味，全世界均有栽培，作为菜肴调料。果实入药，有驱风、健胃及化痰效果。

·罗勒：原产热带亚洲，华南地区亦产，又名"九层塔"（图 21）。茎、叶具芳香油，均可入药，有健胃、消暑、解毒功效。华南地区沿海居民采取幼芽、嫩叶作为海产食物的调料，用以去腥并增加食物香味，诗人也以其特殊香味入诗，如元代张养浩的《寄省参识王继学诗友》："木密垂枝手可亲，嫩隔罗勒味尤真。"

图 21　罗勒又名九层塔，味芳香又可入药，至迟在元代已作为食品调料。

第五节　木本蔬菜

食用部分为灌木或乔木的幼嫩枝叶、花序或幼果者，称之为木本蔬菜，有槐树、榆树、香椿、棕榈等五种（表 4）。

表 4　文学作品中的木本蔬菜

今名	学名	科别	食用部位	古名
槐	Sophora japonica	蝶形花科	嫩叶、花	槐
黄榆	Ulmus macrocarpa	榆科	嫩果	黄榆
香椿	Toona sinensis	楝科	嫩叶、幼叶	椿
棕榈	Trachycarpus fortunei	棕榈科	幼嫩花苞	棕鱼、棕笋
枸杞	Lycium chinensis	茄科	嫩叶	杞、枸

图22 槐树的荚果。

图23 黄榆的果实像古铜钱，可酿酒，晒干后可制酱。

·槐树：初春新叶初成，采嫩芽幼叶，煮过后油盐调食，是古代的家常菜（图22）。古人相信多吃槐叶有"明目益气，乌发固齿催生"的效果。宋代王禹偁的《甘菊冷淘》："子美重槐叶，直欲献至尊。"宋代陆游的《幽居》："荠菜挑供饼，槐芽采作菹。"两首诗所说的就是古人嗜食槐叶、槐芽。另外，槐叶磨成粉和面制饼，也是古代名食，即宋代韩驹的《答蔡伯世食笋》："莼丝化盐豉，槐叶资新面。"宋代晁补之的《同鲁直文潜饮刑部杜君章家次封丘杜观仲韵》："正须新面杂青槐，千里紫莼江上来。"两首诗所述。

·榆树：榆树和黄榆春季的嫩果可供食用，所谓"三月榆钱可做羹"。榆树的果实有环翅，外形类似古代的铜钱，故榆钱指榆果，可酿酒，晒干后可制酱。黄榆又称芜荑，又叫大果榆，果实远比榆树大（图23），食用价值比榆树高，但植株数量较少。唐代颜真卿等人的《七言滑语联句》有"芜荑酱醋吃煮葵，缝靴蜡线油涂锥"句，说的就是黄榆果制成的酱。

图24 棕榈未开展的花苞称"棕鱼"，是古代名菜。

·香椿：嫩芽及幼叶有特殊香味，是著名的木本蔬菜。自古至今，居家附近多有栽培，"圃中沿墙，宜多植以供食"，可用以拌豆腐、炒蛋或用嫩叶腌制成菹等。历代诗词多有提及，如宋代刘弇的《和权之严韵》："庭椿摘初黄，畦韭剪柔绿。"

·棕榈：幼嫩的花苞称为"棕鱼"（图24），炒煮后是一道名菜，"食之甚美"。

古代名士知道此一特殊食材的
不多，南宋诗人陆游即其中之一，
他有两首诗述及棕花、棕鱼：其
一是《偶得长鱼巨蟹命酒小饮盖
久无此举也》："老生日日困盐齑，
异味棕鱼与楮鸡。"其二是《村
舍杂兴》："箭苗白于玉，棕花长
比鱼。盘餐有此味，勿怪食无余。"

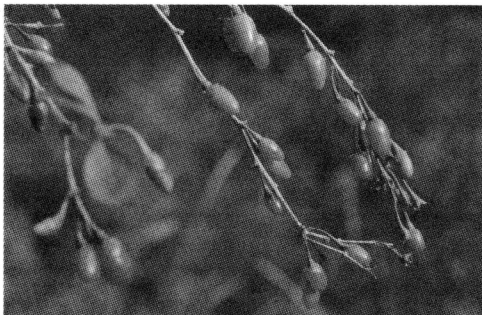
图 25　枸杞的嫩芽或幼芽可当蔬菜食用。

到了清代，仍有好此味者，如黎庶蕃在其《春菜诗》中写道："棕鱼戢戢子
满苞，野鹊毵毵花聚粟。"其中的"野鹊"是指荠菜。苏东坡谓之"棕笋"，
在其咏棕笋诗的序言说道："棕笋，状如鱼，剖之得鱼子。味如苦笋而加甘
芳。蜀人以馈佛，僧甚贵之，而南方不知也。笋生肤毳中，盖花之方孕者。"
可见苏东坡所称的"棕笋"就是"棕鱼"，是僧人等素食者最爱的名菜。苏
东坡又说："正二月间可剥取，过此苦涩不可食矣。"吃"棕鱼"宜在花苞
刚形成的初春。

·枸杞：果称枸杞子，有坚筋骨、补精气、滋肾润肺的功能；根皮称地骨皮，
也是知名的常用中药。春季采集刚萌芽的嫩芽或幼芽，可当蔬菜食用，所谓：
"春食苗，夏食叶，秋食花实而冬食根，庶几乎西河南阳之寿。"《诗经·小
雅·北山》所言"陟彼北山，言采其杞"的"杞"即枸杞，可能是采集果
实或采摘嫩叶做菜蔬。枸杞芽是古代宫中后妃常吃的名贵菜肴，《红楼梦》
第 61 回提到大观园内迎春房里丫头经常吃的好菜就有"油盐炒枸杞芽"。
宋代杨万里也有《尝枸杞》："芥花菘菌饯春忙，夜吠仙苗喜晚尝。"其中"仙
苗"指的就是枸杞的幼苗或幼芽。四月至七月间采集嫩叶或芽，洗净后揉
搓变软，可当蔬菜食用，生调食、炒食、腌食或煮汤均可。苏东坡的《次韵
乐著作野步》诗中有"俯见新芽摘杞丛"句，所摘的枸杞芽也是当菜蔬食用。

第六节　豆类

历代文学作品中常见的蔬用豆类见表 5。

表5　文学作品中常见的蔬用豆类

今名	学名	原产地	古称	引进中国期间
豌豆	Pisum sativum	地中海沿岸和亚洲中部		汉代
扁豆	Lablab purpureus	热带亚洲（印度）	峨嵋豆	汉、晋
蚕豆	Vicia faba	非洲地中海至西南亚	陈豆、蚕豆	两汉，张骞引入
豇豆	Vigna sesquipedalis（长豇豆）Vigna sinensis（短豇豆）	非洲北部、印度	豇豆	1000~1500年前
绿豆	Vigna radiata	亚洲东南部地区		

·豌豆：原产地中海及其附近，是古老的作物，欧洲新石器遗址已有发现。引进中国的时间亦早，至迟在汉代就已引种栽培。主要食用部分是幼嫩豆荚,成熟种仁是重要的副食,近年来也采食其幼嫩茎叶当菜蔬,谓之"豌豆苗"。豌豆是古今各地主要的栽培作物之一,如元代方回的《春晚杂兴》:"樱桃豌豆分儿女，草草春风又一年。"清代樊增祥的《池上叠前韵》:"桑叶渐肥豌豆绿，坐看蚕箔欲成丝。"

·扁豆:果荚扁形，故称扁豆，又名稨豆、峨嵋豆，诗文中有时称鹊豆。原产印度等热带及亚热带亚洲，引进中国的时间很早，魏晋南北朝的《名医别录》已有载录，当时主要是作为药材，嫩豆荚和成熟豆粒供食用。明清以后到处有栽植，由明代程本立的《江头绝句》:"小树香橼子，疏篱扁豆花。"清代樊增祥的《李复堂草虫便面回原韵》:"枣树东头阿那家，萧萧络纬井栏斜。五更风露无人听，凉煞篱根扁豆花。"可知其普遍程度。烹调前先用冷水浸泡或用沸水稍烫再炒食，也可制成干煮食；成熟豆粒可煮食或做豆沙馅。台湾到处可见，食用品种以紫红色栽培种较为普遍，亦有白色品种。

·蚕豆:又称陈豆，原产亚洲西南到非洲北部的地中海沿岸。有大粒种、中粒种及小粒种之分，大粒种和中粒种的种子扁椭圆形，做菜或制成副食品；小粒种的种子短小，但产量高，适合做绿肥及饲料。引进中国的时间可以远溯至汉代，但迟至明清后的诗文才引述较多，如明代董说的《蚕豆》，清代陆世仪的《春日田园杂兴》"篱头未下丝瓜种，墙脚先开蚕豆花"，清代蒋廷锡的《家园消夏》"荒畦种蚕豆，小圃栽萝蒿"，表示树荫空地多有栽种之。而经适当的料理，味可敌名菜，即清代陆奎勋的《尝陈豆》所说："名齐金氏薯，味敌陆家莼。"清代彭玉麟的《广西全州道上》："满地紫云吹不散，野田蚕豆乱开花。"表示大面积栽种，开紫色花的花海景观。

·豇豆：又名长豆，有长、短荚之分，荚果线形，短者长约 10 厘米，长者可达 80 厘米。中国自古就栽培供食用，栽植历史虽有千年左右，但明代之前的文学作品中出现甚少。清代刘光第在题为《京师蔬菜有最美者漫赋》的诗中说道："自锄片地试蔬蕺，胡卢挂鸭豇悬蛇。"所述豇豆有如"悬蛇"，当然是指长豇豆。此外，豇豆也有饭豇豆与菜豇豆之别：饭豇豆豆角细长，角皮光滑，食其豆实，可与米一同煮饭。菜豇豆的豆角较长，角皮光滑，可连皮做菜，分类上被处理为饭豇豆的亚种。豇豆的起源有许多说法，或说源自热带非洲，经埃及及其他阿拉伯国家传至亚洲。但公元 601 年出版的《切韵》已有豇豆的记载，其后也出现在宋代的《图经本草》《本草纲目》中，加上中国原有 16 种豇豆属野生植物，因此极可能中国也是豇豆的原产地之一。

·绿豆：以种皮绿色而得名，种子供食用及药用。种子煮汤，已成为夏季消暑的饮料；花及芽解酒毒，果荚治赤痢。豆科植物（包括绿豆）的根有根瘤菌，可固定空气中的氮素，转为可溶性氮肥，可以改良土壤，自古即作为绿肥，在农耕上使用很多。绿豆营养丰富，含有大量蛋白质及各种矿物质、维生素，是重要的食用豆类之一，磨粉可制成粉丝（冬粉），如《农桑通诀》的记载："人俱作豆粥豆饭，或作饵为炙，或磨而为粉，或作面材。"绿豆种子在无光无土及适当的湿度条件下可培育出芽菜，即普遍的菜蔬"豆芽菜"，食用部分主要是胚轴，富含维生素。绿豆在中国栽培历史悠久，公元 6 世纪东魏贾思勰所著的《齐民要术》已有绿豆的记载。一般认为绿豆是由印度传入中南半岛，16 世纪传到欧洲，再传到美洲，成为世界性的豆类。日本的绿豆则是 17 世纪左右从中国引进的。

第十五章　文学中的瓜果

第一节　文学中的瓜果统计

中国最早的文学作品《诗经》所述及的植物中，有 19 种属于当时食用的果树或瓜果类。其中肉果类 13 种（桃、李、梅、木瓜、木桃、木李、猕猴桃、郁李、葛藟、野葡萄、棠梨、枣、豆梨），干果类 5 种（榛、板栗、枳椇、苦楮、茅栗），瓜类 1 种（甜瓜）。肉果类的桃、李、梅、猕猴桃，以及干果类的板栗、瓜果类的甜瓜，至今仍大量栽培供应民众所需。历代文学作品出现的水果类植物，亦以此类植物频率最高。其他植物虽然不是常用果树，或不再以食用为主要用途，因为是《诗经》植物的缘故，也大量在诗词文献中引述。此类植物有木瓜、木桃、木李、棠梨、葛藟等。

《楚辞》所列的瓜果类较少，仅 10 种，肉果类有 7 种，其中橘、柚、芭蕉为南方植物，《诗经》没有出现，桃（苦桃）、棠梨（杜梨）、枣（酸枣）、葛藟则和《诗经》雷同；干果类 3 种，其中板栗和榛在《诗经》中已有引述，菱则属《楚辞》独有；《楚辞》中无瓜果类。《诗经》和《楚辞》合计果树23 种，历代诗文均吟诵之（表 1）。

先秦魏晋南北朝的诗及汉赋中的肉果类增加了 6 种，即葡萄、柿、山楂、杨梅、枇杷、荔枝，瓜果类增加西瓜（寒瓜）1 种，其后的诗词典籍，瓜果类不再出现新种类。《全唐诗》肉果种类变化不大，《全唐诗》的干果类增加胡桃、海枣、橄榄等 7 个种类。宋代《宋诗钞》《全宋词》开始引述龙眼、余甘（庵摩勒）、香橼等肉果，干果类增添了银杏、榧子等。元代的《元诗选》《全金元词》《全元散曲》所增加的果树仅芭榄（巴旦杏）、醋梨等，但都不是常用果树。明清两代诗文所述的瓜果类绝大部分和历代相同，仅增加肉果类的佛手柑、刺梨、苹果和干果类的苹婆等（表 1）。

表 1 中国古典文学作品中的瓜果总计

书名	肉果类	干果类	瓜果类	种数
《诗经》	13	5	1	19
《楚辞》	7	3	0	10
《先秦魏晋南北朝诗》	24	6	2	31
《汉赋》	26	6	1	33
《全唐诗》	28	13	2	42
《宋诗钞》	29	14	2	44
《全宋词》	30	10	2	42
《元诗选》	25	11	2	37
《全金元词》	25	6	1	33
《全元散曲》	25	5	2	32
《明诗综》	25	8	1	33
《全明词》	31	10	2	42
《全明散曲》	28	9	2	38
《清诗选》	31	14	2	46
《全清散曲》	32	9	2	42

第二节 诗文常见的肉果类

古典文学作品常出现的肉果类见表 2。其中桃、李、梅是历代诗文引述最多的果树，同时也大量栽植供观赏，亦属观花植物。其中梅开花最早，冬末初春为花期，花色纯白、粉红至深红，后者称红梅。桃、李、梅三者均出现在《诗经》篇章之中，可见栽培利用的历史均很悠久，都是史前时代就广为栽培的经济植物。

表 2 古典文学作品常出现的肉果类

植物名	学名	科别	诗文常用名称	原产地
桃	Prunus persica	蔷薇科	桃	中国
李	Prunus salicina	蔷薇科	李	中国
梅	Prunus mume	蔷薇科	梅	中国
杏	Prunus armeniaca	蔷薇科	杏	中国
梨	Pyrus pyrifolia	蔷薇科	梨	中国

植物名	学名	科别	诗文常用名称	原产地
棠梨 （杜梨）	Pyrus betulaefolia	蔷薇科	杜、甘棠	中国
山楂	Crataegus pinnatifida	蔷薇科	朹	中国
柚	Citrus grandis	芸香科	柚	中国
橘	Citrus reticulate	芸香科	柑、橘	中国
橙	Citrus	芸香科	橙	中国
金橘	Fortunella crassifolia	芸香科	卢橘、金柑	中国
木瓜海棠	Chaenomeles sinensis	蔷薇科	木瓜	中国
毛叶木瓜	Chaenomeles cathayensis	蔷薇科	木桃	中国
榅桲	Cydonia oblonga	蔷薇科	木李	中国
柿	Diospyros kaki	柿树科	柿	中国
樱桃	Prunus pseudocerasus	蔷薇科	樱桃、含桃	中国
石榴	Punica granatum	安石榴科	石榴、海榴	伊朗至阿富汗等中亚地区
葡萄	Vitex vinifera	葡萄科	蒲萄、葡萄	伊朗至阿富汗等中亚地区
猕猴桃	Actinidia chinensis	猕猴桃科	苌楚	中国
杨梅	Myrica rubra	杨梅科	杨梅	中国
荔枝	Litchi chinensis	无患子科	荔枝	中国
龙眼	Dimocarpus longana	无患子科	龙眼、荔枝奴	中国

·梅：宋代之前，梅的栽培主要是收成果实当作食品调料。《尚书》提到"尔为盐梅"，说明古代梅的重要性和盐一样，不可一日无之。《诗经·小雅·四月》"山有嘉卉，侯栗侯梅"，梅和果树之栗并提，显示当时梅是以果树用途栽培。宋代开国皇帝赵匡胤"杯酒释兵权"，提倡"偃武修文"，官宦文士家以莳花艺草、绘图吟诗为务，蔚为风气。赏梅、画梅、诵梅自宋代启端，其影响至今不衰。

·桃、李：《诗经·魏风·园有桃》："园有桃，其实之殽。"表示桃是栽植在园中，供收成果实。桃花色粉红至红色，色彩艳丽，也是当时贵族宅院及王侯大臣的观赏植物。《诗经》诗句"桃之夭夭"，用桃花形容贵族少女衣冠的缤纷及容貌之艳丽。桃李开花都在初春，桃花的美艳常常夺去白色李花的风采，诗文中桃出现的频率也高过于李。《诗经·小雅·南山有台》的叙述："南山有杞，北山有李。"应是描写山坡上大量栽种李树的场景。

· 梨：唐代诗文才开始出现，但三皇五帝时，梨已经被视为"百果之宗"（图1）。古人栽培梨树的目的，主要是为了收成果实；但是梨花淡白雅致，也是一种观花植物，如唐代刘方平的《春怨》："寂寞空庭春欲晚，梨花满地不开门。"

图1　梨。

图2　棠梨古称甘棠或棠，是古人常吃的水果之一。

图3　山楂是北方果树，唐代后诗文即大量引述。

· 棠梨：古称杜或杜梨，果实酸涩，不适合生食；称棠或甘棠者，果实味较甜，是古人常吃的水果之一（图2）。"甘棠遗爱"典出《诗经·召南·甘棠》："蔽芾甘棠，勿翦勿伐，召伯所芨。蔽芾甘棠，勿翦勿败，召伯所憩。"说的是百姓怀念召伯政绩，对他曾在树下休憩的甘棠树爱护有加。后世诗词引述甘棠，大都和此典故有关，如汉代扬雄的《甘泉赋》："函甘棠之惠，挟东征之意。"

· 山楂：仲春开花，花白满树，亦极为壮观；果实成熟在秋季，呈鲜红至深红色（图3）。原产中国北方，2000多年前的文献《尔雅》即已记录，当时的名称为"杋"，唐代后的诗词经常引述。山楂可入药，近代已证明其医疗保健效果。

· 林檎：有时称来禽或来檎，和柰同属中国原产的苹果。现代所称的"苹果"为西洋苹果，由传教士于

1871 年传入中国。

·橘：橘、柚都是长江以南的植物，同时在《楚辞》出现。橘不耐寒，主要产地在长江中下游，所谓"橘逾淮而为枳"，指出橘无法移植到北方的特质，被视为坚贞的个性。因此，《楚辞》有专章《橘颂》来称颂，说橘是"后皇嘉树""受命不迁，生南国兮"，有"深固难徙，更壹志兮"的特质。橘原产中国，在华南山区仍有许多野生类型，是柑橘类中最早进行人工栽培的一种，至少已经有 4000 年以上的历史。橘的栽植逐渐普遍，到汉代时已成为重要的经济植物，所谓"江陵千树橘"，进行大规模栽培。自汉武帝起，在交趾等橘的产地都设有橘官，主管进贡御橘事宜。古人种橘可以致富，认为"种橘如养奴仆"，通称为"木奴"，后世篇章常有"橘奴""木奴"之词，典故出自这里。

·柚：从《楚辞·七谏·自悲》："杂橘柚以为囿兮，列新夷与椒桢。"可知战国时代，橘、柚都是果园中的植物。柚原产于亚洲热带及亚热带地区，可能是华南地区以南至中南半岛，在华中、华南栽培的历史已很悠久。《尚书·禹贡》有"扬州……厥包橘柚，锡贡"的记载，可见柚的栽培历史至少有 3000 年。《吕氏春秋》记载："果之美者，江浦之橘，云梦之柚。"说明秦汉时期湖南、湖北等华中地区，已经进行柚树栽培。柚在历代诗文中，虽然重要性及出现频率都不如橘，但也是经常被引述的果树。《本草纲目》说："柚色油然，故名柚。"古人以柚、佑同音，喜欢种柚、食柚。柚子不仅风味独特且营养价值高，国人食柚当不仅爱其风味，也有希冀保佑子孙的含意。

图 4　卢橘即金橘，果实成熟时橘黄色，宋诗才开始大量引述。

·卢橘：即金橘（图 4），或称金枣、金柑，原产中国长江流域以南，果实长圆形，成熟时橘黄色，食用时无须剥皮，全果鲜食或制成蜜饯，有特殊的酸甜味。自宋诗才开始大量出现。

·木瓜、木桃、木李：果实味酸涩，都不适合生食，煮后加工糖渍才宜食用。历代诗词引述这3种植物，都是因袭自《诗经·卫风·木瓜》篇名句，"投我以木瓜，报之以琼琚""投我以木桃，报之以琼瑶""投我以木李，报之以琼玖"。中国历代文献所言之木瓜，是指蔷薇科的木瓜海棠（图5），诗文都称木瓜。今日各地所言之木瓜，原产热带美洲，17世纪末才引进中国，正确名称应为番木瓜。木桃果实较小（图6）。

图5 《诗经》"投我以木瓜，报之以琼琚"所提到的木瓜。

·柿：秦汉以前的经书都有提及，如《礼记》《周礼》等，也是中国食用极早的果品。《诗经》《楚辞》虽未言及，但《先秦魏晋南北朝诗》已有引述。秋天柿叶变红，极为美观。诗词所言之柿，大都非为果实，而多与霜红之柿叶有关，如韩愈诗句"友生招我佛寺行，正值万株红叶满"，写的红叶就是秋天的柿叶。成语"柿叶学书"典出慈

图6 木桃即今之毛叶木瓜。

恩寺的柿叶，被名士郑虔利用来勤练书法，后世拿来比喻勤苦研练书法。

·樱桃：《礼记·月令》记载"羞以含桃，先荐寝庙"，"含桃"即樱桃，是用来祭祀的珍果。诗词中较早出现的是《先秦魏晋南北朝诗》《全汉赋》。唐代樱桃已经很普遍，上自皇宫御苑，下至寺院花圃，均有樱桃园。唐朝皇帝常以樱桃赐群臣，设"樱桃宴"招待新科进士，被招待的进士，认为是无上的殊荣。

·石榴：石榴与葡萄都是西汉张骞通西域时引回中国。石榴原产"安石国"（即今伊朗及阿富汗地区），所以称为安石榴。种子外皮肉质透明，可供食用，也用来制酒，被当成果树栽种。石榴花艳红似火，也有粉红、黄色及白色

花品种，是历代重要的观赏植物。宋代王安石的"万绿丛中一点红，动人春色不须多"，所说的就是石榴花。

· 葡萄：原产地中海、黑海、里海地区，张骞从大宛（今土耳其）引进。汉时新疆、甘肃地区仍属西域，已经栽种葡萄，并制成葡萄酒运入关内。因为汉唐时期，西域产的葡萄酒品质好，受到王公贵族的欢迎，皇上亦以御赐群臣葡萄酒表示宠幸。唐代王翰的《凉州词》"葡萄美酒夜光杯，欲饮琵琶马上催"是最著名的诗句；而李颀《塞下曲》："帐下饮蒲萄，平生寸心是。"则说明唐时葡萄酒受人喜爱的程度。

· 猕猴桃：原产中国，《诗经》称"苌楚"（图7、图8），即《桧风》之"隰有苌楚，猗傩其枝""隰有苌楚，猗傩其华""隰有苌楚，猗傩其实"。纽西兰于1906年引进，育种改良后，成为今日风行全世界的奇异果。其实猕猴桃早在2000多年前就已进入中国人的生活，除《诗经》外，1000多年前唐代岑参的名诗句"中庭井栏上，一架猕猴桃"，也说明古代屋宅天井中已经用栅架栽种猕猴桃。

图7 猕猴桃的花。

图8 猕猴桃《诗经》中称苌楚，即今之奇异果。

· 荔枝：荔枝、龙眼都原产华南地区，属于热带水果。荔枝在中国文学作品上声名大噪，完全是杨贵妃的缘故。唐玄宗的爱妃杨贵妃嗜食荔枝，当时必须远赴千里外的广东，用专用驿马日夜兼程送荔枝到长安。杜牧的《过华清宫》诗描写得最好："长安回望绣成堆，山顶千门次第开。一骑红尘妃子笑，无人知是荔枝来。"

· 龙眼：同样是热带果树，龙眼的遭遇就大不相同，宋代才开始有提及龙眼的篇章。龙眼多在荔枝收成过后才开始成熟上市，因此有"荔枝奴"之称。龙眼其实也是名贵果品，《东观汉记》说："单于来朝，赐橙橘、龙眼、荔枝。"皇帝御赐之物，当然属贵重珍品。龙眼、荔枝都是汉唐皇帝赐给外来使节的礼品，但汉、唐诗均独厚荔枝。龙眼适应亚热带丘陵、红壤土，具有耐瘠、耐旱的特性，成为华南丘陵地及山区最重要的果树。在长期的驯化栽培过程，已培育出不同的品种和类型，有供鲜食的品种、专制龙眼干的品种，也有适合罐藏的品种，其中又以提供鲜食品种最多。各类型之中，又有早熟品种和晚熟品种之分。

·杨梅：原产中国东南各省及云贵高原，大概史前时代就已在华南、华中地区栽培，新鲜果实供食用，也制成蜜饯方便储藏运输，还用来制酒（图9）。东方朔的《林邑记》说杨梅果"以酿酒，号梅香酎，非贵人重客不得饮之"。《楚辞》虽未言及杨梅，但历代诗词歌赋自《先秦魏晋南北朝诗》《全汉赋》起，至唐宋元明清各代诗篇，杨梅出现的频率颇高。

图9　杨梅原产中国东南各省及云贵高原，大概在史前时代就已开始栽培。

第三节　常见的干果类

栗（板栗）、榛、菱、枣为历代诗文出现最多的干果类，恰巧也是《诗经》《楚辞》引述的植物。其后一直到汉代以前，诗赋所言之干果种类和《诗经》《楚辞》比较，变化不大。汉唐之后，中国版图扩大，已实际统治华南地区，诗文中的植物开始加入热带及亚热带种类。《全唐诗》的干果类植物比以前暴增1倍，由6种增加至13种（表3）。

表3 中国古典文学作品中常见的干果类

植物名	学名	科别	诗文常用名称	原产地	引进时期
板栗	Castanea mollissima	壳斗科	栗	中国	
榛	Corylus heterophylla	桦木科	榛	中国	
枣	Ziziphus jujuba	鼠李科	枣	中国	
枳椇	Hovenia dulcis	鼠李科	枸、枳枸	中国	
菱	Trapa bispinosa	菱科	菱、芰	中国	
核桃	Juglans regie	胡桃科	胡桃	欧洲东南部和亚洲西部	西汉
橄榄	Canaricum album	橄榄科	橄榄		
银杏	Ginkgo biloba	银杏科	鸭脚、白果	中国	
香榧	Torreya grandis	红豆杉科	榧	中国	
红松	Pinus koraiensis	松科	松子	中国、朝鲜半岛	
可可椰子	Cocos nucifera	棕榈科	椰	东南亚	西汉以前
海枣	Phoenix dactylifera	棕榈科	海棕	阿拉伯半岛和北非干旱地	
苹婆	Sterculia nobilis	梧桐科	苹婆	中国	

·胡桃：今称核桃（图10），原产欧洲南部和亚洲西部，西汉张骞自西域引进中国，成为中国珍贵的果品。《西京杂记》记载汉代的"上林苑中有胡桃"，成为御花园中重要的搜集品。不但当成果品，还成为药材，可"治痰气喘咳嗽、醋心及疬风诸病"，古人常常以之下酒；今人则配成各式料理，成为不可或缺的食料。胡桃是古代亲朋之间致赠的礼品，如东汉孔融的《与诸卿书》说："多惠胡桃，深知笃意。"唐诗以后的诗词出现大量咏胡桃的诗句，如宋代杨万里

图10 西汉张骞自西域引进的胡桃。

图 11　中国栽培历史悠久的橄榄。

图 12　红松又名海松，所产种子香美可口，谓之松子。

有《谢送胡桃》诗，此与胡桃在全国各地栽植有密切关联。

·橄榄：原产华南，又名青果、青榄、白榄（图 11）。《齐民要术》已有记载，出土汉墓中也发现橄榄种子，可见在中国的栽培历史已超过 2000 年。但在以中原为中心的文学作品及其他文献中出现甚少，一直到唐代领土范围扩大并有效经营之后，橄榄才在唐诗中涌现，如白居易《送客春游岭南二十韵》诗就有"浆酸橄榄新"句。橄榄果实生食苦涩微酸，咀嚼后才觉甘美，古人以之比喻渐入佳境；明清之后的诗文，多取此意行文。

·银杏：叶似鸭掌，古代多以"鸭脚"称之；种子外形似杏且为白色，因此称银杏，民间多以"白果"称之。本植物在古生代石炭纪就已出现，至中生代三叠纪、侏罗纪达到鼎盛，曾有许多种类繁茂兴盛，并分布全世界各地。第四纪冰河期之后，仅存银杏一种。现代银杏和地质时代银杏形态并无多大差别，是仅存中国的孑遗植物。秋季叶多金黄色，极为美观，古诗词常以红叶、黄叶描述秋景，其中的黄叶有时即指银杏。银杏植株高大，姿态挺拔，"枝叶扶疏，新绿时最可爱"，名山古刹、寺庙楼阁庭园多栽种之。"其木多经岁年，其大或至连抱，可作栋梁"，如泰山五庙前"围三仞"的大银杏。

·松子：产自种仁较大的松树种类，种子炒食有松香的特殊滋味，主要产自红松（图 12）和华山松。华山松全中国均产，红松又名海松，仅分布东北地区。可食松子种类中，以产"新罗者，肉甚香美"，指的就是海松，朝鲜半岛分布甚多。品质良好的海松子，"大如巴豆，而有三棱，一头尖尔"，

图13 烘炒后的香榧种子,美味又具药效,古今都是珍贵食品。

图14 榛子是古代重要的干果,利用历史已超过6000年。

"中原虽有,小而不及塞上者佳好也"。松子仁色黄白,味道似栗子,含脂肪及蛋白质,香美可口。

·香榧:种仁具特殊香味,烘炒后也可制成各种食品,宋代列为朝廷贡品(图13)。烘炒后可制成椒盐香榧、糖球香榧、香榧酥等,是馈赠送礼的珍果,滋味可口又兼具药效,是极受欢迎的干果种类,味甘平涩无毒,有"治五痔,去三虫"的效果。也可煮成羹,滋味甜美;同甘蔗共食,蔗渣会变软。香榧果多采自野生植株,但自宋代起已有人工栽植,宋代梅尧臣诗句"榧柏移皆活,风霜不变青"可为明证。宋代周必大的《二月十七夜与诸弟小酌尝榧实误食乌喙》及叶适的《蜂儿榧歌》,都提及香榧。经多年栽植,已发展出芝麻榧、米榧、丁香榧等20个品种类型。榧属植物全世界有7种,中国有4种,但作为果实的种类仅香榧1种。

·栗、榛:《礼记·内则》提到国君食用的水果为"枣、栗、榛、柿"。榛子(图14)在周朝也是供祭食品,如《周礼·笾人》:"馈食之笾,其实榛。"意为盛食物的竹笾中装满了榛子。据陕西半坡村遗址发现的榛果壳推测,榛的利用历史应已超过6000年。黄河流域和江淮流域至今仍分布许多野生榛树,而果园栽培者反而为数甚少。栗子也是原始人类赖以生存的食物之一,如《庄子》:"古者禽兽多而人少,于是民皆巢居以避之。昼拾橡栗,暮栖木上。"栗子和榛子富含淀粉及其他营养成分,古代视为重要的粮食来源，特别是五谷受到病虫害或其他灾害而收成不足时。《诗经·鄘风》有"树之榛栗"句，可见两者都是当时人工造林的树种，主要是收成果实。板栗坚果极大，是同类植物中果仁最大者，可充当粮食，杜甫寄居蜀地时，有时困厄到必须采板栗供给三餐，如《干元中寓居同谷县作歌七首》的"岁拾橡栗随狙公"句。

·枳椇：又称木蜜、拐枣，是一种比较奇特的"果树"（图15）。果实成熟后，果梗呈不规则膨胀，形状及大小都远比真正的果实大，食用部位在果梗而非果实。在自然界，枳椇利用此特性传播果实种子，动物吃食果梗而将种子传往远处。

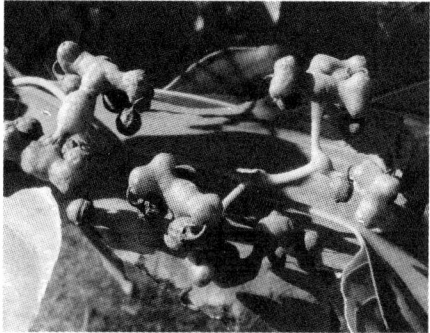

图15　不规则形状的果梗，才是枳椇真正的食用部位。

·菱：在中国文学史上，菱（图16）一向被列为"南方的植物"，《诗经》未载，在《楚辞·九叹·逢纷》"芙蓉盖而菱华车兮"是第一次出现。主要食用部分是果实，有时幼嫩的枝叶和根状茎被当成蔬菜炒食。菱角嫩时可剥而生食，老则蒸煮食，滋味甘美。种子取出剥碎，可煮为粥或当饭食，也可制成各种糕点。《周礼·天官》记载："加笾之实，菱芡栗脯。"意思

图16　两角菱。

是说祭祀所盛的食物有菱、芡、枣、肉干。菱植株蔓浮水上，叶扁而有尖，光面如镜，古时铜镜以菱花为造型，因此常称镜子为"菱花镜"，或径以"菱花"称之。中国约有15种，栽培菱分为3大类：四角菱，果具四角，其中果皮红色者是宜于生食的水红菱，果皮绿色者是宜于熟食的馄饨菱；两角菱，果具两角，本种最普遍，宜熟食；圆角菱，又称无角菱，果角退化，只留痕迹，果实白绿且大。

·枣：即一般俗称的红枣，是原产中国西北地区的果树，栽培历史悠

久。《诗经·豳风·七月》"八月剥枣，十月获稻"就已载录。历代诗词也都有枣的记载，是古典文学作品中出现次数最多的蔬果类植物之一。果实成熟后甜度相当高，在蔗糖、果糖尚未普及的上古、远古社会中，枣果应是人类主要的糖分来源之一。不只是果品，红枣自古即是重要的药物及补品，可以和其他多种药材配合，常用于各种医方。《神农本草经》列为上品，主治心腹邪气，安中养脾等。历代多有枣制糕饼，用以滋补养身。

·椰子：中国引进椰子栽培的历史也很悠久，《史记》《异物志》都有记载，《先秦魏晋南北朝诗》及《汉赋》均有提及。可见在汉朝之前已经引进中国，栽植在广东、海南一带，属于典型的热带植物。北回归线以北不易栽培。

·海枣：古代诗文多称"海棕"，原产沙乌地阿拉伯、伊拉克和非洲沙漠地区，是当地重要的食物。引进中国的时间应在唐朝或唐朝以前，唐代的《酉阳杂俎》已有载录。杜甫的《海棕行》："左绵公馆清江濆，海棕一株高入云。"说的就是海枣。海枣果实甜度极高，可生食或加工制成各种糖制品，类似中国原产之红枣，故有"海枣"之称。

·苹婆：蓇葖果开裂时露出黑色种子，形如凤眼，故又名"凤眼果"（图17），产于华南并分布越南、印尼、马来西亚及印度，属于热带植物。种子黑亮，被称为"凤凰蛋"，煮熟或烤熟后味道如栗子。虽然古籍早有记载，如南宋周去非的《岭外代答》，却迟至明诗、明曲时才出现在文学作品中。

图17 苹婆又名凤眼果，成熟果表皮呈暗红色，《金瓶梅》中有提到。

第四节 常见的瓜果类

中国文学作品中只有两种瓜类是水果：一是甜瓜，《诗经》中已出现，而且有五篇提到甜瓜。另一种是西瓜，魏晋南北朝到宋朝以前都称作"寒瓜"。

图18 甜瓜在石器时代就已引进中国，是古典诗文中出现最多的瓜果类。

图19 西瓜约在南北朝时引入中国，初名"寒瓜"。

·甜瓜：根据研究，葫芦科的甜瓜（图18）起源于热带非洲的几内亚，后传入印度和中亚，大概在石器时代就引进中国。诗经时代已经是很普遍的瓜果类，《豳风·七月》"七月食瓜，八月断壶"，《小雅·信南山》"中田有庐，疆场有瓜"，所提都指甜瓜。当水果食用的甜瓜经长期栽培育种，产生许多果皮色泽、质地不同的品种。最常见的是皮薄光滑、近圆形的"普通甜瓜"；也有果皮全黄、长圆形、果肉脆的"东方甜瓜"，以及果皮有网纹的"哈密瓜"等。《史记·萧相国世家》："召平者，故秦东陵侯。秦破，为布衣，贫，种瓜于长安城东，瓜美，故世俗谓之东陵瓜。"所述即甜瓜的一个品种，后世诗词有"东陵瓜"之诵，典故即出自这里，用以比喻隐居，如王维《老将行》的"路旁时卖故侯瓜"句。果实呈长条形、果皮深绿色的越瓜，也是从果用甜瓜选育出来，供蔬菜食用，是腌制瓜品的主要来源。

·西瓜：原产非洲热带地区，4000年前埃及已有栽培，应在南北朝时经国际贸易传入中国，初名寒瓜（图19）。传入中国后，首先在西部地区种植，然后才传到其他地方，所以称作"西瓜"。冰箱未出现前，最典型的吃法是将西瓜置入水井之中，待冰凉时取出食用，最具消暑效果。宋代开始称"西瓜"，范成大的《咏西瓜园》："碧蔓凌霜卧软沙，年来处处食西瓜。"明、清两代的诗词多用西瓜一名，一直沿用至今。品种甚多，果皮颜色"或青或绿或白"，形状"或长或圆或大或小"，果肉"或白或黄或红"。

第十六章　谷类

　　狭义的谷类系指长期被当作人类主食、果实淀粉含量高的禾本科植物。中国古代，广义的谷类还包括种子或其他器官供作主食的植物，不限于淀粉类，如大豆、赤小豆。

　　·禾本科谷类：主要有大麦、稻、黍、黑麦、小米、高粱、小麦及玉米等。而薏苡、稗、穇、珍珠粟（御谷）等，则属于少量栽培的谷物。

　　·非禾本科谷类：在世界各地栽培作为粮食使用者，包括苋科的繁穗苋，原产中南美洲；藜科的藜，分布全世界；蓼科的荞麦，原产中国。

　　·非种子淀粉类：采食茎干淀粉，如棕榈科的西谷椰子；采食地下茎，如天南星科的蒟蒻及其他同属植物、美人蕉科的美人蕉、竹芋科的竹芋、茄科的马铃薯；食用地下块根者，如薯蓣科的薯蓣、黄独、甜薯，及旋花科的番薯、大戟科的树薯。

第一节　历代谷物总称

　　古代将经常食用的谷物列为专称，有五谷、六谷、九谷等不同类别。这些类别在不同著作中，所包含的谷物内容不尽相同，不同时代、不同区域所列的谷物种类亦有差异。历代解经者对不同著作之谷物也有不同的解读，不过广泛被后世采用者应为郑玄所注的内容。

　　·五谷：古典文献对谷物类别，争论最多者为"五谷"，这是历代认为最重要也最常用的谷物。目前为多数学者接受的"五谷"种类，是清代金鹗《求古录礼说》所列举的"稻、黍、稷、粱、麦"。

　　·六谷：《周礼·天官·膳夫》云："凡王之馈，食用六谷。"此"六谷"根据郑玄注引郑司农之说，是"稌、黍、稷、粱、麦、苽"，其中"稌"即

"稻"。"六谷"比"五谷"多了一种"苽"，苽即菇米，又称雕胡米。

·九谷：除了五谷、六谷，《周礼》又有"九谷"之说，即《天官·冢宰》："以九职任万民，一曰三农，生九谷。"根据郑玄之注："六谷加麻、大豆、小豆"就是"九谷"。郑注所说的麻是指芝麻，小豆为赤小豆，亦即"九谷"包括"稻（稌）、黍、稷、粱、麦、菇（苽）、芝麻（麻）、小豆（赤小豆）和大豆"，为当时主要的粮食作物。

第二节 禾本科的谷物

中国古典文学作品常出现的禾本科谷类植物有小麦等七种（表1）。

表1 中国文学作品中的禾本科谷类植物

植物名称	学名	文献举例	古名	原产地
小麦	Triticum aestivum	《诗经》："贻我来牟，帝命率育。"	来、麦	
大麦	Hordeun vulgare	《诗经》："如何新畬？于皇来牟。"	牟、麰	
黍	Panicum miliaceum	《诗经》："硕鼠硕鼠，无食我黍。"	黍	中国西北
小米	Setaria italica	《诗经》："交交桑扈，率场啄粟。"	粟、粱	中国西北
稻	Oryza sativa	《诗经》："八月剥枣，十月获稻。"	稻、稌	华南至印度
高粱	Sorghum vulgare	唐代《赵州和尚十二时歌》："蜀黍米饭齑萵苣。"	蜀黍	热带非洲
玉米	Zea mays	清代陈三立诗句："所冀馀力田甫田，务锄骄莠获玉黍。"	番麦、玉蜀黍、玉黍	墨西哥和中美洲

·小麦：《诗经》称"来"不称麦，如《周颂·臣工》："如何新畬？于皇来牟。"《周颂·思文》："贻我来牟，帝命率育。"中国的谷类大都以"禾"为部首，如黍、稷、稻等，而小麦（图1）的古名为"来"，推断应该是外来植物。小麦一名首先出现在魏晋时期的《名医别录》，至此麦才有大小之分。小麦适合粉食，汉唐以后，小麦的栽植面积增加，凌驾大麦之上，"麦"反而成为小麦的专称。如《全唐诗》中，小麦就出现207首中，而大麦仅

图 1　小麦在古代诗文中称"来"，汉唐之后，麦才成为小麦专称。

图 2　诗文中的牟或䅘，都指大麦。

图 3　黍耐旱耐瘠，是古代重要的粮食作物，近代栽培较少。

出现 3 首，小麦是目前产量最高、栽植面积最广的谷类。

·大麦：原产于中国边缘的山麓地带，小麦引进中国之前，文献只说"麦"而不言大麦，如《礼记》《吕氏春秋》所提的麦都是大麦（图 2）。麦原无大小麦之分，《诗经》中所提到的麦，如《鄘风·载驰》"我行其野，芃芃其麦"及《魏风·硕鼠》"硕鼠硕鼠，无食我麦"，指的全是大麦。换句话说，周代以前提到的"麦"，都是指大麦。大麦在《诗经》中有时称"牟"，如《周颂·臣工》："如何新畬？于皇来牟。"唐代以后的诗文，有时则以"䅘"代表大麦，如宋代欧阳修《答梅圣俞莫登楼》："甘泽以时丰麦䅘，游骑踏泥非我愁。"或径称"大麦"的才是真正的大麦，如唐代李颀《送陈章甫》："四月南风大麦黄，枣花未落桐阴长。"相较于小麦，大麦的叶较宽大，茎较粗，叶色较浅，并外覆白粉，两者极易从植株外部形态区分。大麦果实较大，但磨粉品质远逊于小麦，只适合粒食，大都用于煮成饭粥，谓之"麦饭"。因此诗文若提到麦饭，就是大麦。大麦有许多品种，藏人的主食青稞就是一种大麦。

·黍：生长期短，耐旱耐瘠，最适合在干旱的中国西北地区栽植，是古代最重要的粮食作物之一（图 3）。《诗经》中提到黍的篇章最多，共有 18 篇，如《小雅·黄鸟》："黄鸟黄鸟！无集于榖，无啄我粟。"黍有许多品种，诗文出现最多的是"稷"，这是黍的不黏品种，而黍属于黏的品种；前者适合煮食，后者用于酿酒。两者并提时，泛指黍类植物，如《豳风·七月》："黍稷重穋，禾麻菽麦。"单提时则表示两者有所区分，如《王风·黍离》："彼黍离离，彼稷之穗。"另外，《大雅·生民》："维秬维秠、维穈维芑。"所指的"秬"和"秠"，则是黍的另类品种。

·小米：粱、粟都是小米（图4）。"粱"是糯小米，是米粒蒸煮后较粘者，而"粟"则为普通小米。《诗经》提到小米者共有6篇，如《小雅·小宛》："交交桑扈，率场啄粟。哀我填寡，宜岸宜狱。握粟出卜，自何能谷？"《楚辞》也以小米等谷类作为祭祀的主要供品。"粟"供一般食用，制酒及供祭则用"粱"或称"黄粱"。"禾"原来也指小米，有时则指一切谷类，历代诗文中常两者互用，如《豳风·七月》"黍稷重穋，禾麻菽麦"所指为小米，而《大雅·生民》"荏菽旆旆，禾役穟穟"所指为一般谷类。此外，"穈"和"芑"都是小米的不同品种，其中苗带红褐色者（赤苗）为"穈"，而苗色淡绿者（白苗）则称为"芑"。

·稻：原是南方的作物（图5），经过长期栽培驯化，逐渐扩展到北方的黄河流域。《诗经》出现稻的篇章共有6篇，如《豳风·七月》提到"八月剥枣，十月获稻"，可知到了周代，稻已经培育出北方的适应品种。稻又称"稌"，如《周颂·丰年》的"丰年多黍多稌"。中国稻米的栽培起源自华南的热带地区，在《诗经》《楚辞》时代，稻米是南方最重要的主食，粮食、酿酒都用稻，不但用于贵族祭礼，也用于平民祭祀祖先神衹的庆典

图4 粱、粟、穈、芑等是小米的不同品种。

图5 稻米是南方作物，但《诗经》已提及。

图6 玉米引进中国后被称作番麦、玉蜀黍。

图7 高粱古称蜀黍，三千年前的中国出土文物中已有碳化高粱。

上。《楚辞·招魂》的祭词"稻粢稬麦，挐黄粱些"，祭祀用了多种谷类：稻、粢（黍）、稬（小麦）、黄粱（小米），而以稻为首。后世又以"秜"称稻。

·玉米：原产墨西哥和中美洲，美洲原住民栽培玉米的历史已超过5000年（图6），1492年哥伦布发现新大陆后才传至欧洲，再由欧洲传布至全世界。中国栽培玉米最早的历史纪录是明代的《颍州志》，1511年刊印。因为是外来植物，引进中国后有很长一段时间被称作"番麦"，如清代马国翰的《宿马蹄掌偶吟》："番麦高撑杵，香蒿细缀珠。"玉米植株高大，有如高粱（蜀黍），所生颖果光亮如玉，清代王彰的《题画豆玉蜀黍》形容为"罗衣初卸露黄肤，累累嵌成万颗珠"，因此又称"玉蜀黍"，名称沿用至今。

·高粱：原产于热带非洲，史前传入埃及，再传入印度（图7）。传入中国的时间未定，黄河流域3000年前的出土文物已有碳化高粱。古称"蜀黍"，多记载在非文学典籍中，如元代的《农桑辑要》。明清之后，诗词已出现"高粱"一名，如清代刘鹗的《过田家》："村于丛柳疏边出，人自高粱绿里来。"

第三节　非禾本科的谷物

中国古代常食用的非禾本科植物，包括大豆、赤小豆、绿豆、芋、胡麻、荞麦等，番薯和马铃薯则是近代才由美洲引进（表2）。

表2　中国古典文学中非禾本科的谷类

植物名	学名	科别	古名	原产地
大豆	Glycine max	蝶形花科	菽、藿	中国
芋	Colocasia esculenta	天南星科	芋、芋魁	热带亚洲
胡麻	Sesamum indicum	胡麻科	巨胜、脂麻、胡麻	印度
荞麦	Fagopyrum esulentum	蓼科	筱麦、荞	中国
赤小豆	Vigna umbellate	蝶形花科		东南亚
绿豆	Vigna ragiatus	蝶形花科		印度至中南半岛
番薯	Ipomoea batatas	旋花科	甘薯	中美洲至南美洲北部
马铃薯	Solanum tuberosum	茄科	土豆、土芋	南美安第斯山脉
薯蓣	Dioscorea batatas	薯蓣科	薯、蓣、山药	中国

·豆:古称"菽"，有时专指大豆（图8），汉代以后才改称豆。中国古代除祭祀、宴客、节日之外，鲜少吃肉，平日以谷类和蔬菜为主，体内的蛋白质主要来自大豆及大豆制品，如酱油、豆腐、豆干、豆浆等。因此大豆自古即为主要的农作物，《诗经》出现大豆的篇章有7篇，且常和其他谷物一起出现，如《鲁颂·閟宫》的"黍稷重穋，稙稚菽麦"，大豆和黍、稷、麦等作物并提，表示大豆在古代是视同谷类的。

·芋：应非原产于中国的植物，而是源于中南半岛的热带地区（图9）。引进中国的时期可远溯至《史记·项羽本纪》："今岁饥民贫，士卒食芋菽。"意即兵士以芋和大豆充饥，表示秦汉时"楚

图8　大豆古代视为谷类。

图9　芋原产热带地区，可能在秦汉之前已引进中国。

地"已经有芋的栽培。唐代以后，诗文中已有大量述及，如唐代宋之问《游陆浑南山自歇马岭至枫香林，以诗代答李舍人适》："粳稻远弥秀，栗芋秋新熟。"卢纶的《送盐铁裴判官入蜀》："榷商蛮客富，税地芋田肥。"芋植株的幼嫩叶可以煮熟当菜蔬，如唐代元季川的《泉上雨后作》所言："养葛为我衣，种芋为我蔬。"此外，《尔雅翼》说："芋之大者，前汉谓之芋魁，后汉谓之芋渠。"后世诗文咏诵大芋皆言"芋魁"，如宋代朱熹有《芋魁》诗，陆游有"美啜芋魁羹"句。

图10　胡麻是西汉张骞自大宛引进中国。

图11　荞麦收获期短，果实可蒸食或制成面条、糕饼当主食。

·胡麻：由西汉张骞自大宛引入中国，亦称"巨胜"，如唐代曹唐的《小游仙诗》所言："白羊成队难收拾，吃尽溪边巨胜花。"种子高脂肪、蛋白质，主要作为油料植物，用于食品香料及医药（图10），种子榨成油称麻油或香油。胡麻的产量高，唐代起也作为粮食作物栽培，用胡麻子做饭，如唐代李端的《杂歌呈郑锡司空文明》："胡麻作饭琼作羹，素春一帙在柏床。"唐代皮日休的《夏初访鲁望偶题小斋》："半里芳阴到陆家，藜床相劝饭胡麻。"胡麻子磨成粉可和面做糕饼，或在饼上洒胡麻子烧烤，即白居易的《寄胡饼与杨万州》："胡麻饼样学京都，面脆油香新出炉。"有时甚至用来熬粥，如白居易的《七月一日作》："饥闻麻粥香，渴觉云汤美。"

·荞麦：生育期短，全年均可播种，两个月内即可收成（图11）。

264

果实脱壳后，可直接蒸食，或磨成粉状制作面条、糕饼。可当作主食，也是优良的救灾备荒植物。荞麦原产中国北方，栽培历史悠久，后魏的《齐民要术》已载录其栽培技术。诗文上作"筱麦"或"荍"，而以"荍"或"荞麦"为多，如白居易诗"独出前门望野田，月明荞麦花如雪"，以及"荞麦铺花白，棠梨间叶黄"，描述唐时田原的景色，显示荞麦已是常见作物。宋代以后，诗文记述荞麦的诗词更多，如陆游的《初冬绝句》"鲈肥菇脆调羹美，荞熟油新作饼香"及"下麦种荞无旷土，压桑接果有新园"等。

·赤小豆：通称红豆（图12），也是栽培历史非常悠久的豆类。《神农本草经》已有载录，原作为医疗用途。营养成分高，自古已当粮食使用，多与其他谷类共煮，也可单独食用。近代多以制作甜食为主，如红豆沙、红豆汤等；富贵人家则焖煮成粥，加糖食用，如清代樊增祥的《丙申腊日雪中叠韵四首》，"朝食谷匙红豆粥，夜误一寸白坛灰""暖玉杯擎红豆粥，销金锅掺菊花羹"。

·绿豆：成熟种子的种皮呈绿色，在中国栽培的历史相当久，东魏贾思勰的《齐民要术》已载录（图13）。除当成主食外，也常制成糕点、粉丝（冬粉），或育成绿豆芽供做蔬菜，有时做牲畜饲料，如明代陶允宜的《麻城鹅》："麻城鹅品先州右，饵以膏粱兼绿豆。"指明麻城鹅是用高贵的食品及绿豆喂养的。

·番薯：或称甘薯、地瓜、红薯（图14），原产于中美洲和南美洲北部，史前时代已被印第安人当成主食栽种。16世纪中叶（明代）才引进中国，

图12 赤小豆通称"红豆"。

图13 绿豆豆荚。

图 14 番薯在 16 世纪中叶才引进中国。

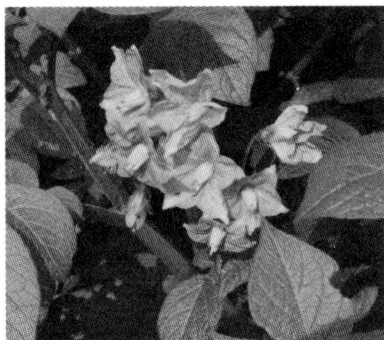

图 15 马铃薯在明万历年间引入，图为马铃薯植株的花叶。

由于不择土宜、产量大，引进后即获得重视，当时徐光启还撰《甘薯疏》大量推介；传世更广的陈世元的《金薯传习录》，也是明代为推广番薯而写的书。自此，番薯在中国广泛栽植，当作粮食、饲料及蔬菜使用。作为主食使用，只有在粮食不足时，或穷苦地区的备荒食品，如清代杨无恙的《避难雅言别桠溪虞家庄作》："急难造淳俗，动觉民物良。番薯足果腹，采椆陟寒冈。"

·马铃薯：原产于南美洲哥伦比亚至玻利维亚、秘鲁的安第斯山区，1570年引至西班牙后，再逐渐扩散到其他欧洲大陆国家（图 15）。中国在明万历年间引进，称土豆、土芋。马铃薯是近代

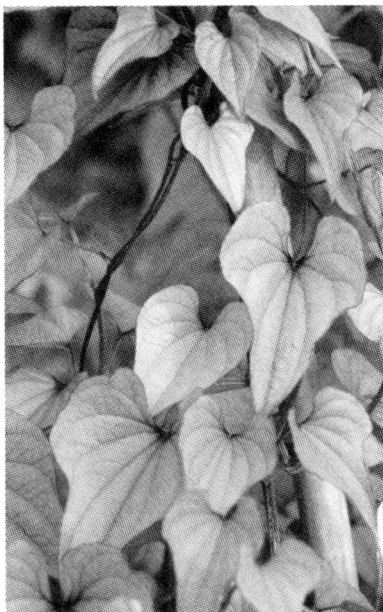

图 16 明代以前，诗文提到的"薯"均指薯蓣（山药）。

世界五大粮食作物之一，栽种面积仅次于小麦、水稻、玉米和大麦，占世界第五。

·薯蓣（山药）：在甘薯尚未引进中国的明代之前，凡诗文所提到的"薯"均指"薯蓣"（图 16）。磨成粉供制糕饼，粮食不足时可充当主食，如宋代苏轼在《和渊明劝农诗六首》的序中所说："海南多荒田，俗以贸香

为业，所产秔稌不足于食，乃以薯芋杂米作粥糜以取饱。"一直到清代，吃薯蓣还是贫穷的象征，如费锡章描写琉球印象之《琉球纪事一百韵》："薯蓣贫家糗，凫茨野处粮。"

第四节　被遗忘的谷物

有些谷物曾经在短时期或在古代广为食用，但目前已鲜少栽培供生产谷物，此类植物有薏苡、西谷椰子、菇等。

·薏苡：剥去坚硬外壳的薏苡即薏仁，用来蒸食及煮食，也可磨粉制面，或和米酿酒，是古代充饥的救荒植物（图17）。唐宋诗文多有提及，如唐代陆龟蒙的《和袭美寒日书斋即事》"唯求薏苡供僧食，别著氍毹待客床"，南宋陆游的《冬夜与溥庵主说川食戏作》："唐安薏米白如玉，汉嘉栮脯美胜肉。"《后汉书》记载马援从交趾（今越南）卸任返乡时，带回满车的薏仁，却被诬指所载者为明珠珍宝。后世遂以薏苡兴谤、薏苡明珠来比喻蒙受不实诽谤，唐宋以后的诗词大都以发抒"蒙冤"为主。

·西谷椰子：原产中南半岛及南洋群岛的沼泽地，茎干髓部含有多量淀粉，称Sago，中文翻成"西谷"（图18）。伐倒树干后，纵剖采取髓心，捣洗后滤出杂质即得粉状淀粉，可充当主食（图19、图20）。加工后制成西谷米，可煮粥或制作糕点。引进中国后，称"桄榔"，栽种于海南及广东沿海，唐代韦庄的《和郑拾遗秋日感事一百韵》记

图17　薏苡原是古代的谷物，近代已不再当主食。

图18　棕榈科的西谷椰子，茎干髓部含有丰富淀粉。

图19、图20　西谷椰子的髓部磨细（上）捣洗（下）后可得粉状淀粉。

其事："米惭无薏苡，面喜有桄榔。"

·菰：又名茭、雕胡，即茭白，未受到菰黑粉菌感染的植株会开花结实，种子称"菰米"，即唐代郑谷的《同志顾云下第出京偶有寄勉》："乡连南渡思菰米，泪滴东风避杏花。"菰米，古籍又常称之为"雕胡"或"雕胡米"，是古时重要且珍贵的谷物。由于产量不高，大概只能限量供应，是古时王公贵族食用的珍品，亦即唐代皮日休的诗所言："雕胡饭熟醍糊软，不是高人不合尝。"南北朝以后，受到菰黑粉菌感染的植株无法正常开花，形成肥大鲜美的"茭白笋"，茭白遂由谷物转变成蔬菜。从诗句语意，可辨识各诗所言是谷类或蔬菜。当蔬菜食用的茭白诗句，如王维的《辋川闲居》"青菰临水拔，白鸟向山翻"，刘禹锡的《伤我马词》"青菰寒菽非适口，病闻北风犹举首"，以及南宋陆游的《初冬绝句》"鲈肥菰脆调羹美，荞熟油新作饼香"。

第十七章　药用植物

第一节　药用植物概述（本草沿革）

　　古代医药书，谓之"本草"。虽中药材中包含植物类、动物类、矿物类药物，但是以草类植物占多数，故有本草之名。中国现存最古老的中药学专书《神农本草经》，托名神农所著，却都是汉代以前先民用药经验的记录。在本书总药物 365 种中，植物占 252 种，动物类 67 种，矿物类 46 种，仍旧以植物占大多数。这些药物很多到现在都还在使用，并经临床证实其药效。

　　《神农本草经》按照药物性质区分为 3 类：上品、中品、下品。上品药无毒，久服多服不伤身，有强身益气效果，例如常用来补身提神的人参、甘草、杜仲等共 120 种属于此类。中品药，常有微毒，用来治疗特定病变，并强化虚弱体质，即"遏病补虚亡羸"者，不宜多食久服，如当归、麻黄、贝母等 120 种属于此类。至于下品药大都毒性极强，用于治疗沉疴或不易以普通药物控制之病，非不得已不用，如乌头、天南星、半夏等共 125 种，这类药不可久服。

　　《名医别录》在魏晋南北朝的梁武帝时刊行，据传为陶弘景所撰，系记录汉晋名医所用的药物，共载录 730 种植物。全书体裁仿《神农本草经》，即分上、中、下品辑录，药物种类增加 1 倍有余。

　　《新修本草》又名《唐本草》或《英公本草》，于唐高宗时集合众多专家就前期本草进行修订、增删而成，系首次由国家修订并向全国颁行的本草版本。这是中国历史上著名的本草之一，记录药物 850 种。

　　《经史证类备急本草》，简称《证类本草》，宋代唐慎微所著。除补充前出本草未尽之处，采古今单方，并以经史百家之书为佐证，所以有"经史证类"之名，共收录 844 种药物。虽曰经史百家，但采自经史书籍者较少，反而是采自文艺作品、地方志等著作为多，连《诗经》都是引证依据。使诸家本草及各单方能流传至后世，本书功不可没。其后在宋徽宗大观年间刊行的《经史证类大观本草》（简称《大观本草》），以及宋政和年间刊行的《政和本草》，都是依《证类本草》校订而成。

宋代以后，随着中西文化的交流愈趋频繁，外来药物不断增加，药物学有长足发展。到了明代，已有许多药物都是先前本草所未载录的。李时珍在从前本草书的基础上进行修改补充，以近 30 年时间撰写《本草纲目》。《本草纲目》分 52 卷，载录药物 1892 种，并绘制 1111 幅插图，增加新药 374 种。本书将所有药物分成矿物类、植物类和动物类，矿物类之下又分为 4 部，动物类分成 6 部，植物类分成草、谷、菜、果、木 5 部，是当时世界上最先进的分类系统。

第二节　药用植物的歌赋与文学

诗歌中经常以药物咏怀，药物诗歌中又以描述植物形态、所具备的药效为最多。汉魏南北朝诗就常有咏药用植物诗赋，例如梁代刘孝胜就有咏颂益智（图 1）的诗："挺芳铜岭上，擢颖石门端。连丛去本叶，杂和委雕盘。宁推不迷草，讵灭聪明丸。傥逢公子宴，方厌永夜欢。"梁宣帝萧詧有许多咏植物的诗作（不限定药用植物），如《大梨诗》《咏百合诗》《咏兰诗》等。这类诗赋的内容绮丽，文学意涵大于实用性描写，仍属于绝佳的文学作品。

古代仕途失意的文士常会以医为业，称为"儒医"，常常会以本草中的药物名称、药性来撰写本草歌赋。有些诗人骚客也会运用本草知识，借物抒怀，创作一些意趣盎然的作品。虽然这些本草歌赋，大都是文人遣兴之作，但也有令人心领神会、拍案叫绝的作品。自南北朝以来，古人应用数以千计的药物（大都是植物）名称、效能，以谐音、会意、隐喻等方式创

图 1　益智是常用的药用植物。

作诗词歌赋。有下列诸种形式：

·药名诗：借药名字面意义或药名的内层隐喻，构成诗篇。因此必须熟悉药用植物的名称和别名，才能深刻领会诗人的巧思。古代文学作品中借用药名的著作很多，如宋代戴昺的《山家小憩即景效药名体》："柴门通草径，茅屋桂枝间。修竹连翘木，高松续断山。仰空青荫密，扫石绿花斑。傍涧牵牛饮，白头翁自闲。"诗句引通草、桂枝、连翘、续断、牵牛、白头翁等植物药材名称，并应用植物名称的字面含义构成诗篇内容。

·药名杂合诗：将药物名称拆开，分别使用在诗句的首尾；或将拆开的药物名称分别使用在二句尾首，亦即将二句诗前句最后一字及后句第一个字连接，就是药物名称。例如宋代程俱的《西安谒陆蒙老大夫观著述之富戏用蒙老新体作》：

白头书生黑头翁，长安时花幽涧松。
远飞近啄虽异志，天命厚薄无雌雄。
钩深采博燥喉吻，守此一亩蓬蒿宫。
杜门不出交二仲，木阴涧曲遥相通。
紫囊贝叶资艺苑，款关一见踰三冬。
亭亭漫吏多所历，干死书萤心似漆。
王门宾阁不留行，赭颜跰足搜泉石。
茅檐正欲结云根，竹叶榴花荐馀沥。
当从元亮赋言归，木茹麻衣永投笔。

诗中的白头翁（图2）、远志、钩吻、杜仲（图3）、木通、紫菀、款冬、亭历（葶苈）……当归、木笔，都是常用的植物药材。

·药名对联、药名酒令及药名灯谜：药名对联是运用药名的声韵及词性作成，必须讲究平仄及意涵对仗。

宋代以后有些诗歌属于"药物诗"，使用简

图2 白头翁花色艳丽，兼具药材及观赏作用。

271

单的词语、易于上口的韵律，便于记诵药物的效用和特征，或记诵方剂的组成药物及效用。清代汪昂的《汤头歌诀》就属此类，举其《实脾饮》为例："实脾苓术与木瓜，甘草木香大腹加。草蔻附姜兼厚朴，虚寒阴水效堪夸。"茯苓、白术、木瓜、甘草、木香、大腹皮（槟榔的干燥果皮）、草蔻、附子、姜、厚朴都是药方的组成药材，虚寒、阴水则是药方的治疗效能。这类药物诗的文学内涵少而实用性大，常被本草书列为"本草诗诀"，用以记诵各种药材的特征和效能，但已非文学范畴。

图3　杜仲是中国特产，属于乔木药材。

第三节　著名的草药诗人

历史上有一些大诗人除吟诗作赋外，还勤读医书，因此精通医学，成为著名的医学家，也有医学著作问世。大多数的古代文人都懂一些医理，所谓"自古诗人多善医"，"陈力倘无效，谢病从芝术"（唐代张九龄《登郡城南楼》）。还有一些诗人，不但深谙医理，而且熟悉草药及药材效能。自己采药、种药，自己配方，还自己医治病体，有时也医治亲友，可称之为"草药诗人"。

·杜甫：诗圣杜甫一生穷困潦倒，经历唐玄宗的开元盛世及安史之乱后的社会变化。他大部分时期处于经济拮据、生活困苦的境遇（图4）。由于长期颠沛流离、贫穷艰困而体弱多病，正如他

图4　成都市郊纪念杜甫的"少陵草堂"。

在《发秦州》诗中所言"我衰更懒拙，生事不自谋""充肠多薯蓣，崖蜜亦易求"，常常以山药（薯蓣）充饥；又因体弱多病，必须自行采集或栽种药材，甚至自行处方治病，如《寄韦有夏郎中》诗就说道："省郎忧病士，书信有柴胡。饮子频通汗，怀君想报珠。"他在《乾元中寓居同谷县作歌》中则描写他穷困多病而上山采药、卖药求取生活之资的惨状："长镵长镵白木柄，我生托予以为命。黄精无苗山雪盛，短衣数挽不掩胫"；"此时与子空归来，男呻女吟四壁静。呜呼二歌兮歌始放，邻里为我色惆怅"。当时成都的居民一定常看到杜甫"移船先主庙，洗药浣花溪"的场景。

·白居易：禀质羸弱，体弱多病，"朝餐多不饱，夜卧常少睡"，吃少睡少，中年之后经常生病。本来"平生好诗酒"，后来因为多病，"酒唯下药饮，无复曾欢醉"，但仍旧"病姿与衰相，日夜相继至"。有时还是不顾一切，生病时照样喝得醉醺醺，有诗为证，"暖卧摩绵褥，晨倾药酒螺。昏昏布裘底，病醉睡相和""病即药窗眠尽日，兴来酒席坐通宵"。一直到晚年，每天不离汤药，睡不安眠，如《哀病》诗句所言："老与病相仍，华簪发不胜。行多朝散药，睡少夜停灯。"终其一生，白居易几乎都在与病魔缠斗，以致骨瘦如柴、形容憔悴，其境遇只比杜甫的贫病交加稍好而已，从其诗作可知一二"我亦定中观宿命，多生债负是歌诗。不然何故狂吟咏，病后多于未病时"（《自解诗》）；"病瘦形如鹤，愁焦鬓似蓬"（《新秋病起》）。白居易的病有"病足"及"眼疾"等慢性疾病，前者如《足疾》诗所言："足

图5 常用中药材：地黄。

疾无加亦不瘳，绵春历夏复经秋。"眼疾则纠缠他大半生，让他心灰意冷，曾用黄连膏治疗，如《得钱舍人书问眼疾》："春来眼暗少心情，点尽黄连尚未平。"诗人常将病情和用药处方写成诗记录下来，可以说白居易毕生的诗，有如记录自己病情变化的病历表。所谓"久病成良医"，白居易熟悉药用植物、通晓药材药理，如他在《食虫十二章》所说："豆苗鹿嚼解乌毒，艾叶雀衔夺燕巢。鸟兽不曾看

图6 "哑子吃黄连，有苦说不出"，味道
奇苦的黄连自古即是重要药材。

图7 陆游诗中引述的常用药用植物：黄精。

图8 皂荚是乔木药材。

本草,谙知药性是谁教？"其诗集《白氏长庆集》共引述植物208种，其中常用药用植物如地黄（图5）、黄连（图6）等20多种。他在多首诗中还提到治病药方，如《斋居》："香火多相对，荤腥久不尝。黄耆数匙粥，赤箭一瓯汤。"《春寒》："今朝春气寒，自问何所欲。酥暖薤白酒，乳和地黄粥。岂惟厌馋口，亦可调病腹。"

·柳宗元：也是唐代的草药诗人，深知"灵和理内藏，攻疾贵自源"的道理，还自己种药，有《种仙灵毗》《种术》《种白蘘荷》诸诗写到药用植物。"仙灵毗"是淫羊藿，和白术、苍术、蘘荷等都是古时的著名药材。

·陆游：中国史上最多产的作家之一，根据文献记载，陆游"识药能医"。《剑南诗稿》载录了9213首诗，提到的植物有281种。在诗中载述黄精（图7）、王孙草（云南重楼）、远志、人参、黄耆、当归、术、豨苓、茯苓、薄荷、地黄、防风、白芷、川劳、黄檗、皂荚（图8）常用药用植物16种。南宋诗人陆游的身体也不好，年老后更常常生病，其从诗作透露，"昏昏

七十翁，扰扰半月病""扶持赖药物，仅得全性命""病身凛凛残秋叶，故友寥寥欲旦星"。陆游懂药识医理，不但自我诊疗，也经常帮人看病，由三首七绝《山村经行因施药》诗可以了解陆游的"医疗生涯"片段。其一："儿扶一老候溪边，来告头风久未痊。不用更求芎芷辈，吾诗读罢自醒然。"有

人求诊，告知诗句中就有疗方。其二："驴肩每带药囊行，村巷欢欣夹道迎。共说向来曾活我，生儿多以陆为名。"应是医道不错，所到之处，受到热烈欢迎，感激之余还以"陆"字为儿孙取名。其三："逆旅人家近野桥，偶因秣蹇暂逍遥。村翁不解读本草，争就先生辨药苗。"显示陆游对植物的辨识能力很强，是当时的"药草专家"。

图9　石菖蒲是著名药材，也是香料植物。

图10　苏东坡药园栽种的桔梗。

图11　苏东坡常取药材天门冬制作药酒。

·苏东坡：在古文、诗词、书法方面都自成一家，留存许多文学著作。苏东坡还精通医学，有著作流传于世。所撰《医药杂说》，与沈括的《良方》合编为医书《苏沈良方》，论脉学、论草药、论气功、也论养生。苏东坡的病诗不多，但一病即旬月，曾以卧病逾月及卧病弥月为诗题，生病期间不能喝酒，只能"黄耆煮粥荐春盘"。《苏轼诗集》引述256种植物，在惠州所作的《小圃五咏》，咏人参、地黄、枸杞、甘菊及薏苡，也有诗作咏石菖蒲（图9），所咏诵的都是著名的药用植物。苏东坡知悉药材，所住的宅院中，还辟有药圃栽种各种药材，如芡实、桔梗（图10）等。他还会自行配方治病，有时还会拿天门冬（图11）来制酒，且"自漉之，且漉且尝"，直到大醉为止。所栽种的药材大都自行配方行医，如《睡起闻米元章冒热到东园送麦门冬饮子》诗："一枕清风直万钱，无人肯买北窗眠。开心暖胃门冬饮，知是东坡手自煎。"麦门冬饮是中医主要方剂之一，主治心腹结气胃经脉病。苏轼有时也供应亲友药材，如《周教授索枸杞，因以诗赠，录呈广倅萧大夫》诗题。

第四节　诗词曲与药用植物

　　《诗经》中的植物，有一些是常用药材，如川贝（蝱）、益母草（萑，图12）、艾、枸杞、远志（葽）等，也有一些具药效的植物，如菟丝（唐）、泽泻（图13）、花椒、酸枣（棘）等。但《诗经》中以植物为起兴，并未描述药效与功能，与真正的药用植物或本草无关。

　　《楚辞》中记载的药用植物比《诗经》稍多，也较接近本草的概念。香木、香草或恶草、恶木，被用来比喻忠贞或邪恶，但多以植物的浓烈气味为依据。其中白芷（芷）、川芎（蘪芜）、杜蘅（蘅，图14）等具浓烈香气，也是重要的医药植物，被视为香草；菌桂（桂）、花椒（椒）等具强烈香气的植物至今中医及烹饪仍在使用，被视为香木。这些都是屈原用来赞扬或咏颂君子、忠贞气节的植物。有些《楚辞》植物还用来佩戴以祛邪辟秽或服食养生，如《离骚》："朝饮木兰之坠露兮，夕餐秋菊之落英。"木兰是香木，而菊英是香草。

　　魏晋南北朝咏医药本草的篇章很少，常用的药用植物也出现较少，唐代以后，咏药诗篇开始增多，记

图12　益母草是妇女专用药材。

图13　泽泻生长在沼泽水域，《诗经》早已载录。

图 14 杜蘅是《楚辞》提到的香草,可供观赏及药用。

图 15 黄耆是历代诗文常出现的药草。

述的药用植物也开始增加（表1）。这和中国本草学开始成形,《神农本草经》在汉代前后写成的推论是一致的。从表1可看出历代文学作品上出现较多的药用植物,其中菌类有茯苓,诗词中出现篇章极多;双子叶草本类有黄耆（芪,图15）等10多种,出现较多的仅有人参、艾、红花、白芷、川芎5种;单子叶草本药用植物,有黄精等6种,较多的仅黄精、云南重楼（王孙草）。木本类植物有龙脑香等10种,其中仅龙脑香、肉桂、黄檗、枳壳（图16）、枸杞等出现较多。

图 16 木本药用植物中,诗文常引述的种类之一就是枳壳。

表1　历代文学作品中的常见药用植物统计

类别	植物名称	《南北朝诗先秦魏晋》	《全唐诗》	《宋诗钞》	《全宋词》	《元诗选》	《全金元词》	《全元散曲》	《明词综》	《全明词》	《全明散曲》	《清诗汇》	《全清散曲》	合计
菌类	茯苓	0	27	5	6	10	5	1	4	15	9	29	7	118
	豨苓	0	0	2	1	0	0	0	0	0	1	1	0	5
双子叶草本植物	黄耆	0	1	0	0	0	0	0	0	0	2	0	0	3
	地黄	0	1	0	0	0	0	0	0	1	1	0	0	3
	术	0	11	0	1	0	0	0	0	8	4	14	0	38
	人参	1	44	11	4	13	2	2	7	13	4	21	3	125
	当归	0	0	1	2	3	3	2	2	2	10	2	5	32
	远志	0	0	3	3	6	7	1	0	5	3	12	6	46
	艾	7	49	40	34	8	8	5	0	65	26	49	11	302
	红花	0	16	4	21	6	1	0	0	25	3	16	6	98
	白芷	0	55	29	40	12	0	3	0	36	12	69	9	265
	乌头	0	0	1	0	0	0	0	0	1	4	2	2	10
	甘草	0	2	2	6	2	1	1	0	1	3	19	2	39
	川芎	0	47	16	23	14	7	2	0	49	26	54	27	265
	续断	0	1	1	0	0	0	1	0	0	0	0	1	4
	防风	0	1	1	0	1	1	0	0	2	2	3	0	11
	黄连	0	3	0	0	0	0	0	0	1	9	1	2	16
	款冬	0	2	0	1	0	0	0	0	1	0	1	1	6
单子叶草本植物	黄精	1	21	9	2	7	1	2	6	6	6	17	0	78
	天门冬	0	1	0	0	0	0	1	0	0	1	0	0	3
	麦门冬	0	1	0	0	0	1	0	0	0	2	0	0	4
	赤箭	0	0	0	0	1	2	0	0	1	0	0	0	4
	王孙草	0	3	3	3	0	4	0	1	45	27	5	5	96
	半夏	0	0	1	0	0	0	1	0	0	6	0	1	9
木本植物	龙脑香	0	4	4	29	4	0	8	1	22	18	5	5	100
	苏合香	0	11	2	2	1	0	0	0	2	6	1	1	26
	厚朴	0	8	1	1	2	0	0	0	1	2	1	0	16
	肉桂	5	26	8	17	7	6	0	0	22	13	9	7	120
	黄檗	0	43	17	3	5	0	0	2	33	25	29	10	167
	皂荚	0	0	2	0	0	0	0	0	0	1	3	2	8
	山茱萸	0	4	1	17	1	1	0	0	0	1	4	0	29
	枳壳	5	18	13	7	4	1	1	0	15	6	16	6	92
	枸杞	0	0	16	2	6	0	2	1	2	4	18	4	55
	使君子	0	0	0	1	0	0	0	0	0	1	0	1	3

使用本草药物名称（主要是植物）作"药名诗"，可远溯至南朝齐代王融的《药名诗》："重台信严敞，陵泽乃闲荒。石蚕终未茧，垣衣不可裳。秦芎留近咏，楚蘅撷远翔。韩原结神草，随庭衔夜光。"仅引用两种植物药材名称。其后，较早以药名连成诗句的诗人为唐代的权德舆，其题为《药名诗》的药名诗极短："七泽兰芳千里春，潇湘花落石磷磷。有时浪白微风起，坐钓藤阴不见人。"共用到4种植物名称。具代表性的药名诗为皮日休、张贲、陆龟蒙的《药名联句》，总共用到14种植物药材，矿物及动物药材11种。

> 为待防风饼，须添薏苡杯。
>
> 香然柏子后，尊泛菊花来。
>
> 石耳泉能洗，垣衣雨为裁。
>
> 从容犀局静，断续玉琴哀。
>
> 白芷寒犹采，青箱醉尚开。
>
> 马衔衰草卧，乌啄蠹根回。
>
> 雨过兰芳好，霜多桂未摧。
>
> 朱儿应作粉，云母讵成灰。
>
> 艺可屠龙胆，家曾近燕胎。
>
> 墙高牵薜荔，障软撼玫瑰。
>
> 鼯鼠啼书户，蜗牛上研台。
>
> 谁能将藁本，封与玉泉才。

宋代的药名诗更多，黄庭坚的《荆州即事药名诗八首》最为典型。其一："四海无远志，一溪甘遂心。牵牛避洗耳，卧著桂枝阴。"其二："前湖后湖水，初夏半夏凉。夜阑香梦破，一雁度衡（杜蘅）阳。"所隐含的药名谐音有：前胡、半夏、兰香、杜蘅。其三："千里及归鸿，半天河影东。家人森户外，笑拥白头翁。"人森（人参）为药名谐音。其四："天竺黄卷在，人中白发侵。客至独扫榻，自然同此心。"其五："垂空青幕六，一一排风开。石友常思我，预知子能来。"其六："幽涧泉石绿，闭门闻啄木。运柴胡奴归，车前挂生鹿。"其七："雨如覆盆来，平地没牛膝。回望无夷（芫荑）陵，天南星斗湿。"

暗含覆盆子、牛膝、芫萸、天南星4种中药。其八："使君子百姓，请雨不旋复。守田意饱满，高壁挂龙骨。"暗含使君子、旋复、守田（半夏）及龙骨四味药。总计28句诗中共引述21种植物药材。

在词方面，用药名填词的实例也不少。宋代的陈亚被称为"好为药名诗"，其《生查子·药名闲情》即是一例："相思意已深，白纸书难足。字字苦参商，故要槟郎读。分明记得约当归，远至樱桃熟。何事菊花时，犹未回乡曲。"暗含红豆（相思豆）、白芷、苦参、狼毒、当归、远志、菊花、茴香等植物，植物名称含义和词意表现恰如其分。元代无名氏的《满庭芳》引述的药用植物种类更多，全部词句几乎都是植物名称："甘草人参，天麻芍药，薄荷荆芥川芎。乳香没药，白芷共甘松。玉金（郁金），甘菊花、藁本茯苓。防风等，细辛分两，各自要均停。"

在各代的散曲、小令中，使用药名字面意义或借助谐音叙述剧情，有趣味效果。从元曲以下，明曲、清曲都有大量实例，而且极具文学色彩。例如，元代孙叔顺的散曲《中吕·粉蝶儿》之一段："半夏退蛇床上同睡，芫花边似燕子双飞……使君子受凌迟，便有他白头公（翁）难救你。"（《红绣鞋》）"木贼般合解到当官跪，刀笔吏焉能放你……荜澄茄拷打得青皮肿，玄胡索拴缚得狗脊低。"（《耍孩儿》）这是元代"药名曲"的代表之作。

明代王翃的《望海潮·药谱》："蒙花繁露，涎衣空草，无心当陆茵陈。寒水玉枝，连珠金钏，重台宝鼎香温。龙脑爵床薰。剪红罗小锦，自炙迎春。青黛朱姑，碧蝉白女石榴裙。肤如积雪流芸，倚屏风云母，柳若低身。没石沉凫，兜铃逐马，相思日及黄昏。房苑独采魂。待当归安息，夜独王孙。浪荡将谁，梦鬼见愁新。"句中的屏风是指防风，独采指天麻，浪荡即莨菪，将离即芍药。

清代的"药名曲"也有数例，如袁龙的小令《南黄钟画眉序·贺医者婚集药名》用药名填曲庆贺新婚："琥珀合欢杯，青黛红花麝香坠。正梅标三七，桃灼当归。拜慈姑知母垂怜，使君子伏神生畏。乳香细解丁香结，定心丸升麻甘遂。"还有清代丁耀亢的《续金瓶梅》里的《山坡羊·张秋调》也把药名编成曲："金银花红娘子把细辛埋怨，明知道当归，把金樱贪恋，只为那官桂车前，指望升麻贝母，那晓得巴豆般心肠，把人参续断。夏枯草百药熬煎，蜜甜的甘草忽变了黄连。牵牛般拴著把地骨皮剥了，骨碎补的川芎插了些鬼箭。俺本是浪荡子，威灵仙，大腹皮也弄成了白刺猬干海马，飞不去的姜蚕青盐。想我那海狗肾的春方，空费了人言。石莲牡丹皮般伏神，只落了个干蟾。"

第五节　章回小说与药用植物

《三国演义》第75回，关公领兵攻打樊城，遭曹仁的弓箭手射中右臂，右臂青肿不能动。原来箭头涂有毒药，且毒已入骨。此药是当时最毒的药物之一，华佗检视结果，说明："此乃弩箭所伤，其中有乌头之药，直透入骨。若不早治，此臂无用矣。"关公有幸遇到名医华佗，得知毒药名为乌头，才能对症下药。乌头又名附子，《神农本草经》列为下品，是极毒的药物。华佗用尖刀割开皮肉，直至于骨，关公仅饮酒数杯，一面还与马良下棋，只见关公右臂"骨上已青，佗用刀刮骨，悉悉有声"。旁观者皆掩面失色，关公仍旧谈笑风生。这是中国历史上家喻户晓的"刮骨疗毒"故事。

《西游记》作者吴承恩亦熟悉本草药物的性味、功效，小说内容常用药名组成药名诗，如第36回，唐僧师徒一行人来到一座险峻，满是老虎、豺狼等猛兽的大山，荆棘满地，荒烟漫漫。唐僧心中害怕，兜住马叫着："悟空啊，我自从益智登山盟，王不留行送出城。路上相逢三棱子，途中催趲马兜铃。寻坡转涧求荆芥，迈岭登山拜茯苓。防己一身如竹沥，茴香何日拜朝廷？"一连串用了9种植物药名，构成这一段忧虑的谈话。《西游记》用药名集成的诗句，还有第28回，借沙僧之口描述："大黄味苦，性寒无毒。"借八戒之口说出："巴豆味辛，性热有毒。"众人质疑孙悟空用马尿掺和大黄（图17）、巴豆（图18）糊之为丸的做法。孙悟空却说："那东西（马尿）腥腥臊臊，脾虚的人一闻就吐；再服巴豆、大黄，弄

图17　大黄是中医常用的通便泻火药材。

图 18 巴豆。

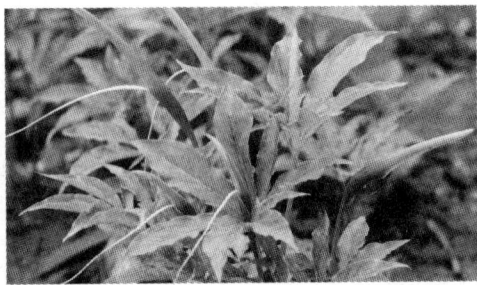

图 19 半夏块茎是峻猛药材,《神农本草》列为下品。

得人上吐下泻,可是耍子?"一连吃了三五次,朱紫国王体内所有的秽污
之物清除后,病果然好了。

《金瓶梅》作者,不但植物知识丰富,也懂得许多药用植物的性味、效
能及医理,如第 82 回用《水仙子》词牌描写潘金莲和女婿陈经济的淫荡
情事,并用当归、半夏(图 19)等 8 种植物助兴。全书引述的药用植物种
类很多,也有很多不同疾病的处方,如第 48 回治疗西门庆与李瓶儿所生
之子官哥儿的惊吓病,医生用"朱砂丸",以"薄荷灯心汤"服下;诊断李
瓶儿得的是"不足之症",有火痛、血虚之病,医生用的是"加味地黄丸"。
第 61 回因为治疗李瓶儿"崩漏之病",请来赵太医用了一个药方,包括"甘草、
甘遂、藜芦、巴豆、芫花、半夏、乌头、杏仁、天麻"等药材,其中甘遂、
巴豆、芫花、半夏、乌头等都是极毒之药。老医生何老人也评断这些药会"药
杀人",遂不予以采用。其实这也是小说作者的诊断。

《金瓶梅》中也记述堕胎药。第 85 回说到潘金莲和女婿陈经济发生奸
情后珠胎暗结,亟欲堕胎,由胡太医开两帖"红花"把胎儿打下来。此堕
胎药"红花"所含药材成分,作者用《西江月》词片叙述:"牛膝蟹爪甘遂,
定磁大戟芫花,斑毛赭石与硇砂,水银与芒硝研化。又加桃仁通草,麝香
文带凌花。更燕醋煮好红花,管取孩儿落下。"显示作者文学、医理兼备。

《红楼梦》的作者更是博学多闻,不但文学底子深厚,地理、历史典故
了如指掌,植物学知识丰富,医理也极精到。如第 10 回秦可卿长期倦怠、
眼神发眩、月信过期,长期卧在病床上,医生开了一帖"益气弄荣补脾和
肝汤",包括人参、白术、茯苓、地黄、当归、白芍药、川芎、黄耆、香附、

柴胡、山药、延胡索、甘草、莲子、枣、阿胶16种药材，是属补益的方剂。第12回贾瑞苦恋王熙凤，受到奚落折磨，加上色欲攻心，病入膏肓，"下溺遗精，咳痰带血"，奄奄一息，医生开的是补气血的药：肉桂、附子、鳖甲、麦门冬、玉竹等，其中附子是毒性很强的猛药。

林黛玉天性体弱，经常病咳，平常会吃药丸补身。宝玉、宝钗、王夫人和黛玉在聊天中，会提到平日所吃的药丸及药材名称，有人参养荣丸、八珍益母丸、左归丸、右归丸、麦味地黄丸、天王补心丹、香薷饮，以及人参、何首乌等方剂及药材，每一种方剂都包含多种药材，而且都是常用的中药。

《红楼梦》全书提到30个中药方剂，大都是中医常用的药方。其中最有趣的是作者创造的"文学药方"，首先是治疗薛宝钗喘嗽宿痰的药方"冷香丸"：取春天的白牡丹花蕊、夏天的白荷花、秋天的白芙蓉、冬天的白梅花制成药丸，用黄檗汤服下，此配方未见载于任何医书。另外一个作者杜撰的药方是"疗妒汤"，经由外号王一贴的江湖郎中口中说出："秋梨一个、二钱冰糖、一钱陈皮及水三碗合煮。"这些药都是润肺开胃，吃多了无妨，纯属游戏之作。

晴雯伤风感冒，第一个大夫给的药方，宝玉看了吓一跳，因为药方中除了紫苏、桔梗、防风、荆芥等药材，还包括枳实、麻黄等破气的峻猛药，就知道大夫开错药了。第二个大夫开的药，当归、陈皮、白芍等才是正确的药方。想来作者的医术不是一般。另外，第52回有宝玉补身的"建莲红枣汤"，第53回给晴雯益神养血的药材：茯苓、地黄、当归等。连薛宝钗对医理也略懂一二，如第84回，薛姨妈被媳妇金桂气得肝气上逆，左肋作痛，宝钗一看到就知道病因，也不找医生看，直接叫人买钩藤，煎汤叫母亲吃。依中医书籍记载，钩藤的功效正是"可治大人头旋目眩，平肝心，除心热"。

《儒林外史》的医药方剂也有不少，如第5回、第6回提到医生常用的药，是人参、附子，对久病体弱的年长老人不一定有效。第11回说编修公跌了一跤，半身麻木，口眼有些歪斜；治疗方法是用"四君子加入二陈"，对于有些大夫将"四君子"药方中的半夏改用贝母，作者借书中人物陈和甫之口表达不满。第23回大热天用绿豆汤治疗痢疾也是医书揭示的良方，唐代名医孙思邈所撰的食疗专著《千金食治》就说绿豆的性能是"治寒热、热中、止泄痢、卒澼"。第 24 回用"荆防发散药",药内放了八分细辛,以治寒症。对一般用药,作者也有自己的见解,如第 54 回,借聘娘之口说:病人不宜单吃人参,"单吃人参,会助虚火",必须合着黄连煨汤吃。

第十八章　庭园观赏植物

第一节　前言

观赏植物包括专性观赏植物与兼性观赏植物两大类。凡栽种目的只为增加居住环境美观，而非收获植物体的任何一部分供人类衣食住行等生活消费的植物，称为"专性观赏植物"。此类植物树形、冠形、枝条、花色或果色具美丽外观，或植物体具特殊香味，广泛栽植于庭院、公园或其他公共场所，如腊梅、木芙蓉、紫荆等是为赏花目的而栽种的专性观赏灌木；梧桐、枫、楸等是为赏秋叶而种的专性观赏乔木。至于兼性观赏植物，则是可收获植物体的某一部分，收成前的植物形态亦有观赏价值，例如果树类的梨树，春季开漂亮灿烂的白花，夏季收成果实供食用，桃、李、梅亦同。许多药用植物也具有观赏价值。

清康熙年间有位作家名万树，所写散曲《百花屏·咏百种名花》中一共提到 82 种植物名称，这些植物绝大部分是清初的庭园观赏植物，代表当时中国最常见的庭院植物。其中乔木类有海棠、梨、樱花、楝、玉兰、柚、松、柳 8 种；灌木类有红梅、辛夷、山茶、茶、杏、扶桑、丁香、腊梅、桃（碧桃）、李、踯躅、杜鹃、锦带花、绣球花、丹桂、郁李、木槿、栀子、紫荆、唐棣、紫薇、琼花、香橼、橙、橘、枳壳、石榴、山茱萸、八仙花、棘、牡丹、枸杞 32 种；蔓藤类有玉蝶梅、蔷薇、宝相、牵牛花、木香、姊妹花、茉莉、玫瑰、金银花、紫藤、凌霄花、茶蘼、瓟 13 种；草本花卉有鼓子花、金钱花、虞美人、鸡冠花、虎耳草、菊、甘菊、蜀葵、秋海棠、款冬、长春花、凤仙花、芍药、水仙、兰花、蛱蝶花、百合、玉簪、萱草、万寿菊、苔 21 种；水生植物有荷、芰（菱）、红蓼、蘋、菖蒲、芦苇、荻 7 种。几乎包含历代文学作品引述的所有具景观价值的观赏植物种类，而且以专性观赏植物居多。

图1　紫藤是典型的中国庭园植物。

图2　草本花卉芍药。

图3　樱桃是中国庭园乔木花卉的代表植物。

图4　牡丹自古就是中国庭园主要的灌木花卉。

　　典型的中国庭园空间分布，大致来说包括石景（山石）、院落、棚架（棚榭）、水体（水池、流水）、花园、道路（园路）、回廊、长廊、亭阁、亭榭等格局，每种建筑格式都有一定的植栽配置。从历代文学作品中，均可领略中国传统庭园观赏植物的底蕴，以及植栽配置的原理。例如白居易《秦中吟》，描述古代一般大宅植栽的构成原则："绕廊紫藤架，夹砌红药栏。攀枝摘樱桃，带花移牡丹。"即庭园植物至少必须包括：藤本植物如紫藤（图1）、草本花卉如红药（芍药，图2）、乔木如樱桃（图3）、灌木花卉如牡丹（图4）。

　　古代选用庭园植物，首重植物色彩的延续及四季色彩的变化。前者如白居易的《春风》所言："春风先发苑中梅，樱杏桃梨次第开。荠花榆荚深村里，亦道春风为我来。"说明春季的花卉由冬末春初的梅花启其端，之后是樱花和杏花，桃花、梨花接踵而至，最后有荠花和榆荚。中国每个朝代都有撰写及记录当朝各地的"时令之花",代表每个季节、每个月份花盛开的植物种类,譬如清代无名氏的小令《北仙吕大红袍·咏花》记述中国大部分地区都适用的各季每月代表植物:元月梅,二月柳,三月桃,四月牡丹,五月石柳、香蒲、艾草,六月荷花,秋季木芙蓉、丹桂、菊,冬季腊梅。

历代诗词都有庭园植物的记述,例如唐代姚合《题金州西园九首》诗提到金州西园内的观赏植物有柏、竹、松、棕榈、芭蕉5种;《杏溪十首》中的杏溪有桃、杏、莲、紫藤、竹、枫6种。张祜的《江南杂题二十八首》提到所见江南地区的竹、柳、柑、桂、石榴、芦苇、慈菇、罂粟(米囊花)、红蕉、萱草(宜男)10种,均代表唐代常见的庭园植物。宋代苏轼的《和子由记园中草木四首》诗,共有牵牛、蜀葵、红蓼、兰花、葡萄、石榴、萱草、菊8种;苏辙的《赋园中所有十首》诗有竹、萱草、芦苇、石榴、葡萄、牵牛、柏、蜀葵8种,代表宋代常见的景观植物。另外,清代张潮的小令《南越调新样四时花·花阵》也记述当时所见的庭园栽植植物有梅、牡丹、芍药、桃、李、兰花、蜀葵、石榴、荷花、萱草、桂、梧桐、菊等。

章回小说中有关庭园观赏植物的记载,最具代表性的有两部:一是明代出版的《金瓶梅》,二是清代撰写的《红楼梦》。《金瓶梅》第19回描写西门庆家花园的植物,乔木类有竹、松、桧、柏、海棠、柳、银杏;灌木类有梅、紫荆、桃、紫丁香、石榴、梨;藤本植物有木香、荼蘼、金雀藤、黄刺薇、茉莉、牡丹;草本花卉有菊、金灯花、金钱花、芭蕉、芍药;水生植物有荷。《红楼梦》第17回描写的是大观园,有乔木类的竹、榆、玉兰、海棠、西府海棠、松;有灌木类的斑竹、杏、木槿、牡丹、桂花、梅、辛夷;有藤本植物的紫藤、木香、蔷薇;草本花卉的芭蕉、芍药、蜀葵、金灯花;以及水生植物的红蓼、荷。两部书所载录的庭园观赏植物,都足以代表中国传统宅院庭园植物种类。

本章所叙述的植物是古典文学作品中经常吟诵,至少部分为人工栽植作为造景之专性或兼性观赏植物。有些观赏植物同时具有特殊意涵,在文学作品中用来譬喻或寓意。

第二节　乔木类观赏植物

乔木树形高大，是庭园空间主要的组成素材，多栽种在私人庭院、宫廷官舍、道路两旁，有时则作为灌木花卉或花园背景，或和长廊形成对景。乔木类有常绿和落叶性之别，常绿性裸子植物大都树干挺直，树冠呈尖塔形、圆锥形或圆柱形，叶色浓绿，可营造庄重肃穆的效果，古来多栽种在寺庙、陵墓等地方。常绿阔叶树的树形、花色具多样性，广卵形、圆球形、扇形、伞形、不规则形等兼而有之。落叶性阔叶树常在入秋后变色，是塑造秋景的最佳材料。历代文学作品中引述最多的观赏用乔木，以柳（图5）、竹（图6）、松为最，其次是梧桐和木兰，海棠、柏、槐亦属常见（表1）。

表1　古典文学作品中乔木类观赏植物统计

	《诗经》	《楚辞》	《先秦魏晋南北朝诗》	《全唐诗》	《宋诗钞》	《全宋词》	《元诗选》	《全金元词》	《全元散曲》	《明诗综》	《全明词》	《全明散曲》	《金瓶梅》	《清诗汇》	《全清散曲》	《红楼梦》	合计
柳	4	0	313	3463	1042	3760	809	580	819	748	3376	2128	65	2035	987	37	20166
梧桐	1	1	116	585	186	454	166	84	104	126	556	383	10	429	135	9	3345
枫	0	1	13	278	90	147	78	30	37	132	275	112	1	306	76	4	1580
槐	0	0	63	315	107	197	35	45	23	19	178	135	9	165	44	4	1339
榆	2	1	50	221	67	85	83	16	30	54	111	60	6	171	34		996
楸	0	2	23	45	24	20	26	9	8	18	36	27	0	97	16	1	352
海棠	0	0	0	49	95	369	65	62	110	9	283	272	8	84	74	19	1499
棠梨	4	1	6	130	33	108	20	27	8	28	121	18	0	111	28		642
合欢	0	0	8	23	3	6	4	3	2	5	14	8		9	4	3	95
松	7	1	290	3018	794	625	660	369	198	504	939	539	32	2275	241	20	10512
杉	0	0	1	209	37	14	22	1	0	16	19	15	1	99	9	1	444
柏	7	2	99	381	106	84	71	38	9	76	84	94	10	366	37	6	1470
桧	1	0	2	83	37	26	21	28	0	17	22	26	3	92	3	1	371
银杏	0	0	0	3	3	2	0	2	3	4	3	4	4	15	3	1	44
木兰	0	6	28	209	25	2101	38	57	60	55	218	109	0	145	81	4	3136

	《诗经》	《楚辞》	《先秦魏晋南北朝诗》	《全唐诗》	《宋诗钞》	《全宋词》	《元诗选》	《全金元词》	《全元散曲》	《明诗综》	《全明词》	《全明散曲》	《金瓶梅》	《清诗汇》	《全清散曲》	《红楼梦》	合计
竹	3	1	284	3324	1411	1520	772	400	230	607	1535	762	33	2146	373	38	13439
棕榈	0	0	0	22	6	5	11	2	1	6	8	3	3	24	1	1	93
蒲葵	0	0	1	24	7	9	7	1	3	6	12	7	0	8	5	1	91
梓	0	1	32	42	14	13	20	11	0	20	30	5	0	70	5	3	266
女贞	0	1	3	12	8	3	6	1	0	10	9	2	0	53	7	0	115
杨	5	1	35	106	20	14	16	4	2	24	16	28	2	83	31	4	391
石楠	0	0	3	27	3	6	4	2	1	6	10	1	0	2	2	0	68
樱花	0	0	4	40	30	80	14	8	14	18	76	133	0	79	35	0	531
榕	0	0	0	5	10	17	8	0	0	7	18	1	0	30	3	0	99
木棉	0	0	0	7	5	2	5	0	0	8	3	0	0	26	2	0	58
优昙花	0	0	0	6	1	2	4	0	0	1	11	3	0	34	3	0	65
垂丝海棠	0	0	0	0	1	5	0	0	1	0	1	1	0	0	0	0	9

　　四季开花，或色泽变化，或具特殊树形的直立高大乔木，是中国庭院、宫廷、公共场所自古以来常栽种的植物，主要起供观赏用。文学作品经常以这类植物作为吟诵对象，如唐代储光羲的诗句"夹门小松柏，覆井新梧桐"

图 5　柳是文学作品中引述最多的观赏树木。

图 6　竹类是常见的庭园造景植物，本图为孟宗竹。

图7 秋季叶色变红的枫叶。

图8 槐树自古即以行道树及庭园树大量栽植,秋叶呈黄色。

图9 入秋后,满树银杏叶变成漂亮的金黄色。

"门多松柏树",以及《昭圣观》一诗:"新松引天籁,小柏绕山樊。坐弄竹荫远,行随溪水喧。"有些观赏乔木的描述,时间可远溯至《诗经》,例如柳树、梧桐、棠梨、松、柏等,历经唐、宋、元、明、清各代,一直到今天,这些树种仍旧是中国传统庭园常见的主要乔木类观赏树种。

入秋以后,气候逐渐冷凉,分布于华中以北地区的落叶树种,叶色会发生变化。被选作庭园树的树种以叶色鲜艳者为多,如叶呈鲜红色的枫树(图7),叶呈金黄色的梧桐、槐(图8)、银杏(图9)等,均是秋季变色叶的代表树种。

有些乔木类树种以观花为主,如海棠、合欢、樱花、木棉等,花色花姿各具特色,如白色花的海棠,粉红色花的合欢、樱花,以及花色橙红的木棉等。春季以木棉、樱花、海棠为主,夏季则以合欢为代表,唯木棉属南方的热带树种,《全唐诗》才开始在诗文上出现。

以特殊意涵而出现在文学作品中的乔木,本身已具备观赏效果,但仍在诗词上被赋予特殊譬喻而引述,如"后凋于岁寒"的松、柏,常被引喻为忠贞的象征。桧因孔庙

图 10　女贞的圆锥花序，花小，芳香。

图 11　女贞是少数在北方寒冬不凋的常绿阔叶树，诗文中称为"冬青"。

孔子手植的桧木而闻名；棠梨则因《诗经》"召伯之棠"而为诗人骚客借喻吟诵。柳树枝条柔细，因"留"而象征送别离情，历代诗词歌赋出现最多。竹因"中空有节"的特性，象征气节，也大量为诗文所引用。木兰全株有香气，初春开白色花，本身就是极佳的观赏树种，屈原在《离骚》中列为香木，代表忠臣及美好的事物，自《楚辞》以下，各代诗文均有引述。女贞是少数在中国北方经冬不凋的树种，又名冬青，自是古人的钟爱树种（图10、图11）。

　　榆、楸、梓、杨等树种，是古代北方主要的造林树种，提供建材及家具用材，树形挺直高大，又具观赏价值，有时亦栽种在庭院中或道路旁。榕树和木棉一样，也是南方树种，在唐代以后的诗文作品中陆续出现，因树冠呈伞形，在华南地区多栽种成庭院或社区供蔽阴用。

第三节　灌木类观赏植物

　　文学作品上出现的观赏灌木以开花植物为主，且以花色艳丽取胜。历代作品出现最多的灌木种类为梅、桃，桂、杏、李次之，梨、牡丹、石榴又次之，还有其他花色美艳的杜鹃、木芙蓉、木槿、紫荆、杜鹃、丁香、辛夷、紫薇（表2）。

表2　古典文学作品中灌木类观赏植物统计

	《诗经》	《楚辞》	《先秦魏晋南北朝诗》	《全唐诗》	《宋诗钞》	《全宋词》	《元诗选》	《全金元词》	《全元散曲》	《明诗综》	《全明词》	《全明散曲》	《金瓶梅》	《清诗汇》	《全清散曲》	《红楼梦》	合计
桂花	0	11	256	1224	196	728	151	164	80	124	528	308	18	352	128	21	4289
黄杨	0	0	0	2	5	1	0	3	0	1	1	1	1	4	5	1	25
腊梅	0	0	0	3	19	57	3	5	6	0	22	21	2	5	6	1	150
梨	0	0	18	276	91	337	83	94	140	57	280	317	14	123	99	10	1939
桃	4	1	173	1324	389	1482	345	343	253	270	922	950	44	757	399	25	7681
李	4	0	57	459	193	467	74	92	32	46	217	169	8	176	72	4	2070
梅	4	0	95	877	888	2883	402	363	354	184	1407	779	33	936	395	24	9624
杏	0	0	28	472	146	544	138	78	112	64	409	249	25	172	102	18	2557
木芙蓉	1	0	2	16	20	37	7	9	2	6	76	56	2	3	8	6	251
木槿	0	0	21	130	28	10	10	4	4	12	24	12	2	26	5	3	291
紫荆	0	0	5	12	5	5	4	4	1	9	12	12	2	22	9	1	103
安石榴	0	0	34	124	52	152	29	19	29	9	214	157	16	41	36	6	918
牡丹	0	0	5	200	99	271	45	48	38	8	131	178	11	53	39	7	1133
杜鹃	0	0	0	44	6	13	10	1	0	12	41	8	0	24	6	0	165
丁香	0	0	1	27	2	54	2	5	19	0	39	45	18	16	12	1	241
夹竹桃	0	6	0	0	2	1	0	0	2	0	2	0	1	1	1	0	16
辛夷	0	0	3	35	17	5	4	4	1	6	13	6	1	6	3	1	105
棠棣	3	0	7	36	1	21	2	4	1	4	9	10	1	5	3	0	107
紫薇	0	0	0	28	17	28	6	1	1	4	35	12	2	14	3	0	151
绣球花	0	0	0	0	0	2	1	0	0	1	1	6	1	1	1	2	16
木瓜	1	0	5	7	5	1	3	1	2	0	5	3	0	8	5	0	46
木桃	1	0	1	1	0	0	0	0	0	0	1	5	0	0	1	0	12
木李	1	0	1	1	0	2	2	1	2	0	0	0	0	0	1	0	11
朱槿	0	4	35	111	37	22	58	9	6	26	47	20	2	115	12	0	504
栀子	0	0	2	43	28	36	11	4	1	1	31	6	0	30	4	0	197
踯躅	0	0	0	26	3	2	5	0	6	3	3	1	0	13	2	0	64
山茶花	0	0	0	4	5	8	5	3	2	1	16	18	0	8	5	0	75

	《诗经》	《楚辞》	《先秦魏晋南北朝诗》	《全唐诗》	《宋诗钞》	《全宋词》	《元诗选》	《全金元词》	《全元散曲》	《明诗综》	《全明词》	《全明散曲》	《金瓶梅》	《清诗汇》	《全清散曲》	《红楼梦》	合计
瑞香	0	0	0	1	8	28	2	3	0	0	5	11	0	0	2	0	60
锦带花	0	0	0	0	2	0	0	0	0	0	0	0	1	0	2	1	6
含笑花	0	0	1	0	4	4	0	0	1	0	2	2	0	2	1	0	17
茶梅	0	0	0	0	0	1	1	0	0	0	0	1	0	0	0	0	3
斑竹	0	0	2	98	16	27	17	7	10	11	138	63	5	49	42	8	493
苦竹	0	0	1	29	25	10	4	0	0	15	4	2	0	22	1	0	113
紫竹	0	0	0	7	4	1	5	1	1	0	11	18	2	3	3	1	58
箬竹	0	0	2	21	23	38	3	13	8	6	16	14	1	27	10	1	183

历代均有引述的植物中,春季开白花的灌木有樱桃、李、杏、梨、丁香等;开粉红色至红紫色的为桃、紫荆、杜鹃、夹竹桃;开紫色花的辛夷。夏季开花的灌木类有:木槿、安石榴、栀子、紫薇、朱槿等;秋季开花有木芙蓉;冬末春初开花有梅、山茶花、腊梅等。大部分的观花灌木以赏花为主,但桃、李、杏、梨等同时也是果树。有些常绿灌木则充当绿篱、护坡,或装饰屋角、路边及水旁。唐代诗人及画家王维在辋川山谷建造的园林"辋川别业",除了有"檀栾映空曲,青翠漾涟漪"的竹,也有"结实红且绿,复如花更开"

图12 夹竹桃在宋代以后才陆续在诗文中出现。

的山茱萸;在"飒飒秋雨中",有"浅浅石榴泻",也有"木末芙蓉花,山中发红萼(辛夷)",是唐代典型的达官贵人庭园。

牡丹是"花中之王",自古即视为富贵之花。自唐诗以下,历来就是中国庭园不可或缺的观花植物,也反映在历代诗词歌赋及章回小说的内容中。安石榴自汉代自西域引进中国之后,因花色艳丽,在自汉代以后的文学内容中均有大量出现。

夹竹桃(图12)、凤凰竹、朱蕉原产外国,

图13 原产中国的锦带花。

图14 宋诗中才开始出现含笑花。

图15 茶梅是中国庭园常见的灌木花卉。

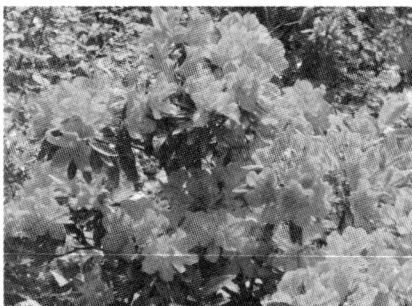
图16 杜鹃是世界著名的观赏植物,栽培普遍。

自宋代以后的诗文中才陆续出现。原产中国的锦带花（图13）、含笑花（图14）、茶梅（图15）等出现在诗词的时期亦较其他花卉晚。

有些植物因《诗经》而贵,如木瓜、木桃、木李,历代引述《诗经》内容及植物的诗篇很多。此三种植物花色不特别艳丽,果实也不可口,但是历代庭园栽种木瓜、木桃者不在少数,应该与《诗经》有关。豆科植物紫荆则有"田家紫荆"寓言故事的背景,象征"兄弟友爱",又有艳丽花色,历代引述的篇章也不少,栽种很普遍。

香花植物的种类也不少,如桂花、栀子、瑞香、夜合花。栀子或称山栀,自唐代以来就出现在诗文中,如王建《雨过山村》诗:"妇姑相唤浴蚕去,闲看中庭栀子花。"唐彦谦的《离鸾》:"庭前佳树名栀子,试结同心寄谢娘。"

夜合花是香花灌木,很早就在中国历史上出现,唐彦谦的《叙别》诗中就有引述:"夜合花香开小院,坐爱凉风吹醉面。"

杜鹃（图16）、紫薇、山茶花等观赏花木均原产中国,中国庭园栽种普遍,历代文学内容亦多有吟诵,如晚唐诗人韩偓:"职在内庭宫阙下,厅前皆种紫薇花。"目前杜鹃、紫薇、山茶花都已成为世界性花卉。

第四节 蔓藤类观赏植物

观赏植物中，蔓藤类植物种类远比乔木、灌木种类少。出现在古典文学作品中的庭园观赏蔓藤类，亦仅有薜荔等10数种（表3）。其中出现频率最高的蔓藤植物为薜荔、荼蘼、蔷薇3种，茉莉和紫藤次之（表3）。

表3 古典文学作品中蔓藤类观赏植物统计

	《诗经》	《楚辞》	《先秦魏晋南北朝诗》	《全唐诗》	《宋诗钞》	《全宋词》	《元诗选》	《全金元词》	《全元散曲》	《明诗综》	《全明词》	《全明散曲》	《金瓶梅》	《清诗汇》	《全清散曲》	《红楼梦》	合计
薜荔	0	8	10	198	26	17	47	4	4	55	33	28	0	199	6	3	638
紫藤	0	0	2	50	18	3	8	0	8	10	15	17	0	30	10	2	173
荼蘼	0	0	0	3	50	212	10	23	24	2	103	118	7	20	20	3	595
玫瑰	0	0	0	21	2	5	5	1	0	3	8	4	17	9	4	9	88
蔷薇	0	0	10	77	20	89	17	13	20	12	85	90	5	12	29	7	486
月季	0	0	0	1	0	0	0	0	0	0	18	8	0	3	2	0	35
木香	0	0	0	1	2	7	0	0	0	0	4	11	7	0	3	2	43
凌霄花	1	0	0	8	3	7	1	2	1	2	5	2	1	4	1	0	38
茉莉	0	0	0	2	9	36	6	0	7	9	51	30	0	12	10	2	183
素馨	0	0	0	2	5	10	1	0	1	0	9	5	0	3	0	0	36
迎春	0	0	0	2	0	5	0	0	0	0	3	1	1	0	3	0	15
使君子	0	0	0	0	0	1	0	0	2	0	0	0	0	0	1	0	4
牵牛花	0	0	0	0	9	2	7	1	1	3	2	0	0	3	0	0	28

·攀缘植物：碰触岩石或其他物体时，枝条极易在接触面长出不定根黏附物体而上，这种植物称为攀缘植物，可用于绿化墙垣及庭院山石。古代的庭园植栽，也多用在墙壁、篱垣、棚架或大树、山石上，有时用以覆盖地面。这类攀缘植物，古代诗文记述最多者为薜荔，自《楚辞》以下，历代诗词曲及章回小说均有提及，唐代储光羲的诗有"梧桐荫我门，薜荔网我屋"句，表示薜荔用为绿化植物的历史已经很久。凌霄花（图17）也

图 17 凌霄花。

图 18 牵牛花是一年生的草质藤本观赏花卉。

有相同性质，被利用的时期更早，《诗经》已有引述。古代多栽植凌霄花于松树等乔木林下，任由攀缘树干，"凌霄"而上；或栽植在墙垣、巨石下，形成绿铺面。凌霄亦可独立栽植或丛植，只要定期修剪，植株亦可直立。春夏之间开鲜红色花，也是色彩艳丽的观花植物。

·蔓藤类植物：这类植物大都需要搭建棚架或廊架，使植株依附其上生长。古代庭院使用甚多，创造花墙、花架、花廊等，诗文亦载录多种，其中出现较多者为紫藤、蔷薇、荼蘼（酴醾）、玫瑰、木香等，汉唐之后即陆续被栽种。其中蔷薇自唐代开始普遍，如徐晶的《蔡起居山亭》："蔷薇一架紫，石竹数重青。"茉莉、素馨等植物也自《全唐诗》开始出现。

历代诗文叙述的蔓藤类观赏植物，大都是多年生的藤本植物。自宋代以来，文献上开始有一年生的草质藤本观赏花卉涌现，其中最著名者为开紫红色至蓝色花的牵牛花（图18）。

第五节　水生观赏植物

刻意栽种、应用在庭园的水生观赏植物种类更少，诗词歌赋引用的种类只有荷等8种（表4）。荷花是历代诗文引述最多的水生植物，自《诗经》以后，荷出现在各代的代表典籍篇数首位，都远多于其他水生植物（表4）。出现次数次多的植物是香蒲和菱，再其次是红蓼、荇菜（图19）、菖蒲。

这些植物目前也广泛分布在中国，人工湖泊、池塘多有栽种。

表4　古典文学作品水生观赏植物统计

	《诗经》	《楚辞》	《先秦魏晋南北朝诗》	《全唐诗》	《宋诗钞》	《全宋词》	《元诗选》	《全金元词》	《全元散曲》	《明诗综》	《全明词》	《全明散曲》	《金瓶梅》	《清诗汇》	《全清散曲》	《红楼梦》	合计
荷	2	10	353	2071	504	1539	483	315	362	352	1369	1024	31	1097	472	37	10021
菱	0	3	74	322	71	202	53	31	37	56	161	19	14	164	21	14	1242
荇	1	0	20	70	22	63	23	64	17	26	76	47	0	51	15	3	498
芡	0	0	3	22	63	24	7	3	4	6	9	1	0	17	7	2	169
红蓼	1	0	1	91	45	98	11	19	20	6	130	62	2	84	31	5	606
香蒲	4	2	53	317	168	141	108	38	24	77	177	109	4	305	60	7	1594
菖蒲	0	8	20	113	53	71	27	18	5	14	47	39	1	62	20	1	489
慈姑	0	0	0	3	2	0	0	0	0	1	2	0	0	4	1	0	13

《长物志》云："石令人古，水令人远。园林水石，最不可无。"所以中国庭园必有塘池流水。水中、池缘都有相宜的植物，譬如在池旁种植垂柳，自古代就是如此，唐代储光羲的《仲夏入园中东陂》："方塘深且广，伊昔俯吾庐。环岸垂绿柳，盈泽发红蕖。"描写唐代池塘荷花（红蕖）和垂柳，在水塘中及环岸相互辉映的水

图19　荇菜开金黄色花，又名"金莲花"。

域景观。水岸有时也种竹，如唐代孟浩然的《夏夕南亭怀辛大》诗中描述的："荷风送香气，竹露滴清响。"

栽植在水池中观赏的浮水植物，自《诗经》开始，荷就是各类诗文中出现次数最多的植物，菱、荇、芡等也常见。这些观赏用的水生植物其实都另有用途，荷的地下茎称为"莲藕"，自古即为中国名蔬；果实称"莲子"，食用或做药材。菱的果实即食用之菱角。荇开金黄色花，叶柄及嫩茎可供菜蔬。芡叶大而圆，浮在水面上极为美丽壮观，所结种子称"芡实"，是中

医常用的药材（图20）。

池岸沼泽地，还有其他花卉在诗文中出现，且多成群成片生长，蔚为大观。其中的红蓼，古称"水荭"，《诗经》谓之"游龙"，诗文中径以"蓼"或"蓼花"称之，秋天结粉红至深红色花穗；常见的咏红蓼诗句有元代白

图20 芡的果实原作为药材使用，嫩茎、花苞供菜蔬，叶造型特殊，兼作观赏植物。

朴："黄芦岸白蘋渡口，绿杨堤红蓼滩头。"香蒲和菖蒲均为古今水域常见的水生植物，人造水塘、天然沟渠、湖岸均可见之。储光羲的《闲居》："步栏滴馀雪，春塘抽新蒲。"如此闲逸的景致，想来就令人十分向往。

第六节　草本观赏植物

由表5可知，古今诗文中出现的草本花卉，以菊最多，芍药、兰花、萱草、芭蕉次之。古今庭园都少不了四季花卉。以现代园艺观点来看，草本观赏植物可分成一年生、二年生、多年生和球根花卉。若以植物分类观点来区分，可分为双子叶植物和单子叶植物。草本观赏植物，自古即以花丛、花带方式建立花园或花坛；也有以禾本科、百合科植物栽成的草坪。

表5　古典文学作品中草本观赏植物统计

	《诗经》	《楚辞》	《先秦魏晋南北朝诗》	《全唐诗》	《宋诗钞》	《全宋词》	《元诗选》	《全金元词》	《全元散曲》	《明诗综》	《全明词》	《全明散曲》	《金瓶梅》	《清诗汇》	《全清散曲》	《红楼梦》	合计
菊	0	3	77	822	411	1024	186	263	186	189	690	486	14	587	174	10	5122
芍药	1	1	7	105	67	146	49	28	13	13	101	76	5	64	31	5	712
蜀葵	0	0	1	12	15	10	12	4	1	2	17	27	3	6	6	1	117
凤仙花	0	0	0	1	5	5	4	1	0	1	10	8	1	0	4	3	43
鸡冠花	0	0	0	1	5	0	2	3	2	0	6	9	1	1	1	0	31

	《诗经》	《楚辞》	《先秦魏晋南北朝诗》	《全唐诗》	《宋诗钞》	《全宋词》	《元诗选》	《全金元词》	《全元散曲》	《明诗综》	《全明词》	《全明散曲》	《金瓶梅》	《清诗汇》	《全清散曲》	《红楼梦》	合计
石竹	0	0	0	19	5	4	4	0	0	2	3	5	0	2	1	0	45
罂粟	0	0	0	5	2	1	2	0	0	0	7	5	0	6	4	0	32
秋海棠（断肠花）	0	0	0	2	0	3	0	0	0	4	20	3	0	4	16	0	52
丽春花	0	0	0	1	0	2	0	0	1	0	16	3	0	0	7	0	30
金钱花	0	0	1	7	0	1	1	0	1	2	1	4	1	1	1	0	21
锦葵	1	0	0	1	0	0	0	0	4	0	5	5	0	4	1	0	21
雁来红	0	0	0	0	1	1	3	1	0	0	4	1	0	2	2	0	15
芭蕉	0	1	5	120	54	132	38	28	41	21	266	143	8	178	90	10	1135
蝴蝶花	0	0	0	0	0	0	0	0	0	0	3	1	0	0	2	0	6
麦门冬	0	0	0	2	0	0	0	1	0	0	0	2	0	0	0	2	7
美人蕉	0	0	0	31	3	7	1	0	2	2	17	1	0	11	7	1	83
百合（山丹）	0	0	1	0	0	3	1	0	0	1	1	4	1	0	2	0	14
兰花	0	2	24	40	26	40	19	11	1	28	51	25	2	71	25	6	371
萱草	1	0	31	71	26	106	13	32	8	7	99	77	1	48	37	2	559
金灯花	0	0	1	2	0	0	0	0	0	0	0	1	3	1	0	1	9
玉簪	0	0	0	1	2	1	4	8	3	0	3	8	2	2	2	1	37
水仙花	0	0	0	2	10	40	10	4	0	0	26	10	0	7	10	1	120

图 21　石竹是春季开花的草本植物。

图 22　蝴蝶花是鸢尾类植物。

图 23 罂粟原作为药材，花色艳丽亦栽植供观赏。

图 24 雁来红的枝端叶片夏末秋初时会变成红色。

多数草本观赏植物以花色取胜，少数观果。春季开花植物有芍药、石竹（图 21）、美人蕉、蝴蝶花（图 22）、罂粟（图 23）、金灯花。明代王世懋在《学圃杂疏》云："芍药之后，罂粟花最繁华。"

夏季开花的草本植物有蜀葵、凤仙花、鸡冠花、萱草、玉簪。萱草古称"谖草"，《长物志》云："谖草忘忧，亦名宜男，岩间墙角最宜此种。"李白则说："托阴当树李，忘忧当树萱。"秋季开花的草本植物有菊、秋海棠、雁来红（图24）。

有些花卉，非栽植供观赏花卉，而是枝叶形态特殊，耐阴易植，常作为山石的陪衬，此类植物有芭蕉、天门冬等，如唐代欧阳詹的《答韩十八驽骥吟》："巴蕉一叶妖，莐葵一花妍。"

第十九章　历代植物专书与辞典

第一节　前言

　　中国文化经数千年的累积，产生无数古籍。上古书籍大都辞义艰深、文句聱口难读、内容深奥难解。今人读《尚书》《诗经》、汉赋等，如果无辞典、字书或题解资料辅助，可能难以领会书中字句意涵。因此，历代都有解读古籍字源辞义的文献问世，千年以来中文字词的各种含义解释也大致有共同的结论。唯有"名物"释义，包括器物、动植物名称的解读，则少有文献着墨，造成后世无法跨越前人研究古典文献、探讨古籍内涵成就的困扰。

　　古今植物名称有很大差异，古籍出版的年代越久远，和今日的名称差异就越大。距今 2000 多年的《诗经》有 137 类（种）植物，名称古今相同或相类者仅有 20 种，不到 15%；而距今 100~200 年的清诗，植物名称则大部分和今名相同。查索研究年代久远的古籍植物名称所指，必须仰赖适当的辞书，所论所据要有所本。比起浩瀚的中国古典文学作品，解读植物的专书、辞典在数量上都极为稀少。

　　历代至今，尚未有专门考证及解释植物的辞书；至于可用于解读古典经文植物名称的书籍，大致可归纳如下：经史典籍，如《汉书·艺文志》；学者的读书笔记，如《梦溪笔谈》；各种类书，如《尔雅》；历代农书，如《齐民要术》；古代少数的植物学专著，如《群芳谱》等。直至现代，才有专门解读古籍植物的辞书问世，提供后学研读古籍极大的便利。

第二节 经史典籍及札记

指"十三经""二十四史""诸子百家"之类的典籍，以及文人名士的读书笔记，议论、记述文体兼而有之。此类经典书籍原非为解读经文而编纂，也不是为阐述器物、名制而撰写，植物内容出现极少。书中偶然会撰述一些自然科学现象，而内容以瑰奇诡异者为主，大都无助于典籍器物名称的释疑，但也有部分内容可供解读。本节选择植物内容较多、描述较为详实的相关典籍，如《淮南子》《梦溪笔谈》等，列在表1。

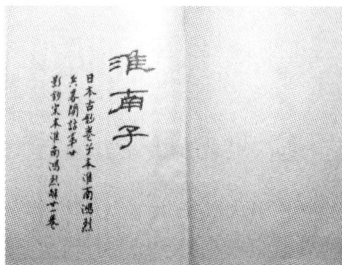

图1 成书于西汉的《淮南子》。

表1 历代与植物相关的经史典籍

书名	作者	出版朝代	成书年代	全书卷数	植物相关篇章
《淮南子》	刘安等	汉		21 卷	17 卷《说林训》
《汉书》	班固	汉		120 卷	《艺文志》
《艺文类聚》	欧阳询等	唐	624 年	100 卷 46 部	81~89 卷
《隋书》	长孙无忌等	唐	85 年		4 卷《经籍志》
《酉阳杂俎》	段成式	唐	860 年	前集 20 卷 后集 10 卷	前集卷 16~19 后集卷 9~10
《梦溪笔谈》	沈括	宋	约 1091 年	26 卷，补笔谈 3 卷，续笔谈 1 卷	卷 26《药议》 补笔谈卷 3《药议》

今存《淮南子》21篇（卷），成书于西汉，属于集体创作（图1）。博采诸子百家精华，解读道家学说及自然现象。其中第4篇《坠形训》将植物分为木、草、萍草3类，是早期人类对植物的分类认知；第17篇《说林训》叙述草木虫鱼，是与植物相关的篇章。唯本书对解读古典经文的植物名称帮助不大。

《艺文类聚》是唐高祖李渊下令编修的类书，由欧阳询领衔撰写。全书分 64 部 100 卷，其中 81 卷《药香草部上》植物 26 种；82 卷《草部下》植物 17 种；85 卷《百谷部》植物 9 种；86 卷《果部上》植物 11 种；87 卷《果部下》植物 26 种；88 卷《木部上》植物 6 种；89 卷《木部下》植物 35 种，为植物相关内容。每一种植物均引述以前出现的文献叙述，并引述诗、赋、文有关该植物的章句。植物名称的使用，基本上和《全唐诗》一致。

　　《梦溪笔谈》是宋人沈括所撰，成书约在宋哲宗元祐年代（约 1091 年）。全书 26 卷，外加《补笔谈》3 卷、《续笔谈》1 卷，总共 30 卷。本书是用传统笔记方式撰写，内容无所不包，除了社会生活的记载之外，也有自然科学的记录。作者所有自然科学专著的内容，可在本书一见端倪。植物学则出现在卷 26 的《药议》篇内，论述 20 种左右的植物药材，《补笔谈》卷 3 之《药议》篇也有药性分析。

　　《酉阳杂俎》前集 20 卷、后集 10 卷，为唐代段成式所撰的笔记小说（图 2）。内容记述古代中外的传说、神话故事、传奇，也详实记录了南北朝和唐代的史料，旁及风土习俗、中西文化和物产交流。前集卷 16 至卷 19 有《木篇》《草篇》，讲述各种植物的形态与特性。唐代许多关于波斯和拂林国（即东罗马帝国）的植物交流，在卷 18 中撰写得颇为详细，提供植物引进史极重要的材料。后集之卷 9，绝大多数是木本类；卷 10 木本、草本均具，唯仍以木本植物为多。

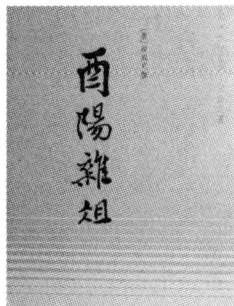

图 2 《酉阳杂俎》提供唐代植物引进的许多重要资料。

本书描述植物来源、典故、异趣之内容甚多，外来植物名称叙述详尽。因此，本书对解读唐代以后诗文中出现的原产外国的植物名称，以及辨别植物种类，均甚有助益。

第三节　类书

　　所谓"类书"，就是中国古代的百科全书。从前人的典籍文献中选录最具代表性的资料，分门别类汇编而成。中国自汉魏时代就有人开始编类书，经唐、宋至明、清而达到最盛。类书的内容因编辑目的而异，有的以小说为主，有的以诗文歌赋、历代君臣事迹、典章制度或鸟兽虫鱼植物为主要内容，更多的是综合以上内容编纂。这些类书让后来的学者能够轻易使用浩瀚的古代文献资料，居功厥伟。其中有植物篇章的历代类书，如表2。

表2 历代植物相关类书

书名	作者	成书朝代	成书年代	全书卷数	植物相关篇章
《尔雅》		战国时代至西汉		3卷19篇	第13卷《释草》《释木》
《编珠》	杜公瞻	隋	611	4卷14部	第4卷11部《菜蔬》12部《果实》
《初学记》	徐坚、张说等人	唐	728	30卷23部	卷27《草部》卷28《果木部》《木部》
《白氏六帖事类集》	白居易	唐	800	30卷23部	卷30
《释氏六帖》	义楚	五代	954	24卷50部	36部《草木果木部》
《太平广记》	李昉等	宋	978	500卷	
《太平御览》	李昉等	宋	984	1000卷	
《事类赋注》	吴淑	宋	993	30卷14部	11部《草木》12部《果》
《通志》	郑樵	宋	1161	200卷20部	昆虫草木略
《编纂渊海》	潘自牧	宋	1209	367卷	后集18~21部
《事文类聚》	祝穆	宋	1246	前集60卷后集50卷续集18卷别集32卷	后集5部《谷菜》6部《林木》8部《果实》9部《花卉》
《古今合璧事业备要》	谢维新	宋	1257	5集366卷	别集94卷9~14门
《永乐大典》	解缙等	明	1408	22937卷	
《唐类函》	俞安期	明	1603前	200卷45部	
《广博物志》	董斯张	明	1607前	50卷22目	20目《草木》
《三才圖会》	王圻、王思义	明	1607	106卷14门	13目《草木》
《各物类考》	耿隋朝	明	1610前	4卷15门	15门《草木》

书名	作者	成书朝代	成书年代	全书卷数	植物相关篇章
《宋稗类钞》	潘永因	清	1669 前	8 卷 59 门	57 门《草木》
《渊鉴类函》	张英、王士祯等	清	1710	450 卷 45 部	35~41 部
《格致镜原》	陈元龙	清		100 卷 30 类	21~26 类
《古今图书集成》	陈梦雷	清	1706	6 编 32 典 10000 卷 6109 部	草木典共 700 部 320 卷
《类纂精华》	高大爵等	清	1758 前	30 卷 20 类	15-16 类
《事物异名录》	厉荃原	清	1776 前	40 卷 39 部	24，32-36 部
《事类赋统编》	黄葆真	清	1846 前	93 卷 37 部	29-32 部
《花木鸟类集类》	吴宝芝	清		3 卷 110 目	
《清稗类钞》	徐珂	民国	1917	92 类	第 87 类《植物》
《尔雅注疏》	郭璞	晋		11 卷	卷 8，卷 9
《尔雅翼》	罗愿	宋	1124	32 卷	卷 1~8《释草》 卷 9~12《释木》
《广雅》	张揖	魏		10 卷	卷 10《释草、释木》
《埤雅》	路佃	宋	约 1125	20 卷	卷 13~14《释木》 卷 15~18《释草》

《尔雅》的成书时间大约是战国时代至西汉，是一部专门解释古代词语的著作。全书 19 卷，其中卷 13《释草》，阐释 220 种植物的 453 种名称；卷 14《释木》说明 92 种植物的 172 种名称。《尔雅》本身的文字也艰深难懂，后世有许多学者又针对《尔雅》的内容加以注解，其中有晋代郭璞的《尔雅注疏》传世。其后，还有沿用"雅"或"尔雅"体例的类书问世，例如三国魏代张揖的《广雅》（图 3），

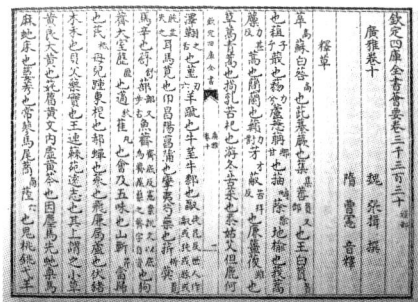

图 3 《广雅》卷十的《释草》。

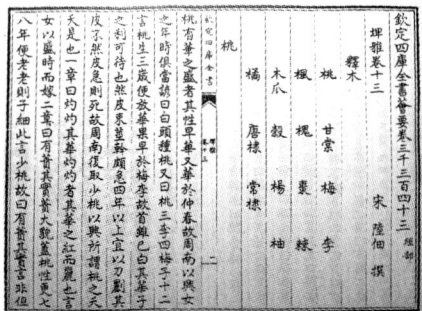

图 4　成书于北宋年间的《埤雅》。

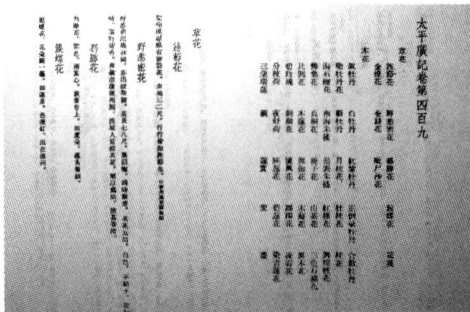

图 5　奉宋太宗意旨编纂撰写的《太平广记》，因书成于太平兴国年间而命名。

就是增广《尔雅》内容的一本书。由于内容还是艰深难懂，传抄后乖误极多。清代王念孙的《广雅疏证》，解释并校正《广雅》的内容文字。另外，还有两本和《尔雅》相关的书：一是成书于北宋年间，由陆佃所撰的《埤雅》，共 20 卷，其中卷 13、卷 14《释木》及卷 15《释草》，为阐释植物的篇章（图 4）。另一本是成书于南宋年间（1174 年）、由徽州博物学家罗愿所撰的《尔雅翼》，共 32 卷。作者自称动植物类纷杂，该书以《尔雅》为资"，才能使动植物部分的内容更加充实；换句话说，《尔雅翼》也渊源于《尔雅》。本书卷 1 至卷 8 为《释草》，卷 9 至卷 12 为《释木》。

《初学记》是唐玄宗敕令徐坚、张说等人撰写，成书于唐开元十六年（728年），是玄宗诸子赋诗作文时寻检事类所用，用者为"初学者"，故名。全书 30 卷 20 部，体例大致与诸类书相同。第 28 卷《果木部》载录竹、木、果树共 17 类，每类（种）均引古书记载、古事、文句辞藻或诗文。所引文献多已失传，可作为校勘今本古书的依据。

宋代以后，开始编纂大部头类书。《太平广记》即其中之一，由宋太宗敕令李昉等 13 人编辑，于公元 978 年成书。全书 500 卷，志怪小说是其大宗（图 5）。植物类在第 409 卷至 417 卷，载录各植物的形态特征或特殊传说志怪，是近代撰写植物解说内容的极佳参考资料。宋代另外一部类书《太平御览》的篇幅更大，是辑录宋代以前的类书及相关文献，专供皇帝阅览的综合性大型类书。仍由李昉领衔编撰，共 14 人执笔，于 984 年成书。全书 1000 卷，分 55 部 5363 类，近 500 万字。和植物相关的内容有第 837

卷至 842 卷之《百谷部》、第 952 卷至 961 卷之《木部》、第 962 卷至 963 卷之《竹部》、第 964 卷至 975 卷之《果部》、第 976 卷至 980 卷之《菜部》、第 981 卷至 983 卷之《香部》、第 984 卷至 993 卷之《药部》，以及第 994 卷至 1000 卷之《百卉部》。每一种植物均引述经史百家之言，所引五代以前的文献、古籍，大都已经佚失，是一部极具参考价值的类书。

　　另外一部大型类书，是明成祖下令编纂的《永乐大典》，全书 22937 卷，是古代最大的一部综合性类书，由翰林学士解缙、姚广孝等领衔编修，参与编写者 2169 人，于永乐六年（1408 年）才正式成书。《永乐大典》多次遭遇厄劫，今存不到八百卷。

　　《三才图会》由明代王圻与其子王思义所编纂，明万历三十五年（1607 年）成书刊行。全书 106 卷，分 14 门，草木为其中一门。每门之下分卷，条记事物，并附图解说，是研究古代典制不可或缺的文献。后人赞扬本书云："明代类书之作繁多，然图文并茂者，仅王圻父子之《三才图会》及章潢之《图书编》二书。"本书草木分成 12 卷，每种植物均述明生长环境、植物形态、用途等。最重要的是本书每种植物均有附图，利于查证鉴定（图 6）。

图 6　明万历年间刊行的《三才图会》。

　　清代的类书更完备，而且大都是集前人之大成。张英、王士祯等人，奉康熙皇帝敕命撰写的《渊鉴类函》，成书于康熙四十九年（1710 年），全书 450 卷，分 45 部。植物类从第 394 卷开始：第 394 卷至 395 卷为《五谷部》，第 396 卷至 397 卷为《药部》，第 398 卷为《菜蔬部》，第 399 卷至 404 卷为《果部》，第 405 卷至 407 卷为《花部》，第 408 卷至 411 卷为《草部》，第 412 卷至 417 卷为《木部》。每一种植物皆引前人叙述、诗文典故及用途等。

　　《古今图书集成》原名《古今图书汇编》，是陈梦雷等人奉康熙皇帝之令编写，康熙四十五年（1706 年）完成初稿，于 1726 年内府铜活字印刷。全书 10000 卷，分 6 编、32 典、6109 部。植物类隶属在博物汇编的《草木典》

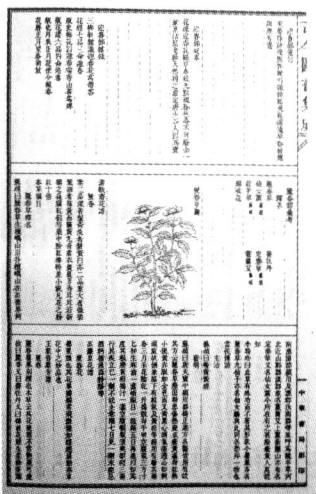

图7 成书于清康熙年间的《古今图书集成》是中国现存最大的综合性类书。

内，共 320 卷，包括草部、木部、花部、果部、药部、谷部、蔬部等。各类植物均分成汇考、艺文部分，分卷或分段叙述，大部分植物都有精美绘图（图7）。本书是中国现存最大的综合性类书，至今仍是重要的工具书。

第四节　历代农书

农书专门论述农业生产技术，着重在经济植物的栽培方法，比较少论及植物形态及生态。中国在战国时代就有农书，汉代以后农书渐多，但大都已散失或失传。流传至今且植物内容较多的历代农书如表3。

表3　历代植物相关农书

书名	作者	出版朝代	出版年代	全书卷数	植物相关篇章
《齐民要术》	贾思勰	后魏	500	10卷92目（92篇）	卷2至卷5
《王桢农书》	王桢	元	1313	22卷37集370目	第2部分
《农政全书》	徐光启	明	1633	60卷12门	6门《树艺》 8门《蚕桑广类》 9门《种植》
《授时通考》	鄂尔泰等	清	1742	8门78卷	7门《农余》 8门《蚕桑》
《四时纂要》	韩鄂	唐末五代	720	698条	共245条
《陈旉农书》	陈旉	南宋	1149	3卷22篇 （上卷14篇 中卷3篇 下卷5篇）	下卷 蚕桑
《农桑辑要》	畅师文 孟祺	元	1273	7卷	4目《栽桑》 6目《瓜菜》 7目《果实》 8目《竹木》 9目《药草》

书名	作者	出版朝代	出版年代	全书卷数	植物相关篇章
《天工开物》	宋应星	明	1637	18 篇	卷 1 至卷 4、卷 6
《三农记》	张宗法	清	1760	24 卷（或 10 卷）	卷 7 至卷 18
《马首农言》	祁寯藻	清	1836	14 篇	篇 2《种植》
《种树书》	俞贞木	明	明初	两部 7 节	分木、桑、竹、果、穀麦、茶、花 7 节

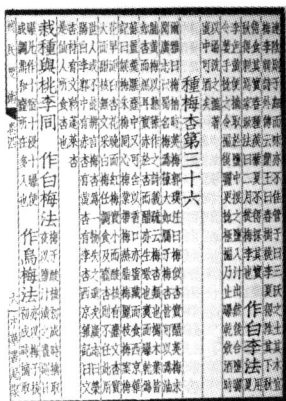

图 8 北魏的《齐民要术》是世界最早的农学著作之一。

·《齐民要术》：记载北魏以前，黄河流域的农、林、渔、牧，和农牧副产品加工技术的综合性农业巨著，也是世界最早的农学著作之一（图 8）。作者贾思勰亲自到野地调查，行踪遍及整个华北地区，还引用 150 余种著作，所撰《齐民要术》成为古书中最具科学性的农书。全书共有 10 卷 92 篇（目）：卷 1 有 13 篇，为耕作及栽种作物的总论。卷 2 有 13 篇论及谷物，卷 3 为 14 篇的蔬菜之栽种、收成及保存、加工法。卷 4 为果树，共有 14 篇，为 15 种果树之经营、加工法。卷 5 则为造林木、染料植物之栽种、管理、收获法，共 11 篇 20 种经济作物。卷 6 至卷 9 分别为家畜、家禽养殖法、造面及酿酒、制酱作药等食品储藏加工法，共 36 篇。卷 10 则论当时北魏以外的南方物产，如稻、甘蔗、豆蔻、龙眼、荔枝、槟榔等。

·《四时纂要》：晚唐宰相韩鄂所著，也是中国最早的农书之一。原书早已散逸，明万历十八年（1590 年）的朝鲜重刻本，于 1961 年由日本山本书店影印出版。全书共 698 条，分四时按月记载各项农事，其中占候、择吉等事几占一半。农业生产的事项占 245 条，其中与植物相关的内容，是记述各种谷物、蔬菜、树木、本草、油料、纤维植物等适当的栽植季节，从正月排到十二月。主要是农业生产技术和农产品加工法，也记录了不少药用植物种类，是研究唐代植物文化不可缺少的文献。

·《陈旉农书》：宋代是轻视农业的时代，士大夫大都不懂农桑，社会上忽视农桑的风气特别普遍。陈旉经长期的躬耕力行、实地考察,写成《陈旉农书》。全书分上、中、下3卷:上卷14篇,其中约有1/6讲述水稻栽培技术;中卷3篇,说的是畜牧及兽医;下卷5篇,撰述采桑养蚕的知识技术,说到养蚕饲料不只论及桑,还有论及柘树。

·《农桑辑要》:元代官纂的综合性农书,由专管农桑、水利的"大司农"主持编写,元世祖至元十年(1273年)完成初稿。全书主要叙述中国北方的农桑技术,以黄河流域的旱地农业为主体,兼及南方农业生产技术,作为朝臣及辅道农业生产官员的指导用书。全书分7卷,卷1为《典训》,即

图9 《农桑辑要》是元代官纂的综合性农书,此为后人校注本。

总论;卷2为《耕垦》,下有两篇。《耕垦》是说明耕地的整理技术,以及播种谷类的原则。《播种》篇下载录"九谷"的不同品种,以及类似种(近缘种)的品类和播种法、播种季节等,如大小麦附有青稞,黍附穄、稗等。除"九谷"之外,尚增加有豌豆、荞麦、胡麻、苎麻、棉花等新作物。卷3、卷4论《栽桑》及《养蚕》。卷5载《瓜菜》及《果实》,《瓜菜》述及的蔬菜、瓜类共有30种,另附3种次要蔬菜栽培法;《果实》共描述梨等20种作物的栽培、嫁接、管理法。卷6是《竹木》及《药草》,《竹木》篇描述22种以上的造林树种及竹、蕈类之造林、抚育法;《药草》篇说明26种常用药材的栽培法。卷7为《孳畜》《禽鱼》,言牛、羊、猪、禽、鱼等饲育法(图9)。

·《王祯农书》:继《齐民要术》之后,中国的第2本大型综合性农书,作者为元代的王祯。成书于1300~1313年间,全书分3大部分,共22卷。第1部分:"农桑通诀",属农业说论;第2部分:"百谷谱",分成谷、蓏、蔬、果、竹木、杂类、饮食7类,分别介绍各作物的起源、栽培、利用等方法技术;第3部分:"农器图谱",绘制当时的农具图270余幅。本书是研究古代农业文化及植物品种的重要文献。

·《种树书》:明代成书,作者俞贞木。该书叙述十二个月的种植树木

事宜，并记载五谷、桑、蔬果、花木的栽培方法。其中嫁接的技术很多。

• 《农政全书》：明代徐光启所撰。作者披阅大量典籍，并"躬执耒耜之器，亲尝草木之味""随时采集，兼之访问"所完成的一本巨著，是中国农业科技史及农业经济史上最重要的文献。全书60卷，分成12门（农本、四制、农事、水利、农器、树艺、蚕桑、蚕桑广类、种植、收养、制造、荒政），每门之下又分若干细目。其中卷1至卷24，记述的是农政、田制、农事、气象、水利及农具等。农事中的"授时"篇，列述不同季节、月份、播种、栽种、收藏的作物种类，有如一本"作物月令"或"作物栽种时节百科全书"。25卷开始描述经济作物的栽培法和抚育、经营法。25卷是禾本科谷类，26卷是非禾本科谷类（大部分是豆类），27卷是蔬用瓜果及地下根茎类蔬菜，28卷是叶用蔬菜，29卷及30卷是水果类。31~34卷为养蚕及栽桑法。35~37卷为纤维作物，38卷讲造林木，39~40卷特用作物。41卷牲畜家禽。43~60卷讨论农政，并收辑473种救荒植物，每种植物均附有图谱（图10）。本书最大的特点，不只是植物附图，连前面所言之水利、农具都富有详实的手绘图。全书的目的不只是记录传授农业生产技术，也是一套科学的农业发展企画。

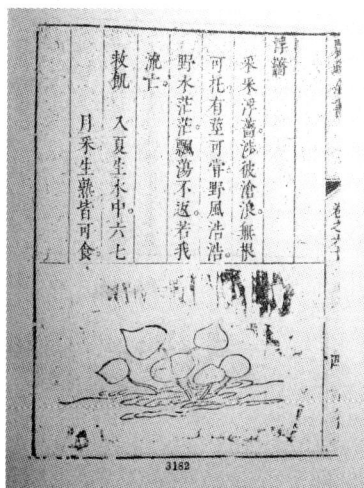

图10 明代徐光启所撰的《农政全书》，全书附有精美的手绘图。

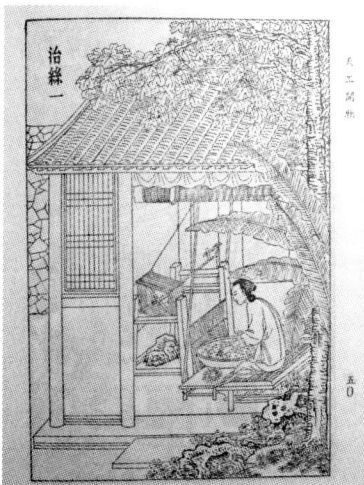

图11 初刊于明崇祯十年的《天工开物》，是一本科学技术专著。

• 《天工开物》：明代宋应星撰，专门讲述明代及以前的农业生产技术，可说是一本科学技术专著（图11），初刊于明崇祯十年（1637年）。全书分成18卷，其中卷 1《乃粒》，描述谷物的栽培，说明稻在明代的产量"居什七"，为最大的谷物产量。稻田用胡麻、萝卜、芸苔、油桐、樟、乌桕、棉之种子渣施肥。在豆类项下，也详列大豆之外的豌豆、蚕豆、赤小豆、稆豆、扁豆、豇豆、虎斑豆、刀豆等品种及种类，可供后世研究蔬菜品种历史之依据。卷 2《乃服》描述纺织用纤维类动植物，除了蚕丝之外，明代棉织品已经很发达。纤维植物另有苎麻、茼麻、蕉麻等。卷 3《彰施》讲述染料作物和染色技术，染料作物红色用红花，紫色用紫苏，黄色用黄檗、芦木，绿色用槐花等，说明植物在中国文化及文学演进过程中所扮演的角色。其他各卷对于制盐、冶铸、五金、锤锻等过程中所用的材料也多有阐释。

·《授时通考》：是清代官修的全国性大型综合性农书，也是最后一部传统形式的农书。参加编写及校对的人数共 40 人，历时 5 年，于乾隆七年（1742 年）写成。全书分为 8 门 66 目（专题），共 78 卷。讲到谷类的有 11 目 12 卷属谷种门，辑录历代文献中有关粮食、豆类作物的品种名称和释名，对后世研究中国植物文学的演变帮助很大。农余门介绍果蔬、经济林木。蚕桑门除辑录桑树品种外，还包括棉、麻、菊、蕉等纤维植物。本书最大的价值，在于搜集、罗列历代各项主题的文献，提供后人极大的研究方便性。

·《三农记》：撰者是四川人张宗法，成书于清乾隆年间。全书 24 卷，其中卷 7，讲述乾隆时期食用的谷物 29 类（包括种及品种）。卷 8 及卷 9，共描述 44 种菜蔬，种类和品系都已和现代相似。卷 10 为水果类，除说明栽培、管理法之外，并叙述三十种果树或瓜果。卷 11 至卷 18 讲述各类经济作物，如染料、油料、造林树种、建筑用植物、本草等共 86 种。最可贵之处是每种植物均叙述有形态特征，已接近现代植物学的种类描述。虽说该书主要是描述四川一带的农业生产，但品类已和全中国相差无几，也是一本极具参考、引用价值的农书。

·《马首农言》：清代祁寯藻撰，成书于道光十六年（1836 年）。写的是山西一带的农业生产技术，可代表清代黄河流域的农业生产历史。全书有气候、种植、农器、农谚、占验、方言、五谷病、粮价物价、水利、畜牧、备荒、祠祀、织事、杂说等。其中的《种植》篇占全书篇幅最大，记载了当时当地的作物品种及辨别法、名称等，并记录各物产的产量等。

·农书今注：以现代科学知识解读古代农业典籍，谓之"农书今注"。这必须有良好的科学训练、扎实的古文基础，同时具备植物学、植物分类学、中国历史及地理、农业史、生物史等知识，才有可能完成。近人对古代农书的译注，对有争论或有疑问的植物名称会加以考证，并指出现代名、拉丁学名及所属科别。今注的农书，有时比原书更优越，如《水经江水注》，近年来有些"农书今注"就显现较原书更科学、更具学术价值。目前已完成的"农书今注"中，以农史学家缪启愉的成就最高，所著《齐民要术译注》《东鲁王氏农书译注》（即《王桢农书译注》）《四时纂要校释》（图12）《元刻农桑辑要校释》等，不但用力极勤、文笔流畅，且考证严谨、叙述详实。最重要的是这些著作内容合乎学术要求的逻辑性，具有很高的科学性质。其他类似的著作，尚有《三农记校释》《天工开物导读》等（表4）。

图 12 农史学家缪启愉校注的《四时纂要校释》。

表4　近代的农书译注

书名	作者	出版年代	出版者
《齐民要术译注》	缪启愉、缪桂龙	2009	上海古籍出版社
《东鲁王氏农书译注》	缪启愉、缪桂龙	2008	上海古籍出版社
《四时纂要校释》	缪启愉	1981	农业出版社
《元刻农桑辑要校释》	缪启愉	1988	农业出版社
《天工开物导读》	刘君灿	1987	台北金枫出版社
《三农记校释》	邹介正等	1989	农业出版社

第五节　古代植物学专著

不同于农书的性质，所谓"植物学专著"着重在描述植物形态及生态特征，以及品种变异、用途等。植物的生产技术、经济价值、栽培方法等，比较少论及，或者仅列为附属内容。从晋代的《南方草本状》，到清代的《植物名实图考》和《植物名实图考长编》等，各代均有代表著作（表5）。

表5　历代植物专著

书名	作者	出版朝代	出版年代	全书卷数	内容概要
《南方草木状》	嵇含	晋	304	3卷	植物80种
《平泉山居草木记》	李德裕	唐			
《洛阳花木记》	周师厚	宋	1082		牡丹品种109个 芍药品种41个 其他花卉285种
《全芳备祖》	陈景沂	宋	1253	85卷（前集27卷，后集31卷）	花卉果木258种
《救荒本草》	朱橚	明	1406	4卷	植物414种
《学圃杂疏》	高濂	明	1591		
《群芳谱》	王象晋	明	1621	30卷	
《野菜传录》	鲍山	明	1622	3卷	草木共438种
《花镜》	陈淏子	清	1688	6卷	
《广群芳谱》	汪灏等	清	1708	100卷	植物1323种以上
《植物名实图考》	吴其濬	清	1848	38卷	植物1714种
《植物名实图考长编》	吴其濬	清	1848	22卷	植物838种

·《南方草本状》：晋代嵇含著，公元304年成书。全书3卷，收录植物80种，包括草类29种、木类28种、果类17种、竹类6种，都是当时岭南地区所见的热带和亚热带植物。每种植物都介绍形态、生态、用途及有关的历史掌故，是研究古代植物利用历史和引进历史的最古文献之一。

·《洛阳花木记》：宋代周师厚所撰，成书于1082年。书中列举牡丹

109个品种、芍药41个品种、杂花82种、果花147种、刺花31种、水花19种、蔓花6种。每个花种或品种之后，皆记述接花法、栽花法。本书有植物学专书的架构，但内容亦包含农业技术，因此也是一本着重讲述花卉的农书。

•《全芳备祖》：南宋陈景沂著（图13），成书于宋理宗年间（1253年）。全书分前、后集，共85卷，记述296种植物，每种植物均收辑植物名号、产地、生态。另有"纪要"，记述该植物的相关典故，也有咏颂该植物的诗赋文句，收集各体诗歌、词句。所有条文，都引述前人文献，偶尔记述作者本人意见。很多所引用的原书已经佚失，赖本书得以保存。所有南宋以前诗人引述植物的篇章，都可在本书寻得。

图13 《全芳备祖》南宋陈景沂著，所有南宋以前诗人所引述植物的篇章，都可在本书寻得。

•《救荒本草》：中国第一部以救荒为宗旨所编辑的可食野生植物图谱。为了便利民众鉴定并采食正确植物，每种植物都有形态描述及手绘图，是一本标准的植物学专书。本书系明太祖朱元璋的第5子朱橚所著，收载植物414种，分成5部：草部245种、木部80种、米谷部20种、果部23种、菜部46种。各部均依叶、根、实、笋、花、茎等可食部分分别叙述。

•《遵生八栈》：明代高濂撰写，所记植物28种，有形态和栽培法的描述，并记述盆栽花木22种。

•《群芳谱》：明代王象晋编写，初刻于明天启元年（1621年）。全书30卷，内容有"谷谱"18种谷物、"蔬谱"51种蔬菜、"竹谱"19种竹类、"果谱"42种瓜果、"药谱"3种植物本草、"木谱"24种树木、"花谱"46种木本及草本花类、"卉谱"38种观赏用草类。另有"茶谱""桑麻葛谱"等。记载植物达400多种，每种植物的撰写体例，系沿袭《全芳备祖》，汇集明代以前中国农艺和植物学的重要成就，考订其他农书混淆的作物名称。每种植物都有别名、品种形态特征、生长环境、种植记述和用途，并摘引历史典故、诗词、艺文等。

·《花镜》：清代陈淏子撰，成书于1688年，详细介绍352种植物的栽培技术。全书分成6卷：卷1《栽花月历》，说明植物各月物候；卷2《课花十八法》，为植物栽培总论；卷3《花木类考》、卷4《藤蔓类考》、卷5《花草类考》，为植物各论，叙述每种植物的生长习性、形态特征、产地、花期、用途等。卷6为"禽兽鳞虫类考"。

·《野菜博录》：明代鲍山编，继承《救荒本草》等历代野生蔬菜专书著作，内容更详实。全书共载录野生可食植物438种，分成3卷：卷1《草部》，记载叶可食植物140种；卷2《草部》，记录叶可食植物76种，茎可食植物3种，茎叶可食植物2种，根可食植物28种，实可食植物24种，叶实可食植物14种，根实可食植物3种；卷3《木部》叶可食植物59种，花可食植物5种，实可食植物25种，花叶可食植物3种，叶实可食植物19种，花叶可食植物5种，叶皮可食植物3种；另补录3种。每种植物均有形态描述、食法解说及附图。

·《广群芳谱》：系汪灏等人于清康熙四十七年（1708年）奉皇命增删、修改《群芳谱》而成。全书100卷，卷1至卷6为《天食谱》，纂录历代植物月令相关记载；其余各卷分成《谷谱》《桑麻谱》《蔬谱》《茶谱》《花谱》《果谱》《木谱》《竹谱》《卉谱》《药谱》等。其中《桑麻谱》占2卷，最少；《花谱》32卷，最多；其余各谱4卷至14卷不等。和《群芳谱》比较，本书内容较严谨完善，取材也较为丰富，大量增加典故诗文，并删除《群芳谱》之《鹤鱼谱》。全书植物1323类，其中有些重复，如桃、李、梅等先列在《花谱》，后面的《果谱》又出现，更多种类下又附有不同品种或相关种类，实际植物种类不止1323种。

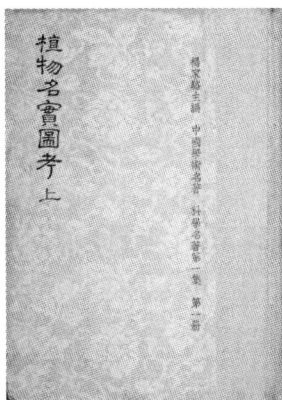

·《植物名实图考》：清代吴其濬著，道光二十八年（1848年）刻印，成书年代应在1840年左右（图14）。全书38卷，分成谷、蔬、山草、阳草、石草、水草、蔓草、芳草、毒草、群芳、果、木12大类，载录植物1714种，图1800多幅。

图14 成书于清道光年间的《植物名实图考》，着重在考核植物名实。

316

本书着重考核植物名实，对中国历来文献所载的植物名称详加考证，是研究中国文学植物或其他植物历史最重要的书籍。所列植物大都是作者亲自采集、察访的结果，记录植物的形态特征、性味、生态环境、用途等，多数植物附有图谱。

·《植物名实图考长编》：同样是吴其濬所撰，和前书同时刻印。但每种植物的叙述，系辑录自古以来各文献对该植物的记载和评述，保存许多古代植物文献的内容。因此，每种植物的内容均远多于《植物名实图考》同种植物。全书22卷，载录植物838种，比前书少，且无附图，但每种植物的篇幅都远较前者多。

第六节　近代植物辞书

以现代植物学的科学性叙述（即每种植物附有学名、索引、科别）的工具用书，主要是辞典。包括古今名称对照，能使用在古典文学作品中植物名称的查阅，以及今名和植物性状叙述者，都是本节所言的近代植物辞书（表6）。

表6　近代植物学辞典简述

书名	编著者	出版年	出版社
《中国蕨类植物和种子植物名称总汇》	马其云	2003	青岛出版社
《植物古汉名考》	高明干	2006	大象出版社
《本草名考》	赵存义、赵春塘	2000	中国古籍出版社
《本草药名汇考》	程超寰、杜汉阳	2004	上海古籍出版社
《常用中药名与别名手册》	谢宗万等	2001	人民卫生出版社
《中草药异名辞典》	李衍文等	2004	人民卫生出版社
《事物异名分类辞典》	郑恢等	2003	黑龙江人民出版社

·《中国蕨类植物和种子植物名称总汇》：用力很勤、篇幅很大的现代植物辞典（图15）。每一种植物古称均有现代名称及植物学名对应，方便读者找寻诗文引述植物的现代名称，是目前内容最详实，且内容范围最广

泛的植物辞书。

·《植物古汉名考》：专为考订植物古代名称的一本书，共收载植物古名称 4394 个，并标注现代的名称及植物拉丁名称。每种植物的形态、产地均有介绍，全书附有 789 幅手绘图。

·《本草名考》：历代本草同物异名，不同时代药名不一的情况很多，造成使用者的不便。《本草名考》原是考核历代本草药名，证之以经、史，并核以实物，对于查对古植物名称有参考价值。全书选取常用中药 405 种，其中植物占 342 种。每种均列有异名，最特殊之处在于每种药物都有名称来源的相关考证、引述的重要典籍等。

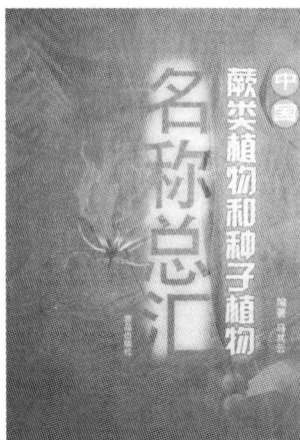

图 15 《中国蕨类植物和种子植物名称总汇》内容详实、广泛。

·《本草药名汇考》：主要编写目的和上书相同，专为鉴定正确的商品药材而作。共载录 967 种药材，以植物药材占多数。每种药材均有"释名考订"，罗列历代名称，并附有近代植物学名。

·《常用中药名与别名手册》：编写形式也是以鉴识中药材名称为目的。全书共有 706 种药材，每种药均有现代学名，以及历代出现的本草、药书、植物书籍名称及药材名。有些分布较广的种类还附有地方名，对研究历代植物名称及同物异名可提供重要参据。

·《中草药异名辞典》：以提供查对本草的药材名称为主。每一种药材均给予现代中名及学名，方便研究者查考。全书按中文简体字笔画简繁排列，也可以从学名查对中文名称。

·《事物异名分类辞典》：分天文气象、时令、地理等 38 类，每类自成一部，其中与植物相关的事物有：竹木、百花、百草、果实、农作物、瓜菜 6 部。植物部分，每种归类会列出相关古籍及植物别名。

第二十章　文学植物与植物引进史

第一节　史前时代（　～公元前 207 年）

　　远古时代，交通不发达，不同地区的人交流极为困难，各类物资传播的进度缓慢，经济植物的交换流动，仅限于特定的区域内。高山海洋相互阻隔的地区，物质的交流、植物的远距离移动，即使偶有发生，也应是极其困难的。《诗经》时代之前很长一段时间，人类艰辛地进行物质交流，有些植物经由贸易或其他无意的活动，陆续从远离中国的印度、波斯，甚或北非被引进中国。但由于文献缺乏，很难得知在史前时代，这些外来植物引进中国的确切年代。《诗经》是目前最早的中国文学作品，也是据以推定史前时代已经引进中国的植物种类的最可靠文献之一。另外的文献则是稍后于《诗经》的《楚辞》。

　　由表 1 可知，《诗经》中已有载录的外来植物有榅桲（古称木李）、苍耳等。国人耳熟能详的萝卜（图 1），原产地在欧洲，和芜菁一样是《诗经》时代至今仍在大量栽培的著名经济植物。《邶风·谷风》提到的"采葑采菲，无以下体"，"菲"指的是萝卜，"葑"是芜菁（图 2）。普遍栽种的匏瓜（图 3），原产地在北非，后来传布到印度，《诗经》《楚辞》均有多

图 1　《诗经》已载录有萝卜，足见引进中国的历史悠久。

图 2　芜菁非中国原产，在史前即引入中国。

图3 瓠瓜原产地在北非，经印度传到
中国。

图4 红花。

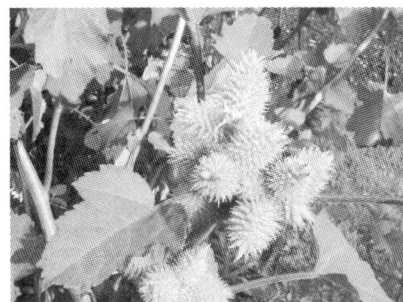

图5 苍耳果实具倒钩刺，随羊毛贸易
进入中国，因此有"羊带来"别称。

篇记载，也可得知引进中国年代已很久远。小麦、大麦是全世界人类主要的粮食作物，原产地尚有争论，也因为《诗经》《楚辞》的引述，确知远古时即已大量引种在中国各地。

甘蔗原产亚洲热带地区，《楚辞·招魂》"胹鳖炮羔，有柘浆些"句，是甘蔗最早出现的文献，句中的"柘"即甘蔗。红花原产西亚或埃及，《楚辞·九叹·惜贤》"搴薜荔于山野兮，采撚支于中洲"提到的"撚支"即为胭脂，所指的就是红花（图4），说明两者早被引进中国。其他在史前时代即已引进中国，且出现在《诗经》《楚辞》中的外来植物，尚有锦葵、郁金、柚、大蒜等（表1、表2）。这段时期引进的植物大部分是人类赖以存活的谷类、蔬菜、水果植物，少部分染料或药用植物，如红花、郁金。但均与食品有关，唯一的例外是苍耳。苍耳的果实布满倒钩刺，常黏附在动物毛皮上借以传布（图5）；果实随着羊毛贸易无意中进入中国，故有"羊带来"别称。

表1 《诗经》中的外来植物

植物名	学名	科别	原产地	引述篇章及名称
榠楂	Cydonia oblonga Mill.	蔷薇科	中亚细亚、波斯	《卫风·木瓜》："木李"
苍耳	Xanthium strumarium L.	菊科	欧洲	《周南·卷耳》："卷耳"
匏	Lagenaria siceraria (Molina) Standly	葫芦科	印度、非洲	《邶风·匏有苦叶》："匏" 《卫风·硕人》："匏" 《豳风·七月》："壶" 《小雅·南有嘉鱼》："瓠" 《小雅·信南山》："庐" 《小雅·瓠叶》："瓠" 《大雅·公刘》："匏"
芜菁	Brassica rapa L.	十字花科	地中海沿岸至阿富汗、外高加索	《邶风·谷风》："葑" 《唐风·采苓》："葑" 《鄘风·桑中》："葑"
萝卜	Raphanus sativus L.	十字花科	欧洲、亚洲温暖海岸	《邶风·谷风》："菲"
锦葵	Malva sinensis Cavan.	锦葵科	印度、欧洲	《陈风·东门之枌》："荍"
小麦	Triticum aestivum L.	禾本科	中亚	《魏风·硕鼠》："麦" 《鄘风·桑中》："麦" 《王风·丘中有麻》："麦" 《豳风·七月》："麦" 《大雅·生民》："麦" 《周颂·思文》："来" 《周颂·臣工》："来" 《鲁颂·閟宫》："麦"
大麦	Hordeum vulgare L.	禾本科	小亚细亚、中东、北非	《周颂·思文》："牟" 《周颂·臣工》："牟"
郁金	Curcuma domestica Valet.	姜科	热带亚洲	《大雅·江汉》："鬯"

表2 《楚辞》中新出现的外来植物

植物名	学名	科别	原产地	引述篇章及名称
柚	Citris grandis (L.) Osbeck	芸香科	热带亚洲	《七谏·自悲》："柚" 《七谏·初放》："柚"
大蒜	Allium sativum L.	百合科	亚洲西部、欧洲	《离骚》："胡"
甘蔗	Saccharum sinensis Roxb.	禾本科	热带亚洲	《招魂》："柘"
红花	Carthamus tinctorius L.	菊科	西亚或埃及	《九叹·惜贤》："撚支"

第二节　汉代（公元前 207 ～公元 220 年）

汉代开始，可以征信的植物引进文献逐渐增多。《史记》记载张骞通西域，带回葡萄、胡桃（图 6）、石榴（图 7）、苜蓿等植物种子。这是植物引种最直接也最详实的文献记录。当代的文学作品也适切地反映出来，如东汉蔡邕的《翠鸟诗》、张衡的《南都赋》等，均已出现石榴记载；葡萄、苜蓿亦在多首汉赋、汉诗中出现（表 3）。

表 3　《全汉赋》汉诗新出现的外来植物

植物名	学名	科别	原产地	引述篇章及名称
石榴	Punica granatum L.	安石榴科	伊朗、阿富汗	蔡邕《翠鸟诗》："若榴" 张衡《南都赋》："若留"
椰子	Nucifera coco L.	棕榈科	东南亚	司马相如《上林赋》："胥邪" 扬雄《蜀都赋》："丫"
槟榔	Areca catechu L.	棕榈科	马来半岛	司马相如《上林赋》："仁频"
葡萄	Vitis vinifera L.	葡萄科	里海、黑海、地中海沿岸	司马相如《上林赋》："蒲陶" 李尤《德阳殿赋》："葡萄" 张衡《七辩》："蒲陶" 王逸《荔枝赋》："蒲桃" 张紘《瑰材枕赋》："蒲陶"
蒌藤（蒟藤）	Piper betle L.	胡椒科	印度	扬雄《蜀都赋》："蒟酱" 桓麟《七说》："蒟"
蜀葵	Althaea rosea (Linn.) Cavan	锦葵科	西亚	张衡《西京赋》："戎葵"
茄	Solanum melongena L.	茄科	东南亚	扬雄《蜀都赋》："伽"
芋	Colocasia esculenta (L.) Schott	天南星科	亚洲南部热带雨林	扬雄《蜀都赋》："芋" 李尤《七款》："芋" 张衡《南都赋》："芋" 汉诗·无名氏《汝南鸿隙陂童谣》："芋"
苜蓿	Medicago sativa L.	蝶形花科	欧洲	汉诗《乐府古辞·蛱蝶行》："苜蓿"

很多植物虽然未出现在正式的历史或产业文献中，但汉赋、汉诗中却有引述，显示这类植物已在汉代或汉代之前就已引进中国，并且已普遍栽植。这类植物如椰子，出现在司马相如的《上林赋》："于是乎……留落胥邪。"扬雄的《蜀都赋》："蜀都之地……丫信楈丛。""胥邪""丫"指的都是椰子。《上林赋》还提到槟榔："留落胥邪，仁频并间。""仁频"就是槟榔。蒌藤（荖藤）是与槟榔果实共食的植物，理应和槟榔同时引入中国，扬雄《蜀都赋》："木艾椒篱，蒟酱酴清。"桓麟《七说》："调胲和粉，揉以橙蒟。"所言的"蒟酱"和"蒟"都是蒌藤（荖藤），说明蒌藤和槟榔在汉代同样普遍。

茄（图 8）近代的文献普遍认为，以西晋嵇含所撰的《南方草木状》出现最早，但扬雄《蜀都赋》中有"盛冬育笋，旧菜增伽（茄）"句，说明在汉代茄已经是菜蔬了。茄子引进中国的时间，可据此自晋向前推至汉代以前。

芋原产热带亚洲，有农业之前就被当成粮食使用。引进华南的时期应比实际文献载录的时间更早。汉赋多次提到"芋"，如扬雄的《蜀都赋》："其浅湿则生苍葭蒋蒲，藿芋青苹。"张衡的《南都赋》："若其园圃，则有蓼蕺蘘荷，薯蔗姜𦬼，菥蓂芋瓜。"汉诗亦有多首诗提及芋。可见至少在汉代，芋已经大量栽培。

图 6　胡桃。

图 7　张骞通西域时，带回的石榴。

图 8　茄子在汉代已供为菜蔬，引进时间应在汉以前。

第三节 三国、魏晋南北朝（公元 220 ～ 618 年）

东汉末年一直到唐朝统一天下，内乱频仍、军务倥偬，政治处于极不稳定的状态，前后几达四百年，此时新引进的物种文献记载没有太多。这段时期流传下来的诗篇，出现植物种类列于表4。诗赋记述的新引进植物名称，有鸡舌丁香、沉香、苏合香、菩提树、葱、姜、西瓜、甜菜（莙蓬菜）、豆蔻等。其中沉香、苏合香是原产南洋的香木及香油，应以木制成品或香油方式引进中国，供特殊人士使用，应该未在中国栽培。豆蔻原产南洋，可能云南亦产，虽非严格的引进植物，但当时云南非属中土，因此仍应归属于当时的引进植物种类。

表4 三国、魏晋南北朝诗中新出现的外来植物

植物名	学名	科别	原产地	引述篇章
鸡舌丁香	Syzygium aromaticum (L.) Merr. et Perry.	桃金娘科	印尼 马来西亚	曹植《妾薄命行》
沉香	Aquillaria agallocha Roxb.	瑞香科	印尼 马来西亚	王义康《读曲歌》 清商曲辞《杨叛儿》 江淹《休上人怨别》
苏合香	Liquidambar orientalis Mill.	金缕梅科	小亚细亚南部	傅玄《拟四愁诗》等 萧衍《河中之水歌》 张正见《洛阳道》
菩提树	Ficus religiosa L.	桑科	印度、缅甸、锡兰	萧衍《游钟山大爱敬寺诗》
葱	Allium fistulosum L.	百合科	葱岭至西伯利亚	甄宓《塘上行》等
姜	Zingiber officinale Rosc.	姜科	南亚热带地区	孙处《出歌》等 刘孝绰《报王永兴观田诗》
西瓜	Citrullus lanatus (Thunb.) Mansfeld	瓜科	非洲南部之卡拉哈里沙漠	沈约《行园诗》
甜菜（莙蓬菜）	Beta vulgaris L. var. cicle L.	藜科	地中海沿岸	谢朓《秋夜讲解诗》
豆蔻	Amomum cardamomum L.	姜科	中南半岛	萧纲《和萧侍中子显春别诗》

图9 菩提树随佛教传入而引进。

图10 甜菜又名"莙薘菜",南北朝谢朓的诗
句已提及。

·菩提树：原产印度，应是随佛教传入而引种中土（图9）。南北朝梁武帝萧衍《游钟山大爱敬寺诗》："菩提圣种子，十力良福田。"已经具体提到菩提树，但此"菩提"可能非今之菩提。

·姜：在远古时代即已引进中国，《论语·乡党篇》提到"子不撤姜食"，在春秋战国时代，姜已是烹调不可或缺的调理香料，主要用以去腥，老姜则充为药材。湖北江陵战国墓葬、长沙马王堆汉墓出土物品中均有姜块。南北朝诗，也有多处提及。

·西瓜：大多数学者都认为五代时引进中国，如《中国农业百科全书》就说："中国种植西瓜最早载于《新五代史·四夷附录》。"明代以前，文献大都以"寒瓜"称之。这是因为西瓜是夏季水果,有清热去暑之效,遂称"寒瓜"。诗词典籍中最早出现西瓜的，应是南北朝梁代沈约《行园诗》："寒瓜方卧垄，秋菇亦满陂。"其后，唐诗亦有多首诗述及"寒瓜"。可见至迟在南北朝之前，西瓜就已引入中国。

甜菜又名莙薘菜（图10），据《中国农业百科全书》所说，是西元五世纪从阿拉伯引入中国。南北朝齐代谢朓《秋夜讲解诗》："风振莙薘裂，霜下梧楸伤。"就提到了莙薘菜。南北朝齐的年代在公元478年—502年间，甜菜出现在中国的年代，与《中国农业百科全书》所言时期一致。

第四节 唐、五代（公元 618 ~ 960 年）

唐帝国的版图大增,真正有效统治的区域也比汉代广大。加上国势强盛、文化发达，与西方文化交流也较前代频繁。引进的植物种类很多,文献记载也逐渐增多,外来植物普遍为人所用、所知。文学作品上新增的植物较多,甚至专业文献上未曾载录的外来植物种类,也能在《全唐诗》及《全五代诗》诗句中找到,借此得知许多植物已在唐代之前,或至少在唐代时已经引进中国。例如茉莉原产印度及斯里兰卡,多数文献均认为引进中国的时期不会早于宋代。例如现代权威农业文献《中国农业百科全书》就认为茉莉是在宋代引入中国。但在唐诗人皮日休的七律《吴中言怀寄南海二同年》中,已有"退公只傍苏劳竹,移宴多随末利花"诗句,其中"末利"即今之茉莉。除了"末利",古诗词还常以末丽、没丽称之。

表5 《全唐诗》中新出现的外来植物

植物名	学名	科别	原产地	引述作者	出现次数
胡桃	Juglans regia L.	胡桃科	欧洲东南部、亚洲西部	李白、贯休	2
木棉	Bombax ceiba L.	木棉科	印度、缅甸	李商隐、章碣、黄滔、皇甫松、孙光宪	7
优昙花	Ficus racemosa L.	桑科	印度、泰国、缅甸	庞蕴、贯休	6
黄玉兰	Michilia champaca L.	木兰科	印度、缅甸	顾况、卢纶、王建、刘禹锡、白居易等	22
茉莉	Jasminum sambac (L.) Ait.	木犀科	印度、斯里兰卡	皮日休等	2
芡	Eurale ferox Salisb.	睡莲科	东南亚	杜甫、钱起、王建、皮日休等	36
黄瓜	Cuvumis sativus L.	瓜科	印度北部	张祜、徐夤	2
棉	Gossipium spp.	锦葵科	印度、非洲、中南美洲	宋之问、王维、韩翃、张籍等	16
胡麻	Sesamum idicum L.	胡麻科	非洲或中亚	王绩、王维、王昌龄、刘长卿等	28

植物名	学名	科别	原产地	引述作者	出现次数
绿豆	Vigna radiata (L.) Wilczek	蝶形花科	印度、非洲尼罗河流域	王梵志	1
罂粟	Papaver somniferum L.	罂粟科	欧洲南部及伊朗、土耳其一带	郭震、钱起、张祜、雍陶等	5
丽春花	Papaver rhoeas L.	罂粟科	欧洲	杜甫	1
莴苣	Lactuca sativa L.	菊科	地中海沿岸	杜甫、卢仝	3
曼陀罗	Datura stamonium L.	茄科	欧洲	卢仝	1
黄葵	Abelmoschus moschatus L.	锦葵科	热带亚洲	李涉、唐彦谦、韦庄	4
鸡冠花	Celosia cristata L.	苋科	中国或印度	罗邺	1
美人蕉	Canna indica L.	美人蕉科	印度	骆宾王、皇甫冉、王建、柳宗元、皇甫松、孟郊、白居易等	31
薏苡	Coix lacryma-jobi L.	禾本科	东南亚热带	陈子昂、刘长卿、王维、杜甫、权德舆等	16
燕麦	Avena sativi L.	禾本科	地中海、西亚、中国	李白、齐己	2
水仙	Narucissus tazetta L.	石蒜科	地中海沿岸	来鹄、刘兼	2

表5罗列《全唐诗》新出现的外来植物种类，其中胡麻、胡桃系汉代张骞引自西域，而薏苡已出现在汉代文献，其余大都于唐代引入。其中与佛教经典相关的植物波罗蜜、优昙花、黄玉兰、木棉等，均原产印度或印度邻近国家，系陆续随佛教东传而进入中土。其中木棉属热带植物，仅在华南栽植。原产印度或在印度栽培很久

图11 曼陀罗是古代的麻醉药，原产印度，《全唐诗》已出现。

图12 原产欧洲、地中海的罂粟花在《全唐诗》中大量出现，多称为米囊花。

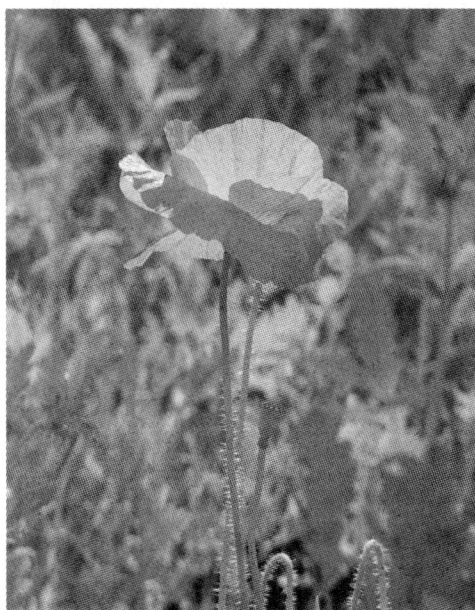

图13 草本花卉丽春花又称虞美人，原产欧洲，《全唐诗》已有引述。

的黄瓜、绿豆、曼陀罗（图11）、鸡冠花、美人蕉等，大致在此时随东西贸易及佛教兴盛而引进。唐代之前，中国的衣料用纤维植物，不外大麻和苎麻两种，棉花在唐代时已经在西南及西部边缘地区栽种，并用以织衣。诗人王维的《送梓州李使君》诗句"汉女输橦布，巴人讼芋田"，充分说明诗中的橦就是棉花。

芙、黄葵等植物原产于热带亚洲的东南亚，以蔬菜用途引入中国。原产欧洲、地中海的罂粟，诗文谓之"米囊花"（图12），在唐诗中大量出现，如郭震的《米囊花》一诗："开花空道胜于草，结实何曾济得民。却笑野田禾与黍，不闻弦管过青春。"应是先传入波斯、印度等地区，再渐次东传入中国，引进目的是药用，由于花色艳丽，也兼作观赏。丽春花有时称虞美人（图13），引入供观赏；莴苣则供为蔬菜，皆在唐时引入。

水仙有学者认为原产中国，但一直到唐时才出现在古典文学作品中，应该是唐或唐代之前引进中国。水仙属全世界共14种，除水仙花（N. tazetta L. var. chinensis）被有些学者认为是原产中国外，其余13种均分布于地中海沿岸及附近地区。以植物地理学观点而言，单一种类出现在远至数千公里外的相关种分布中心，应非天然形成。水仙引进中国年代甚久，

成为古代至今中国年节的应时花卉，且逸出野外成为野生植物，或许因此
而被误认是原产中国的植物。

第五节　宋代（公元 960 ~ 1270 年）

宋代经济活动极为旺盛，虽然外患很多，偏安的南宋亦能以其蓬勃的
经济实力立足于南方，且以其经济实力控制北方的武力强权。经济能力具
体反映在农业、商业的发达及国际贸易的兴盛上。此时，引进的植物种类
亦多，食用及观赏植物兼具。引进地区除沿袭唐代的印度、东南亚地区外，
亦有远自伊朗（波斯）、地中海地区引进的植物（表6）。

表6　宋代古典文学中新出现的外来植物

植物名	学名	科别	原产地	引述作者举例	备注
余甘	Phyllanthus emblica L.	大戟科	中南半岛、中国南部	张方平	庵摩勒、菴摩罗果
巴旦杏	Prunus amydalus Stokes	蔷薇科	小亚细亚、中亚	杨万里	巴榄
茶藨子	Ribes spp.	茶藨子科	欧洲温寒带	释师观	醋梨
夹竹桃	Nerium indicum Mill.	夹竹桃科	伊朗、印度、尼泊尔	李觏	
雁来红	Amaranthus tricolor L.	苋科	亚洲热带地区	杨万里	
金盏花	Calendula officinalis L.	菊科	欧洲南部、地中海	姜特立	
菠菜	Spinacia oleracea L.	藜科	伊朗	苏东坡	
茼蒿	Chrysanthemum coronarium L.	菊科	地中海沿岸	赵长卿	
豌豆	Pisum sativum L.	蝶形花科	地中海、中亚	苏东坡、杨万里	汉代已引入
蚕豆	Vicia faba L.	蝶形花科	亚洲南部至北非	杨万里	新石器时代已有
扁豆	Lablab purpureus (L.) Sweet	蝶形花科	亚洲、印度	司马光、杨万里	汉晋时传入
怀香（茴香）	Foeniculum vulgare Mill.	伞形花科	地中海沿岸	黄庭坚	
冬瓜	Benincasa hispida (Thunb.) Cogn.	瓜科	印度、中国	张景	

余甘是产自东南亚地区的热带果树（图14），诗文提到的"庵摩勒"就是余甘。余甘果实稍酸涩，但入口后渐渐变甘，故有余甘之称，目前仍是东南亚地区及我国两广、云南地区的主要果树。另外一种果树，诗词称为"巴榄"，为原产中亚、西亚地区的干果类，今名"巴旦杏"，在中国西北地区及新疆地区多有栽培。

醋梨即今之茶藨子，产于华北以北的温带地区，以及中国的高山地带，属于温带至寒带的灌木。大部分种类的成熟果实均可食用，多为小型果实，不具经济生产价值。宋诗中提到的"醋梨"应为原产欧洲或中亚细亚的大果种，至今仍为欧洲重要的果用植物之一（图15）。

此时出现在诗词中的观赏植物有灌木类的夹竹桃；草本花卉类的金盏花（图16）、雁来红等。这些花卉，今日仍是中国庭园及公园的主要观赏植物。

菠菜的原产地是伊朗，

图14 热带果树余甘原产东南亚，宋诗词开始出现。

图15 "醋梨"宋代引入，应为原产欧洲或中亚细亚的大果种。

图16 金盏花应在宋代或之前就已引进中国。

根据文献记载7世纪时已传入中国，但文学作品中有记述在宋诗才出现。大概是引进之初未能普遍，宋代以后才成为嘉蔬。其他至今仍是主要蔬菜的茼蒿、豌豆、蚕豆、扁豆、空心菜、怀香（茴香）、冬瓜等，皆大量在宋诗、宋词中出现，显示已是当时常见的蔬菜。

空心菜原产东南亚或华南，但唐诗未曾述及，估计应在宋代随贸易进入中国。由于其生长迅速、繁殖容易，热带、亚热带水泽、湿地均可生长，且迅速蔓延。华南地区野生的植群应是栽培，或食遗枝条逸出而形成。

第六节　元、明代（公元 1271—1644 年）

元朝仅延续90余年，很难在植物引进史上独立成章。但由于元军西征南讨，版图曾经横跨欧亚两大洲。虽文献未确定元代曾有计划引进植物，但有少数原产欧洲、非洲的植物出现在元诗及元词中（表7），例如原产非洲的蓖麻。引进蓖麻的原因不明，但后来用于医药上。《本草纲目》已记载有蓖麻，用来"消肿、退脓、拔毒"，以及治疗"半身不遂、头痛、头风"等病症。

表 7　元代古典文学作品

植物名	学名	科别	原产地	引述作者举例	备注
丝瓜	Luffa cylindrica (L.) Roem.	瓜科	热带亚洲	郝经	6世纪初传入中国
苦瓜	Momordica charantia L.	瓜科	热带亚洲	马臻	
蓖麻	Ricinus communis L.	大戟科	非洲	马臻	南北朝有记述
芫荽	Coriandrum sativum L.	伞形科	地中海沿岸及中亚	贡师泰	汉时张骞引入

苦瓜原产热带亚洲，何时引入中国，记载语焉不详。《中国农业百科全书》只说："明代《救荒本草》一四〇六年已有记载。"由元代马臻《新州道中》诗句"车道绿缘酸枣树，野田青蔓苦瓜苗"可知，最迟在元代，苦瓜已经成为中国餐桌上的菜肴，在中国是一般人所熟悉且经常食用的蔬菜。

明代的诗词及绘画，苦瓜出现的次数逐渐增多。

丝瓜是近代华南地区极其普遍的蔬菜，与苦瓜同时在元诗中开始出现，两者引进中国的时期应相距不远。

芫荽又称胡荽，即今之香菜，原产于地中海沿岸。元代范德机的《百丈春日记怀》："东风久不到新堂，生意虽微未卒荒。草上葫荽偏挺特，花间芦菔故高长。"诗中已提到，足见当时已为常蔬。但是否为元代引进，不敢定论，也可能与前述宋代的怀香等植物同期间引入中国。

明代的国际贸易也相当兴盛。明成祖曾派郑和下西洋，郑和的舰队也曾驻扎在今印尼的爪哇岛及印度等地。明诗所言的苹婆、香橼、望江南等，可能系郑和当初从这些地区引进中国（表8）。

表8　明代古典文学作品新出现的外来植物

植物名	学名	科别	原产地	引述作者举例	备注
西洋苹果	Malus pumila Mill.	蔷薇科	欧洲	王世贞	
苹婆	Sterculia nobilis Smith	梧桐科	中南半岛、印尼、中国南部	兰陵笑笑生	《金瓶梅》
香橼	Citrus medica L.	芸香科	印度	屈大均	
紫茉莉	Mirabilis jalapa L.	紫茉莉科	美洲热带	王屋	
望江南	Cassia occidentalis L.	苏木科	亚洲热带	兰陵笑笑生	《金瓶梅》
马铃薯	Solanum tuberosum L.	茄科	南美秘鲁等地	兰陵笑笑生	《金瓶梅》
落花生	Arachis hypogaea L.	蝶形花科	南北玻利维亚的安第斯山麓	兰陵笑笑生	《金瓶梅》

西洋苹果依《中国农业百科全书》所说，是1871年由美国传教士引入山东烟台。但在此之前的明诗已有载录，表示当时已引种苹果。美国传教士后来引进中国的苹果，当属果实大型的品种。

哥伦布发现新大陆在1492年，适值明代中叶后期，中南美洲原产植物陆续被引至欧洲。明代末叶已有新大陆植物引入中国，明诗、词、曲中已出现的原产美洲植物包括紫茉莉、马铃薯、落花生等。

紫茉莉（图17）原产热带美洲；马铃薯（图18）原产南美洲秘

图17　紫茉莉原产热带美洲,明代诗文已有载录。

图18　原产南美秘鲁的马铃薯。

鲁等地；落花生原产玻利维亚第安地斯山麓。均首先被引至欧洲，稍后再引种到中国。

第七节　清代（公元 1644—1911 年）

清代原实施闭关自守的锁国政策，但最终挡不住西洋的船坚炮利，被迫开放口岸，与世界各国进行贸易。许多前人未见的外来植物于此时期引进，本期植物的引进纪录已开始完备，许多清代写成的农书、本草书或植物专书，如《广群芳谱》《植物名实图考》等，已多有载录。但诗文作品亦有叙述，可作为专业文献的补充或注脚。

综观本期各时期的代表诗文，出现前代诗词未述及的外来植物种类见表9。本期新出现的植物，包括欧亚大陆的旧世界及南北美洲的新世界植物。从旧世界引进的植物有：原产中南半岛至印度的苏木，原产北非的咖啡（图19），来自马来西亚的柠檬，原分布中亚、土耳其、地中海沿岸的无花果（图20），产于欧洲法国、西班牙、德国等地的番红花（图21），以及地中海沿岸的紫罗兰等。

图19　咖啡果实。

图 20 原产地中海沿岸的无花果。

图 21 番红花是药用植物也是观赏花卉，清
代诗文已提及。

表 9 清代古典文学作品新出现的外来植物

植物名	学名	科别	原产地	引述作者举例	备注
苏木	Caesalpinia sappan L.	苏木科	中南半岛至印度	丁耀亢	
咖啡	Coffea arabica L.	茜草科	北非	卢前、樊增祥	
柠檬	Citrus limon (L.) Burm.f.	芸香科	马来西亚	樊增祥	
无花果	Ficus carica L.	桑科	中亚、土耳其、地中海沿岸	樊增祥	
番红花	Crocus sativas L.	鸢尾科	法国、西班牙、德国等地	赵翼	
辣椒	Capsicum annuum L.	茄科	南美洲秘鲁	郑珍、李调元	称"番椒"
甘薯	Ipomoea batatas (L.) Lam.	旋花科	墨西哥至委内瑞拉	杨无恙、郑珍	
蒸草	Nicotiana tabacum L.	茄科	北美洲	蒋士铨、黄遵宪、樊增祥、赵翼、钱振锽	明万历年间引入，初称"淡巴孤"
仙人掌	Cactus spp.	仙人掌科	北美洲旱区	沈蕙端	
大理花	Dahlia spp.	菊科	墨西哥	卢前	
含羞草	Mimosa pudica L.	含羞草科	热带美洲	蒋士铨	
向日葵	Helianthus annus L.	菊科	北美洲	赵翼	16到17世纪引入
紫罗兰	Matthiola incana (L.) R. Br.	十字花科	地中海沿岸	金天羽	

植物名	学名	科别	原产地	引述作者举例	备注
高粱	Sorghum bicolor (L.) Moench.	禾本科	非洲	牟峨	《博物志》，称"蜀黍"
玉米	Zea mays L.	禾本科	墨西哥及中美洲	李调元、马国翰、王彰、郑珍	明 1511 年《颍州志》已有记载，称"番麦"

苏木是制造染料的乔木，在众多引种植物之中，这是一种较为特殊的植物。咖啡则是世界三大饮料之一（其他两大饮料为茶及可可），原产北非，由欧洲人引入热带殖民地推广栽种，在中、南美洲及亚洲的印尼成立专业产区和工厂，制造咖啡供应西方世界。中国人原不喝咖啡，清代诗文中也多以茶为饮料。直到清代中叶以后，才偶见有"咖啡"诗，如樊增祥的《邠州刺史馈梨五十颗赋谢》："桑园待种咖啡子，上林时见柠檬株。"不但种咖啡，也喝咖啡，"炳烛治文书，瓶笙响清夜。毋将咖啡来，减我龙团价"。

柠檬和无花果是"特殊食用水果"。柠檬果实具高含量的柠檬酸，原作为食物调料，后来制成饮料。无花果需要传粉小蜂传播花粉，才得以结实，清代诗文所述应为加工过的果干，活体植物即使当时已经引进中国，也无法生产果实。番红花兼具药用及观赏价值，清代引进时是以用作药材为主。

从新世界引进中国的植物，包括：辣椒（原产南美洲秘鲁）、甘薯（原产墨西哥至委内瑞拉）、烟草（原产北美洲）、仙人掌（原产美洲干旱地区）、大理花（原产墨西哥）、含羞草（原分布热带美洲）、向日葵（原产北美洲）、玉米（原产墨西哥及中美洲）等。

辣椒明诗未见，清诗才出现（图 22）。刚开始，诗句中均称"番椒"，如郑珍的《黄焦石》："秋分摘番椒，夏至区紫茄。"

图 22　辣椒原称番椒，从新世界引入，至清末才称辣椒。

后期才称"辣椒"。甘薯据称是明万历年间引进，称番薯、红薯，《中国农业百科全书》说甘薯"十六世纪中传入中国"。

向日葵的名称，事实上是来自中国古老的"葵藿倾叶"的说法。"倾叶"之"葵"，原来是指锦葵科的冬葵，叶会随太阳升落而移动，用以象征臣子对君王的忠心，就像"冬葵叶之向日"。"葵"在文中含义是指植物体细胞富含黏液，吃起来口感滑柔的植物，如落葵、凫葵（莼菜的别称）和冬葵等。向日葵为菊科植物，植物体绝不滑柔，只是因花序会逐日而动，后人不采"葵"的原意，径以称北美引进的这种植物为"向日葵"。

图 23　烟草在清代引进，早期诗文称"淡巴孤"。

烟草英文为 tabaco，引入中国时尚未有适当名称，诗人径以英文名译之，称"淡巴孤"或"淡巴菇"（图 23）。根据记载，烟草在明万历年间（1573 年 ~ 1620 年）即已引进，但是明代诗文出现极少，可见当时烟草尚未普及，吸烟习惯还未深植民间。清代提到"淡巴孤"的诗人和诗句开始增多，例如蒋士铨的《题王湘洲画塞外人物》："爷方鼻饮淡巴菇，匿笑忍嚏堪卢胡。"黄遵宪的《番客篇》："旧藏淡巴菇，其味如詹唐。"清代末叶已见栽培，如周馥的《闵农》："山居宜种淡巴菇，叶鲜味厚价自殊。"这个时期诗人的诗句已经有"烟味"了，如樊增祥（1846 年 ~ 1931 年）之"不嘘烟草防须燎，久食冰蔬觉胃清"句，用"烟草"代"淡巴孤"。钱振锽（1875 年 ~ 1944年）的《伊耆妇卢氏行》所描写清末城市的生活："乡人初入城，所见皆惊奇。君不见光宣之季，女学生口含卷烟脚露胫。"连女生都抽卷烟，中国已进入近代了。

玉米初引进中国，被称为"番麦"，如李调元的《番麦》："山田番麦熟，六月挂红绒。皮裹层层笋，苞缠面面楼。"叙述玉米开花和结实的形态。马国翰的《宿马蹄掌偶吟》："一径入深窈，方知风景殊。披棱露鱼脊，树瘿偃牛胡。番麦高撑杵，香蒿细缀珠。晚投村店宿，时有怪禽呼。"描写的是乡间山坡种玉米的情景。到了清末王彰的《题画豆玉蜀黍》，已称"玉蜀黍"；而著名诗人陈三立的《雨夜遣兴用樊山布政午彝翰林唱酬韵》："所冀余力田甫田，务锄骄莠获玉黍。""玉黍"已是近代的称法了。